수학을 배워서 어디에 쓰지?

메타버스, AI, 빅데이터 시대 수학은 인류의 언어다!

수학을 배워서 어디에 쓰지?

처음 만나는 수학의 역사 〈대수편〉

이규영 지음

이지북
EZbook

"인류의 문명은 수와 함께 진화했다."

수학을 배워서 어디에 사용하는지에 관한 질문은 항상 수학자를 당혹하게 한다. 수학자조차도 수학을 배워서 어디에 사용하는지 정확하게 알고 있는 경우는 드물다. 그럼에도 불구하고 수학자들은 수학이 세상의 모든 현상을 이해하고 새로운 아이디어를 창출해 낼 수 있는 기초라고 주장한다.

사실 수학은 모든 분야의 기초를 이루고 있다. 수학을 먹고 자라는 과학은 각종 실험과 흥미로운 과정으로 사람들의 이목을 끈다. 과학적 과정은 결국 수학으로 표현하고 수학을 통해서만 발전할 수 있다. 그러나 사람들에게 과학적 사실을 설명하기 위해 수학을 꺼내면 십중팔구 싫어하고 이해하기를 거부한다. 사회의 각종 시스템과 주변 사람들로부터 전해진, '수학은 너무 어렵다'는 이상한 논리가 작동하는 것이다.

현재와 미래를 이해하려면 반드시 수학을 알아야 함은 분명한 사실이다. 그럼에도 학생들이 어려워한다는 이유만으로 반드시 필요한 행렬이나 알고리즘 등은 현행 수학교육과정에서 빠져 있다. 심지어 물체의 움직임을 이해하는 데 기본이 되는 미적분마저 교육과정에서 제외하려는 의견도 힘을 받는 상황이다. 새롭게 개정하고자 하는 교육과정의 방향이 명백히 '수학'과 '과학'을 강조하는 쪽으로 정해졌음에도 어려운 수학은 빼자는 맥락이 무엇인지 이해하기 어렵다. 조금 과장해서 말하자면, 우리 아이들 그리고 우리나라의 미래를 암흑 속으로 던져넣는 처사라고 생각한다.

저자는 이 책에서 수가 어떤 방식으로 출현하게 되었으며, 어떻게 표현되고 발전되어 왔는지를 상세하고 폭넓게 설명하고 있다. 수학의 기본이라고 할 수 있는 수의 역사에 관한 '맥락'을 짚고 있는 것이다. 이러한 시도는 그 자체가 '수학을 배워서 어디에 쓰는지'에 대한 답을 제시하고 있는 것이기도 하다. 인류에게 수의 인식은 인지 혁명과 함께 시작되었고, 인류는 수와 함께 오늘날과 같은 과학 문명을 이룩하게 되었다. 지금의 눈으로 보면 매우 단순해 보이는 수를 '인식'하고 숫자를 발명하는 과정을 통해 인류의 인식 체계는 고도로 발전했다.

이 책의 내용을 간단히 살펴보면, 처음에는 동물도 수를 셀 수 있는지부터 시작하여 묶어서 세는 방법을 알아낸 내용으로 전개된다. 세는 방법이 등장하면 자연스럽게 수를 표현하는 숫자가 등장하게 되는데, 지금은 인도-아라비아 숫자로 수를 표현하지만 고대에는 나라마다, 민족마다, 시기마다 숫자의 모양이 달랐다. 사실 숫자에 관한 내용은 다른 여러 수학책에서 자주 등장하는 단골 메뉴라서 지루할 수 있지만, 이 책에서는 단순히 숫자를 소개하는 것에서 나아가 여러 가지 표현 방법과 읽는 방법까지 상세히 소개하고 있다. 숫자로 수를 표현하며 등장하게 되는 수의 연산과 수에 관한 여러 가지 성질도 소개하고 있으며, 마침내 수의 끝판왕이라고 할 수 있는 허수를 지나 계산하기 매우 어려운 큰 수를 간단히 다룰 수 있는 지수와 로그에까지 이르러서 이 책은 마무리된다.

수 하나만으로도 이처럼 많은 이야기를 차례대로 논리적으로 펼친 저자의 솜씨가 놀라울 뿐이다. 그런데 이런 전개는 유발 하라리의 『사피엔스』와 그 방식이 닮았음을 알 수 있다. 그래서 『사피엔스』를 읽은 독자들에게 이 책은 아주 쉽고 편안하게 느껴질 수 있다. 물론 저자는 『사피엔스』를 읽지 않은 독자들도 책장을 술술 넘길 수 있도록 수에 관련된 다양한 내용을 잘 설명하고 있다.

노벨 문학상을 수상한 수학자 출신의 철학자이자 작가인 버트란트 러셀은 "인류가 닭 두 마리의 2와 사과 두 개의 2를 같은 것으로 아는 데에 수천 년이 걸렸다."라고 했다. 이는 인류가 수학을 만들고 지식을 전개하는데 초창기에 얼마나 많은 어려움과 노력이 있었는지 단적으로 말해 준다. 그리고 인류의 이런 과정이 이 책에 모두 녹아 있다. 인류의 문명이 발전한 과정을 이해하고 싶다면 이 책을 반드시 읽기 바란다.

_이광연(한서대 교육대학원 교수, 『수학, 인문으로 수를 읽다』 저자)

Chapter 4   **수를 말하다**

Chapter 5   **수를 셈하다**

이 책은 『사피엔스』의 저자인 유발 하라리(Yuval Noah Harari)에게 자극을 받아서 쓴 것이다. 그는 '호모 사피엔스'가 수많은 종과의 사투에서 지금과 같이 번성하는 종이 된 근거를 종합하여 그만의 대단한 필력으로 이 책을 써냈다. 특히, 사피엔스가 '허구'를 마치 실재하는 것처럼 믿기 때문에 제국과 같은 대규모의 집단을 형성할 수 있었다는 주장에는 소름이 끼칠 정도였다.

유발 하라리는 사피엔스의 역사를 제대로 이해하는 것이야말로 향후 인류가 당면한 중차대한 문제를 해결하는 열쇠가 될 것이라고 주장했다. 그는 인류가 지금까지 경험해 온 것과 질적으로 완전히 다른 변화를 가져올 인공지능과 바이오테크가 번영이 아니라 공멸을 가져올 수도 있다는 것을 두려워했다. 그의 글에는 단순히 윤리적인 잣대가 아니라 인류의 본성과 그 한계를 명확하게 인지해야 인공지능과 바이오테크를 올바르게 활용할 수 있다는 전제가 깔려 있다.

인공지능, 바이오테크와 같은 미래 기술은 좌충우돌하겠지만 반드시 전진할 것이다. 그렇다면 미래 기술의 방향을 결정하는 일만큼이나 미래 기술을 이해하고 습득하는 것 또한 중요한 일이다. 그리고 미래 기술의 중심에 수학이 있다는 것은 대부분의 전문가들이 동의하는 주지의 사실이다. 문제는 2021년 현재의 교과 내용이 미래 기술에서 요구하는 수학 지식과 동떨어져 있다는 데 있다. 우리는 여전히 2300년 전에 유클리드(Euclid, BC 300년경)가 쓴 기하학을 배우고 300년 전에 레온하르트 오일러(Leonhard Euler, 1707~1783. 1735년에 오른쪽 눈을, 1776년 왼쪽 눈을 잃었지만 수학을 향한 그의 열정을 막지는 못했다)가 쓴 대수학을 배우고 400년 전에 뉴턴(Sir Isaac Newton, 1643~1727)과 라이프니츠(Gottfried Wilhelm Leibniz, 1646~1716)가 만들어 낸 미적분을 배우고 있다. 물론 이것이 수학의 힘이기는 하다. 변하지 않는 것! 세계 최대의 온라인 쇼핑몰인 아마존의 창업자인 제프 베조스(Jeffrey Preston Bezos)는 급변하는 시대에는 변하는 것보다는 오히려 변하지 않는 것에 주의를 기울이라고 말했다.

그러나 나는 수학의 어느 분야를, 어떤 방식으로 배워야 할지는 시대와 상황에 따라 변해야 한다고 믿는다. 사실 나 자신이 미래 기술이 요구하는 수학 지식에 대해서는 아는 것이 많지 않지만, 지금처럼 원리와 증명을 무시한 채 공식과 알고리즘을 암기하거나, 행렬과 벡터처럼 미래 기술을 이해하는 데 필수적인 지식을 그래야만 하는 명확한 근거 없이 교과 내용에서 빼는 것은 문제가 있다는 것쯤은 안다.

그렇다면 지금 우리는 무엇을 공부해야 하는가? 유발 하라리가 인류의 미래를 준비하기 위해서는 인류라는 종의 역사를 아는 것이 중요하다는 시각에서『사피엔스』를 쓴 것처럼, 나는 미래 기술에서 요구되는 수학 지식을 준비하기 위해서는 '수'의 역사를 제대로 아는 것이 중요하다는 믿음을 가지고 이 책을 썼다.

그래서 이 책을 기획할 때의 원제는 '호모 넘버스'였다. 제목에서부터『사피엔스』의 느낌을 주고 싶었던 의도가 있기는 했다. 하지만『사피엔스』의 패러디는 아니고, 다음과 같이 무려 다섯 권으로 기획한 대작이었다.

1권. 수를 보다(대수학)

2권. 수를 그리다(기하학)

3권. 수를 해석하다(미적분학)

4권. 수를 예측하다(통계학)

5권. 수를 프로그래밍하다(이산수학)

이 중에서 이 책은 1권의 내용을 담고 있다. 셀 수 있는 양과 셀 수 없는 양을 '수'로 인식하고, 수의 문자인 숫자를 만들고, 연산을 하고, 0과 음수를 해석하고, 무리수와 허수의 위치를 찾아내고, 숫자를 문자로 일반화하고 사칙연산을 기호화하여 공식을 만들어 가는 역사를 다뤘다.

최초의 원고는 A4용지로 500페이지가 넘고 그 안에는 온갖 수식이 난무하였으나 배주영 주간의 조언으로 수식을 거의 다 걷어내고 수와 그 표기법이 만들어지는 과정과 배경에 집중하기로 했다. 그동안 수학 교재를 주로 써서 이 책과 같은 교양서를 쓰는 데 초보자나 다름없는 필자를 잘 이끌어 주신 배주영 주간과 내용의 빈틈을 잘 채워 주신 권도민 에디터에게 감사의 말씀을 전한다.

이규영

Chapter 1

양을
보여 주다

수학자들에게 가장 어려운 주제는 '수'이다. 생물학자에게는 '생명'이, 물리학자에는 '시간'이 답하기 어려운 주제인 것과 마찬가지다. 일반인이 보기에는 시간을 이해하려고 하는 시도 자체가 어이없을 수 있겠지만, 물리학자는 시간(지금)을 제대로 이해하기 위해서는 상대성이론, 엔트로피, 양자역학, 반물질, 시간여행, 얽힘, 빅뱅, 암흑에너지에 대한 지식이 필요하다고 주장한다.[1] 생명에 대한 정의에는 생물학자뿐만 아니라 물리학자와 화학자들까지 가세하고 있다.

수천 년 동안 수학자들은 '수'가 무엇인지 자문해 오고 있지만 모두가 동의하는 정의는 여전히 요원하다. 나는 수를 정의하는 대열에서 잠시 비켜서서 인류가 어떤 사고 과정을 통해서 '수'라는 것을 인식하게 되었는지 추론해 보았다. 인류는 개수, 거리, 크기 같은 양적 개념을 수만 년 동안 '수'로 인식하지 못했다. 그렇다고 해서 인류가 어느 날 갑자기 수를 깨달은 것은 절대로 아니다. 셀 수 있는 양과 셀 수 없는 양을 비교하고 전달하고 기록하는 과정에서 수많은 작은 도

약이 있었고, 그것이 쌓이고 쌓여서 마침내 '수'라는 개
념을 보게 된 것이다. 이 장에서는 다른 사람과의 교류
를 위해 셀 수 있는 양을 표시하고, 양을 표시하기 위해
기준을 정한 고대인들의 지혜를 살펴보도록 하자.

양에서 양으로의 전달

세상의 모든 '것'은 길이, 크기, 무게 등의 양을 가진다. 아무리 작은 것이라도 말이다. 양을 파악하고 비교하고 전달하는 것은 인간을 포함한 대부분의 동물들에게 생존과 밀접한 관계가 있다. 선택의 여지가 많지 않은 대신 안정적인 삶을 사는 식물에 비해 동물은 사소한 선택조차 생과 사를 가를 수 있는 요인이 될 수 있다. 이때 선택의 기준으로 작용하는 것이 바로 '양'이다. 먹이의 양, 경쟁자의 크기, 반드시 건너야 할 강물의 폭 등을 비교하지 못하면 생존 경쟁에서 불리할 수밖에 없다.

인류가 마침내 양을 수로 바꿀 수 있다는 것을 깨닫기 전까지 인류를 포함한 모든 동물은 양을 양으로 파악하고 비교하고 전달할 수밖에 없었다.

예를 들어 꿀벌은 숲을 정찰하고 와서 자신이 발견한 꽃밭의 위치를 동료들에게 태양과의 각도와 움직이는 속도를 바꿔 가며 춤추듯이 알려 준다. 다음 쪽의 그림을 보라. 자신의 벌집을 기준점으로 해서 태양과 꽃밭이 이루는 각뿐만 아니라 꽃밭까지의 거리까지 정확하게 보여 준다. 물론 지금의 우리처럼 각이 몇 도이고 거리가 몇 킬로미터인지를 알려 주는 것은 아니다. 태양과 꽃밭이 이루는 각은 위치로 전달하고 거리는 시간이라는 양으로 바꿔서 전달한다. 8자 모양으로 춤을 빠르게 추면 가까운 거리이고 느리게 추면 거리가 멀다는 뜻이다. 대략 1초당 1km를 의미한다. 가짜 꿀벌로 이 춤을 추게 해도 벌집 안의 꿀벌이 정확하게 이해하고 해당 꽃밭을 찾을 정도다. 꿀벌은 그만큼 수학적이고 과학적인 커뮤니케이션 방법을 가지고 있다. 이 실험으로 카를 폰 프리슈(Karl von Frisch, 1886~1982)는 노벨상을 수상했다.[2] 여러 정찰벌들의 쇼가 끝나면 꿀벌은 각자 선택한 꽃밭으로 이동한다.

꿀벌뿐 아니라 개미도 생존을 위해서 양을 비교한다. 개미들의 전쟁에서 개미들은 일대일로 서로를 맞잡은 다음 어느 편에 남는 개미가 있는지에 따라 전쟁의 우열을 판가름한다. 짝이 없는 개미가 많은 편이 이길 가능

꿀벌의 언어. **꿀벌은 먹이의 거리와 양을 춤으로 표현한다.**

성이 크다.

뉴기니 섬에서 수렵 생활을 하는 마링족도 개미처럼 일렬횡대로 길게 서서 고함을 지르며 서로의 위용을 과시한다. 어느 편의 줄이 더 긴지 또 어느 편의 고함 소리가 더 큰지 비교하기 위해서이다.[3]

딱따구리 역시 2개의 나무 중에서 하나를 선택해야 할 때, 두 나무를 번갈아 쪼면서 먹이가 많이 나오는 나무를 최종 선택한다. 딱따구리는 평균 6.8회를 쪼아 비교한 후에 나무를 선택한다고 한다.

케빈 번스(kevin Burns)와 제이슨 로우(Jason Low)는 실험을 통해 뉴질랜드산 울새가 나무의 두 구멍에 들어 있는 벌레의 수를 비교하여 더 많은 벌레가 들어 있는 구멍을 선택할 수 있고, 두세 마리 수준이 아니라 12마리까지 비교할 수 있다는 것을 알아냈다.

개미와 딱따구리와 울새는 셀 수 있는 양을 비교하기 위해서 일대일대응을 이용하고 있는데, 이것은 현대수학의 함수에서도 중요한 자리를 차지하고 있는 개념이다. 하지만 꿀벌은 벌집과 태양과 꽃밭 사이의 각도와 꽃밭까지의 거리를 수로 전달하지 않고 춤을 이용해 양을 표현한다. 개미 역시 서로의 머릿수를 세지 않고 직접 상대방을 맞잡아 양을 비교한다. 딱따구리와 울새 역시 벌레의 수를 세지 않는다. 그저 양을 양으로 비교하고 전달할 뿐이다. 함수에서 중요한 개념인 일대일대응을 단지 활용만 하는 것이다.

마링족의 예시처럼 인간 역시 처음에는 양을 수라는 개념으로 표현하지 못했다. 심지어 수는커녕 양을 표시하지도 못했었다. 인간은 어떤 과정을 거쳐 양를 표시하고 수를 생각해 냈을까? 수라는 개념을 도입하기 전, 셀 수 있는 양과 셀 수 없는 양을 표식으로 나타낸 때로 돌아가 보자.

셀 수 있는 양의 표식

꿀벌과 개미도 '양'을 비교하고 전달하는 일을 해냈으니, 인류 역시 다른 동물만큼은 양을 비교하는 일을 해냈을 것이다. 여기서 말하는 인류는 '호모 사피엔스 종'을 의미한다. 유발 하라리에 의하면 이들 '호모 사피엔스 종'은 약 기원전 7만년부터 3만 년까지 배, 기름, 활과 화살, 바늘을 발명했다. 종교와 상업, 사회의 계층화가 일어났다는 명백한 증거 역시 이 시기의 것이다.[4] 인류는 두 발로 걸으면서 자유를 얻은 손으로 손짓을 하거나 두 팔을 벌리거나 그림을 그려서 '양'를 세기 시작했다. 손가락은 특히 유용했을 것이다. 사물을 손가락과 일대일대응시킴으로써 사물의 양을 어떤 도구도 없이 전달할 수 있기 때문이다.

그렇다고 해서 이 시기의 인류가 '수'라는 개념을 이해한 것은 아니다. 다른 동물들처럼 사물의 양을 단지 양으로 전달했을 뿐이다. 문제는 손가락을 다 대응하고도 남는 것이 있을 때다. 물론 발가락을 이용할 수도 있다. 그러나 발가락까지 다 대응하면 그때는 어떻게 할 것인가?

기원전 44000년쯤의 유물로 추정되는 남아프리카공화국과 스와질랜드 사이의 레봄보(Lebombo) 산 근처에서 발견된 하나의 뼈에서, 손가락

스와질랜드 레봄보 산에서 발견된 레봄보 뼈. 가장 오래된 수학 유물로, 원숭이 종아리뼈에 눈금을 새겼다.

과 발가락을 넘어선 일대일대응의 방법을 추론해 볼 수 있다. 레봄보뼈에는 '/////////////////////////////'의 빗금이 새겨져 있다. 꼼꼼히 세어 봐야 29개라는 것을 확인할 수 있다.

사실 이 빗금이 단순한 장식인지, 손이 미끄러지지 않게 하는 등의 실용적인 목적을 가진 것인지, 아니면 무엇인가의 개수를 표식한 것인지 정확히 판단하기는 어렵다. 다만 29개가 손가락과 발가락의 개수를 더한 20개보다 많다는 것에서 무엇인가와 대응한 표식일 가능성이 커 보이기는 하다. 29개의 빗금이 29일과 대응하는 음력 달력이라는 추측도 있다. 오늘날 나미비아의 원주민들이 사용하는 달력 막대와 비슷하기 때문이다.

기원전 2만년쯤의 유물로 추정되는 콩고의 이상고 지역에서 발굴된 이상고 뼈(Ishango bone)에는 장식이나 실용적 목적으로 보기 어려운 빗금 모양이 있다.[5]

이 뼈에는 3열로 빗금이 그어져 있다. 왼쪽과 오른쪽에는 60개의 빗금이 있고 가운데에는 48개의 빗금이 있다. 레봄보 뼈의 빗금은 비교적 일정한 간격으로 그어져 있지만, 이상고 뼈의 빗금은 몇 개씩 무리 지어 있다. 특히 왼쪽의 60개 빗금은 11개, 13개, 17개, 19개로 구분되어 있는데 이 수들은 모두 소수(素數, prime number, 1과 자신으로만 나누어떨어지는 수)이다. 하지만 이것을 근거로 당시 사람들이 소수의 개념을 알고 있었다고 확신하기는 어렵다. 그저 서로 다른 양을 구분해서 표식한 것일 수도 있고 개수를 빨리 인식하기 위해서 일부러 빈틈을 둔 것일 수도 있다.

빗금 대신 매듭을 사용한 문명(잉카)도 있고 점토를 원뿔이나 공 모양으로 만들어 사용한 문명(바빌로니아)도 있다. 이렇게 사물의 양을 표식으로 나타내는 것을 '탤리(tally)'라고 한다. 탤리는 '새기다', '기록하다'는 뜻

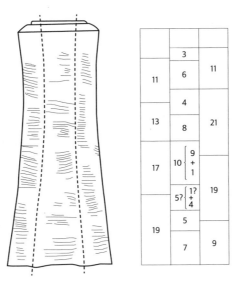

이상고 뼈. 콩고 이상고에서 발견된 뼈에 새긴 눈금. 눈금의 의미는 아직 정확하지 않으며 다양한 가설이 있다.

이다(영어 write의 어원인 writan도 '새기다'라는 뜻이다). 이로써 인류는 손가락과 발가락에서 벗어나 비교적 큰 양까지도 대응할 수 있게 되었다.

더 알아보기   **탤리의 요란한 최후**

탤리는 비교적 최근까지도 사용되었다. 과거 영국의 국채를 탤리스틱(tally stick)이라고 했는데, 나무막대기를 둘로 쪼개서 발행자(왕실)와 투자자가 하나씩 나눠 갖고, 두 쪽을 하나로 맞춰 진품 여부를 판단했다. 참고로 둘로 쪼갠 탤리스틱의 길이가 똑같은 것은 아니었다. 탤리스틱을 둘로 쪼갤 때 긴 쪽은 투자자(납세자)가 갖고, 짧은 쪽은 왕실(채무자)이 가졌다. 투자자가 가진 긴 쪽의 이름은 스톡(stock)이다. 영단어 stockholder의 뜻이 채권자나 주주인 이유가 바로 여기에 있다. '상황이 불리하다'라는 의미의 영어 관용구인 'get short end of the stick' 역시 탤리스틱의 짧은 쪽을 가진 채무자의 입장을 가리킨다.

원래 영국이 탤리스틱을 발행한 이유는 헨리1세의 씀씀이가 너무 컸기 때문이다. 재정이 궁핍한 헨리1세는 돈 많은 상인들에게 미리 세금을 거둔 뒤 탤리스틱을 지급했고, 미리 세금을 낸 상인들은 상거래에서 그것을 화폐처럼 사용했다. 언젠가 세금을 내야 하는 다른 상인은 그것을 받아 나중에 세금 낼 때 사용했다. 그러므로 탤리스틱은 국채이자 가상화폐(virtual currency)였다.

후에 채무자가 돈을 갚으면 채권자의 나무는 태워 없애고 정부의 나무는 그대로 보관했다. 이런 관행은 1826년에 법으로 금지될 때까지 지속되었다. 1834년에 정부에서 보관하던 이 나무 조각을 없애려고 상원 의사당의 화로에 넣고 태웠을 때, 역사의 뒤안길로 사라지지 싫다는 듯 화염이 화로를 뚫고 나와 상원 의사당 건물과 그 옆의 하원 의사당 건물을 몽땅 태워 버렸다. 레봄보 뼈에서 시작한 탤리의 실로 거창한 퇴장이었다.

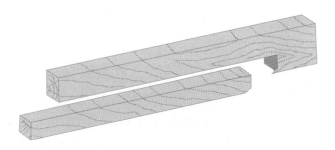

영국의 탤리스틱. 탤리를 둘로 쪼개 채권자는 긴 조각을, 채무자는 짧은 조각을 나눠 가졌다.

셀 수 없는 양의 표식

빗금으로 표시한 탤리는 머릿수 같은 '셀 수 있는 양'을 손가락이나 빗금과 일대일대응시키는 것을 의미한다. 그렇다면 거리나 무게 같은 '셀 수 없는 양'은 어떻게 기록하고 전달했을까?

우선, 동물의 경우를 보자. 동물들도 셀 수 없는 양을 전달할 수 있다. 앞에서 예로 든 꿀벌은 '거리'라는 양을 '시간'이라는 다른 양으로 바꿔 전달한다. 정찰벌이 동료들 앞에서 8자 모양으로 한 바퀴 도는 데 걸리는 시간이 길어질수록 꽃밭까지의 거리가 멀다는 뜻이다.

개미는 페로몬의 농도로 먹이의 크기를 알 수 있다. 개미는 먹이를 자신의 집으로 가져와서 먹는다. 먹이가 크면 잘라서 일부만 가져오고 나머지는 다른 동료들이 가져오도록 한다. 오는 길에 페로몬을 뿌려서 정보를 전달한다. 그러면 동료들이 페로몬을 감지하고 먹이로 향한다.

그 먹이를 집으로 가져오는 모든 개미들 역시 길 위에 페로몬을 뿌린다. 따라서 먹이가 클수록 많은 개미들이 동원되고 페로몬 농도가 짙어진다. 페로몬 입자가 바람을 타고 더듬이에 붙으면 개미는 사방의 입자의 양을 비교해서 더 많은 쪽으로 이동하여 먹이와 개미집 사이의 페로몬 길을 찾아낸다. 즉, 페로몬은 먹이까지의 길을 안내하기도 하지만, 크기라는 양을 농도라는 다른 양으로 전달하는 수단이기도 하다. 물론 뒤늦게 합류한 개미는 허탕칠 수도 있다.

그렇다면 인류는 셀 수 없는 양을 어떻게 전달했을까? 전달하려는 양과 비슷한 양을 가진 다른 무엇인가와 비교했을 것으로 보인다. 길이나 크기는 손과 팔을, 거리는 발(보폭)을, 무게는 주로 씨앗이나 돌을 이용했을 것이다.

"그건 내 손바닥만 해."

"그건 내가 두 팔을 벌린 길이와 같아."

"그건 이 돌멩이만큼 무거워."

"거기까지의 거리는 여기서 그 호수까지의 거리와 비슷해."

이런 표현은 현대수학에서 가장 중요한 역할을 하는 '무엇과 무엇이 같다(＝)'라는 의미의 '등식'과 본질적으로 같다. 즉, 등식은 인류가 최초로 만들어 낸 수학적 사고법인 것이다.

물론 동물도 크기를 비교하기는 한다. 직접 싸우기보다는 서로의 크기를 비교하여 승부를 가리는 동물도 있기 때문이다. 이들은 어깨나 뿔을 대보고 작은 쪽이 스스로 물러난다. 물론 크기가 비슷하면 싸움은 피할 수 없다.

하지만 인류는 단순히 서로 다른 두 양을 비교하는 데 머무르지 않고 '셀 수 없는 양'을 '셀 수 있는 양'처럼 다루기 시작했다. 어떤 것의 길이를 잴 때, 내 양팔로 모자라면 동료의 양팔을 더하였다. 그리고 그렇게 연결된 동료의 수를 뼈에 새기거나 매듭이나 돌멩이로 표시하였다. 여기에 표시된 것은 일대일대응이 아니라 내 양팔 길이의 '몇 배'를 의미한다.

이제 인류는 '양'을 '양'이 아니라 '수'로써 비교하고 전달할 수 있는 기초를 마련하였다. 이제 셀 수 없는 양은 없다. 기준량만 있으면 그 어떤 것이든 기준량의 '몇 배'로 표식하면 되기 때문이다. 문제는 기준량이 자의적이라는 것이다. 최악의 경우 모든 사람이 각자 자기만의 기준량을 가질 수도 있다. 소규모 집단에서야 기준량이 조금씩 달라도 허용할 수 있지만, 피라미드처럼 거대한 건축물을 지을 때는 기준량을 엄격하게 통제

해야 한다. 그래서 고대 제국은 도량형을 통일하는 것이 중요한 과제였다. 도량형의 '도'는 길이, '양'은 부피, '형'은 무게를 의미한다. 도량형의 단위를 통일함으로써 제국의 지배력을 키울 수 있었다. 기준량을 표준화하는 것이 문명화의 첫걸음이었던 셈이다.

일정한 기준으로 이뤄진 표식의 통일

거대한 제국을 건설한 이집트 문명에서는 팜(palm)과 큐빗(cubit)이라는 기준량으로 셀 수 없는 양을 표식했다. 팜은 손바닥이라는 뜻으로 엄지를 제외한 네 손가락 폭을 의미하고 큐빗은 팔꿈치라는 뜻으로 팔꿈치에서 가운데 손가락 끝까지의 길이를 의미한다. 큐빗의 길이는 팜의 여섯 배에 해당한다.

로열큐빗의 단위 기준. 파라오의 1큐빗에 파라오의 1팜을 더해 로열 큐빗으로 정했다.

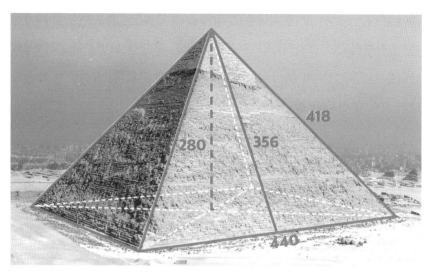

큐빗으로 나타낸 기자 대피라미드의 크기. 기자 대피라미드는 가장 큰 피라미드로, 세계 7대 불가사의 중 하나이다.

하지만 사람마다 큐빗의 길이가 다르기 때문에 이집트 왕인 파라오의 큐빗을 기준으로 삼았다. 이 길이를 '로열 큐빗'이라고 하고 화강암 재질의 자로 만들어 '로열큐빗 마스터'로 삼았다. 그리고 로열큐빗 마스터와 같은 길이의 나무 자를 만들어 건축 담당 관료에게 나누어 주었다. 사실 1로열큐빗은 왕의 큐빗의 길이가 아니라 거기에 1팜을 더한 길이(팜을 일곱 번 더한 길이)이다. 아마도 왕의 권위를 높이기 위해서였을 것이다. 1로열큐빗은 대략 0.542m이다.

예를 들어 이집트 기자(Giza)의 대피라미드의 높이는 280큐빗이고 정사각형 모양의 밑면의 한 변의 길이가 대략 440큐빗이다. 그런데 440큐빗을 재려면 1큐빗 자를 440번 대 봐야 한다. 실제로는 큐빗 막대기 여러 개를 붙여서 사용했을 가능성이 크다. 이집트 문명에 100큐빗에 해당하는 1케트라는 단위가 있는 것으로 보아 막대기를 100개 붙였을 수도 있다. 하지만 막대기를 100개를 붙여서 사용하는 것보다 그 길이만큼의 밧줄을 만들어 사용하는 것이 실용적이다. 밧줄은 평소에는 둘둘 말아서 보관하다가 필요할 때 펴서 사용하면 되는 이점이 있기 때문이다. 이런 이유로 나중에 이집트 문명에서 100이란 숫자를 만들 때, 둘둘 말아 놓은 밧줄보다 더 적합한 것은 없었을 것이다.

한편, 당시 매달 보름달이 뜨는 날에 왕실 건축 담당 관료들이 사용하던 자를 로열큐빗 마스터와 비교하는 의식을 치렀다. 자의 정확성을 유지하기 위해서였다. 이를 소홀히 하는 관리들은 죽음을 면치 못했다고 한다.[6]

발전하는 표식

이집트인들은 파라오를 기준으로 로열큐빗이라는 단위를 정했고, 이보다 훨씬 큰 수를 편하게 계산하기 위해 100큐빗에 해당하는 케트라는 단위를 만들었다. 이처럼 고대인들은 양을 빗금으로 표시하고 사용하기 시작하면서, 큰 수의 표식에 대해 불편함을 느꼈을 것이다.

처음에는 많은 양의 표식이 보기 불편하기 때문에 새로운 방법을 찾았을 것이다. 이에 따라 어느 순간부터 '//////////'와 같이 빈틈없이 그은 표식 대신 '///// /////'처럼 빗금 사이에 빈틈을 둔 표식이 세기 훨씬 수월하다는 것을 깨달았을 것이다. 이런 표시법은 다시 '/////'에서 다섯 번째 빗금을 가로로 표시한 '////'로 바뀐다.

표식을 세는 것이 편해지고 나면, 다음 단계인 표시의 편리함을 위해 표식은 또 한 번 발전했을 것이다. 많은 수를 반복해서 표시하기 위해서는 일정 단위를 기준으로 더 단순한 표식을 도입해야만 표시가 편해진다. 이에 따라 '///'에서 세로 빗금을 모두 지우고 가로선인 '——'만 남기는 방향으로 발전했을 것이다. 편하게 보고 그리기 위해 5개의 세로선을 1개의 가로선으로 생각한 것처럼, 양을 일정 단위로 묶는 여정은 다음 장에서 자세히 살펴보자.

더 알아보기 — 고대 도량형의 잔재

비록 이집트의 도량형이 현대 사회에 남아 있진 않지만, 과거의 문명에서 쓰였던 도량형의 잔재는 곳곳에서 볼 수 있다. 특히 미국에서는 아직도 손과 발을 기준으로 하는 단위를 사용한다. 손가락 한 마디 길이인 '인치'와 성인 남자의 발 길이인 '피트'를 단위로 삼아 길이를 잰다. 1인치(inch)는 2.54cm이고, 1피트(feet)는 30.48cm이다. 국제 표준과 달라 문제가 많지만 이미 문명 깊숙이 스며든 단위를 바꾸는 것은 쉽지 않다.

무게는 양팔 저울을 이용했을 것이다. 먼저 기준량이 되는 씨앗을 잔뜩 쌓아 놓는다. 씨앗은 그 무게가 비교적 일정하기 때문에 기준량으로 사용되었을 가능성이 크다. 한쪽에 금이나 은을 올려놓은 다음 저울이 평형이 될 때까지 다른 한쪽에 씨앗을 1개씩 올리면서 빗금으로 표식한다. 이때 기준량의 20~30배 정도의 무게는 씨앗을 하나씩 올려서 재도 불편하지 않지만, 기준량의 몇백, 몇천 배의 무게는 씨앗을 일일이 올리는 것이 여간 귀찮은 일이 아닐 수 없다. 때때로 귀찮음이 놀라운 발견이나 발명을 견인하기도 한다. 리드 헤이스팅스가 넷플릭스를 만든 이유도 비디오 테이프를 반납하기 귀찮아서였다고 알려져 있다.

누군가는 각각의 그릇에 씨앗 20개, 50개, 100개, 1000개 등을 미리 담아 두고 그릇 겉면에 빗금으로 표식해 놓았을 것이다. 이렇게 씨앗을 한꺼번에 올리는 방식이 씨앗을 하나하나 올리는 것보다 월등히 효율적이었을 것이다. 다만 금의 무게가 170개의 씨앗과 같을 때, 금의 무게를 표식하기 위해 170개의 빗금을 그어야 하는 것은 변함없이 귀찮은 일이었을 것이다. 빗금을 손가락으로 짚어 가면서 신중하게 표식해도 중간에 빗금을 놓쳐 다시 처음으로 돌아가야 할 때도 많았을 것이다.

이제는 씨앗을 이용하여 양팔 저울로 무게를 재지는 않지만, 다이아몬드의 무게 단위는 여전히 캐럿(carat)이다. 1캐럿은 지중해 연안에서 서식하는 캐럽(carob) 나무 열매의 씨앗 1개의 무게이다. 캐럽 씨앗들의 무게가 편차 없이 거의 일정하기 때문에 기준량으로 선택되었을 것이다. 1캐럿의 무게는 0.2g이다.

Chapter 2

양을 묶다

메소포타미아의 메소는 '사이'라는 뜻이고 '포타미아'는 강이라는 뜻이다. 즉, 티그리스강과 유프라테스강 사이의 지역을 의미한다. 이 지역은 사막으로 둘러싸인 이집트와는 달리 접근성이 좋아서 문명의 주인이 자주 바뀌었다. 그중에서 수메르 문명과 그 뒤를 이은 바빌로니아 문명이 대표적이다.

메소포타미아 지역의 문명은 독자적으로 양을 표현하는 표식인 점토 표식(calculi, clay token)을 개발하고 발전시켜 왔다. 하지만 왜, 어떻게 그런 표식을 만들었는지는 알 길이 없다. 아마도 처음에는 가축과 똑같이 생긴 실물 표식을 사용했을 것이다. 이후 표식을 잃어버리지 않기 위해 그릇 혹은 토기에 보관했을 것이고, 굳이 내용물을 확인하지 않아도 알 수 있도록 보관 용기의 표면에 표식과 같은 그림을 그렸을 것이다. 내용물을 확인하지 않아도 내용물을 알 수 있으므로 보관이 필요 없어졌고, 표식을 용기에 넣지 않고 점토판에 그림만 그리는 것으로 발전했을 것이다.

점토판에 그린 그림은 곧 양을 나타내는 하나의 표

식이 되었을 것이고, 수십, 수백 개의 많은 양을 세기 위해 양을 묶기 시작했다. 이렇게 만들어진 표식은 크기와 분리되기 시작한다. 크기와 관계없이 큰 양을 표시할 수 있음을 깨달은 것이다. '수'에 대한 개념을 정립하기 위한 한 걸음이긴 하지만 아직 사람들은 120을 나타내는 표식을 보며 바로 120으로 생각하지 못했다. '수'에 대한 개념이 없기 때문에 1을 의미하는 표식이 120개가 나열되어 있는 것을 떠올렸을 것이다.

이 과정을 상상하는 것은 완성된 요리를 보고 재료와 요리법을 맞히는 것과 비슷하다. 그렇기 때문에 이 장의 내용은 대부분 나의 상상에 의해서 채워졌다. '기록'으로 남아 있는 시대의 이야기가 아니지만, 인류가 '수'를 보기 위해서 반드시 거쳐야 했을 과정을 합리적으로 기술했음을 분명히 밝혀 둔다.

메소포타미아의 점토 표식

메소포타미아 문명이 남긴 다양한 표식들. 다양한 모양으로 뭉쳐 만든 점토 표식으로 수량을 셌을 것이다.

메소포타미아 지역에서는 점토를 공이나 원뿔 모양으로 뭉친 표식이 많이 발견되었다. 물론 처음부터 공이나 원뿔 모양의 표식을 사용한 것은 아닐 것이다. 아마도 자신이 소유한 가축의 모양을 본떠서 표식을 만들었을 것이다.

처음에는 주술과 같은 효과를 기대하면서 점토로 만든 조그만 가축을 머리맡에 두고 자면 혹시 가축이 늘어나지 않을까 기대하면서 이런 표식을 만들었을 수도 있다. 동굴벽화를 그릴 때, 벽화에서 동물을 사냥하면 실제 동물 사냥이 수월할 것이라고 생각한 것처럼 말이다.

유발 하라리는 "인간의 대규모 협력은 공통의 신화에 뿌리를 두고 있는데 그 신화는 사람들의 집단적 상상 속에서만 존재한다."라고 주장한다.[1] 이 주장이 옳다면 점토로 만든 표식을 가축이라고 상상하는 것 또한 그리 어려운 일이 아니었을 것이다. 그러나 시간이 지나면서 인류는 점토로 가축 모양을 만들어도 실제 '가축'의 수가 늘어나지는 않는다는 것을 깨달았을 것이다.

또한 가축과 일대일로 대응시켜 숫자를 확인하는 수단으로 사용하기에는 '가축'을 그대로 본뜬 모양 대신에 공이나 원뿔 모양의 표식을 사용해도 충분하다는 데까지 생각이 이르렀을 것이다. 가축이 죽으면 그만큼 표식을 빼고 가축이 태어나면 그만큼 표식을 추가하면 되었다. 초기에는 여러 가지 모양의 표식을 사용하다가 최종적으로는 원뿔 모양이 선택된 것으로 보인다. 아마도 원뿔이 공보다 잘 세워지기 때문이었을 것이다. 이제 원뿔 1개가 가축 1마리를 의미할 수 있게 되었다.

묶거나 뭉쳐서 만든 더 큰 양의 표식

메소포타미아 시대에 점토로 만든 원뿔은 단순한 흙 모양의 물건이 아니라 레봄보 뼈와 이상고 뼈에 새겨진 빗금처럼 '개수'에 대한 표식이다. 하지만 원뿔의 개수가 많아지면서 보관하거나 휴대하기 어렵다는 문제가 있었다. 그래서 메소포타미아 문명은 점토가 굳기 전에 원뿔을 몇 개

뭉쳐 만든 표식을 분리하기. 뭉쳐서 만든 표식은 얼마만큼의 양을 나타내는지 알 수 없어 기본 표식으로 분리해서 생각해야 했다.

씩 붙이거나 뭉쳐서 이 문제를 해결하려 했다. 하지만 한번 뭉치고 나면 그것이 원래 몇 개였는지 알 수 없기 때문에 뭉치기 전의 개수를 쉽게 떠올릴 수 있도록 하는 방법이 필요했을 것이다.

메소포타미아 문명을 포함한 대부분의 고대 문명에서 자신의 표식을 5개, 10개, 20개 등으로 묶거나 뭉친 것은 손가락과 발가락의 개수와 무관하지 않다. 이 현상을 단순히 손가락이나 발가락을 이용해서 개수를 헤아린 것으로 이해할 수도 있지만, 그것보다는 묶거나 뭉쳐서 원래의 개수를 알 수 없는 표식의 실제 개수를 쉽게 복원하기 위해서였다고도 해석할 수 있다.

예를 들어 5개의 원뿔 표식을 뭉쳐서 만든 공 모양의 표식은 손가락을 이용하여 원래대로 분리했을 것이다. 공 모양의 표식은 편의상 뭉쳐 놓은 것일 뿐 의미 있는 표식이 아니기 때문에 필요할 때는 언제나 원뿔 모양으로 분리해서 생각해야 한다.

만일 원뿔 10개를 묶어서 공 모양의 표식을 만들었다면, 다음과 같이 두 손을 모두 사용하여 원래의 개수를 복원해야 했을 것이다.

○ → 🖐🖐 → △△△△△△△△△△

메소포타미아 문명은 많은 시행착오 끝에 원뿔 10개를 뭉쳐서 만든 '공' 모양의 표식만을 사용하게 되었다. 이제 공 모양의 표식 1개는 원뿔 10개를 표식하며 두 손의 손가락 개수와 일대일 대응한다.

하지만 이때까지도 양적 개념이 수로 바뀌지 않고 여전히 양으로만 존재한 것으로 보인다. 아마도 공 1개의 크기는 정확히 원뿔 10개를 합한 크기였고 사람들 또한 마땅히 그래야 한다고 생각했을 것이기 때문이다.

60진법과 새로운 표식

원뿔 10개를 뭉쳐서 공을 만들었는데 그 공을 더 크게 뭉치지 못할 이유는 없다. 실제로 이들은 공 6개를 뭉쳐서 큰 원뿔 1개를 만들었는데 10개가 아니라 왜 하필 6개여야 했는지 정확히 알 길은 없다. 이에 대한 여러 가설 중, 60이 단지 약수의 개수가 많아서 60진법을 사용했다는 알렉산드리아의 테온(Theon, 350?~400?)의 주장보다는 측량 단위로부터 유래되었다는 오이스틴 오어(Oystein Ore, 1899~1968)의 주장이 더 설득력 있게 들린다. 즉, 당시 문명에서 관습적으로 사용하던 길이나 넓이의 측정 단위와 일치시키려 했다는 것이다.

당시 길이의 단위에는 닌단, 에쉬, 우쉬가 있었다. 에쉬는 10닌단, 우쉬는 60닌단을 의미했다. 따라서 이 단위에 맞춰 표식을 만들었다고 보는 것이 자연스럽다. 더욱이 메소포타미아 문명 초기에는 약수나 소수와 같은 개념을 인지하지 못했다. 큰 원뿔 1개는 공 6개를 의미하는 표식이다. 공 1개가 작은 원뿔 10개를 의미하는 표식이므로, 결국 큰 원뿔 1개는 작은 원뿔 60개를 나타내는 표식이다. 큰 원뿔 1개를 공으로 분리하기 위해서는 아마도 손가락 하나를 작은 원뿔 10개로 생각하였을 것이다. 즉, 한 손의 모든 손가락(5개)과 나머지 한 손(5개)을 이용해서 분리해 생각했을 것이다.

이때 큰 원뿔의 크기는 다음과 같이 작은 원뿔 60개를 뭉친 것과 정확히 일치했을 것이다.

$$△ = \begin{matrix} △△△△△△△△△△ \\ △△△△△△△△△△ \\ △△△△△△△△△△ \\ △△△△△△△△△△ \\ △△△△△△△△△△ \\ △△△△△△△△△△ \end{matrix}$$

원뿔을 뭉쳐서 공을 만들고 공을 뭉쳐서 큰 원뿔을 만들었으니 이제는 큰 원뿔 몇 개를 모아서 큰 공을 만들 차례다. 그런데 조금만 생각해 보자. 이런 식으로 계속 크기를 늘리다 보면 조만간 집채만 한 표식이 생길지도 모를 일이다. 그렇게 큰 공이나 원뿔은 보관하거나 휴대하기에 불편할 것이 명백하다. 언제나 그렇듯 불편함은 창의성으로 이어진다.

크기와 분리하여 양을 표시하기

표식을 뭉쳐서 더 큰 표식을 만드는 방식을 계속 사용하면 이제 다음과 같이 큰 공을 만들 차례이다.

원뿔 → 공 → (큰) 원뿔 → (큰)공

하지만 메소포타미아 문명에서는 큰 원뿔을 뭉쳐서 더 큰 공을 만드는 대신에 원뿔의 크기는 그대로 둔 상태에서 구멍을 뚫거나 색칠을 하는 방식을 생각해 냈다.

이 발상은 수의 역사에서 가장 중요한 사건 중에 하나다. 이것은 인류가 양을 크기와 분리하면서 양을 양으로서만 인식했던 한계를 넘었다는 것을 의미하기 때문이다.

지금까지는 사물의 개수나 크기가 커지면, 그것과 대응되는 표식의 개수와 크기도 그만큼 커졌다. 하지만 이 발상으로 인해 표식의 크기가 더는 중요하지 않게 되었다. 어떤 표식이든지 사회적으로 합의하면 크기나 모양과 상관없이 특정 개수를 의미할 수 있게 된 것이다.

메소포타미아 문명은 60개를 의미하는 원뿔 모양의 표식에 구멍 하나 뚫어 놓고 그것이 600개짜리라고 상상할 수 있을 정도로 허구의 세계에 푹 빠져 있었다. 이제 인류는 수를 인식하는 여정에서 힘든 문턱 하나를 넘었다.

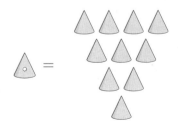

그렇다고 해서 양적인 개념이 완전히 수로 넘어간 것은 아니다. 아직까지도 사람들은 구멍 뚫린 원뿔을 보면서 600이라는 추상적인 수가 아니라 마당 가득 줄지어 있는 작은 원뿔 600개를 떠올렸을 것이기 때문이다.

그림 표식의 탄생

표식의 크기가 더는 양을 의미하지 않게 되면서 표식의 크기를 줄이는 작업이 뒤따랐을 것으로 보인다. 먼저 작은 원뿔 10개를 합한 표식인 공을 작게 줄였다. 작은 원뿔과 구분만 하면 되기 때문이다. 큰 원뿔도 그렇게 클 필요가 없었다. 작은 원뿔과 구분될 정도의 크기이면 충분했다.

표식의 크기를 줄인 상태에서 지금까지의 표식을 정리해 보자.

① 작은 원뿔 10개는 작은 공 1개를 의미한다.

△△△△△△△△△△ = ○ = 10개

② 작은 공 6개는 큰 원뿔 1개를 의미한다.

$\circ \circ \circ \circ \circ \circ = \triangle = 60$개

③ 큰 원뿔 10개는 구멍 뚫린 큰 원뿔 1개를 의미한다.

$\triangle \triangle \triangle \triangle \triangle \triangle \triangle \triangle \triangle \triangle = \triangle = 600$개

작은 원뿔과 큰 원뿔, 구멍 뚫린 큰 원뿔은 사용했으므로 큰 공과 구멍 뚫린 큰 공이 남아 있다. 이전의 규칙을 그대로 적용하면, 구멍 뚫린 큰 원뿔 6개는 큰 공 1개이고 큰 공 10개는 구멍 뚫린 큰 공이다. 이제 큰 공 은 작은 원뿔 3600개, 구멍 뚫린 큰 공은 작은 원뿔 36000개를 의미한다.

= ◯ = 3600개

= ◉ = 36000개

이제 우리는 메소포타미아 문명에서 표식을 보관했던 항아리를 열어 보면 그 표식이 몇 개를 의미하는지 알 수 있다. 예를 들어 항아리 표면에 양 그림이 있는 토기 안에는 양이 몇 마리인지 알 수 있는 표식들이 들어 있었다. 양이 몇 마리인지 확인하려면 토기 안의 표식들을 다음과 같이

모두 꺼낸 다음 모양별로 나열해서 헤아렸을 것이다.

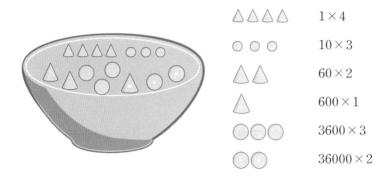

△△△△	1×4
○ ○ ○	10×3
△ △	60×2
△	600×1
⊚⊚⊚	3600×3
⊚⊚	36000×2

　하지만 이렇게 하다 보니 양의 마릿수를 확인하려고 항아리 안의 표식들을 다 꺼내는 것보다는, 다음과 같이 표식을 모양별로 따로 보관하는 것이 효율적이라는 것을 깨달았을 것이다.

　더 나아가 항아리 안에 있는 표식을 일일이 꺼내서 확인하는 대신 항아리 안에 있는 표식과 똑같은 모양의 표식을 토기 표면에 그리기 시작했다.

　사실 토기 표면에 표식을 그리면 토기 안에 같은 모양의 실물 표식을 굳이 넣을 필요가 없다고 생각할 수 있다. 옳은 말이지만 실물 표식에 익

숙한 사람들에게 그림 표식은 그저 보완재에 불과할 뿐이다. 실물 표식을 항아리에 넣고 그 입구를 봉합하여 보관할 만큼 철저했던 당시 사람들에게 항아리 밖의 그림은 참고사항에 지나지 않았다. 하지만 문명이 발달할수록 표식의 개수가 비약적으로 늘어남에 따라 실물 표식과 그림 표식을 효과적으로 다룰 새로운 방법이 필요하게 되었다.

이처럼 메소포타미아 문명은 어떤 이유로 인해 표식을 만들고, 이 표식을 이용해 양을 나타냈다. 더 많은 양을 표현하기 위해서 지나치게 많은 그림 대신 효율적인 표식을 만들기 시작했고, 그 과정에서 양과 크기를 분리하여 '수'라는 개념을 향한 한 걸음을 내딛게 된다. 이제는 300을 의미하는 표식을 최소 단위의 표식 300개라고 생각하지 않고 한번에 300이라고 받아들이는 일만 남았다. 다음 장에서는 다양한 문명에서 그림 표식을 다루는 방법이 발전하면서 '수'의 개념이 만들어지는 과정을 살펴보도록 하자.

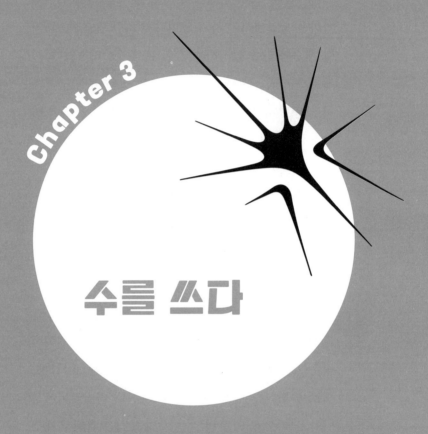

Chapter 3

수를 쓰다

대부분의 고대 문명에서 실물 표식은 실제 물건에 가까운 모양에서 점차 원뿔이나 공처럼 단순해졌다가 그 개수와 양을 상징하는 그림 표식으로 바뀌었다. 이집트 문명과 메소포타미아 문명은 실물 표식을 본떠서 그림으로 바꾸었고, 메소포타미아 후기 문명인 바빌로니아는 그림 표식에서 기호로 나아갔다. 그림 표식과 기호야말로 본격적인 숫자(수의 문자화)의 시작이라고 할 수 있다.

초기 숫자는 실물 표식과 마찬가지로 숫자 하나하나가 고유한 양을 가지고 있었다. 숫자가 고유한 양의 표식이 되는 이런 방식을 기호기수법(sign value notation)이라고 한다.

하지만 이런 방식에서는 큰 수를 표시하기 위해서 작은 표식을 반복해서 사용하거나 큰 수를 표시하는 새로운 표식를 만들어야 한다. 그런데 바빌로니아와 마야, 그리고 중국 문명은 큰 수의 표식을 위해서 새로운 수를 만들 필요가 없는 방식을 만들어 냈다. 바로 숫자의 위치가 숫자의 양을 표식하는 방식이었다. 숫

자의 위치가 숫자의 양의 표식이 되는 방식을 위치기
수법(position notation)이라고 한다.

　이제 새로운 숫자를 만들지 않고도 기존의 숫자만
으로 '모든 수'를 표시할 수 있게 되었다. 이로써 문명
은 '양'에서 '수'로 가는 마지막 허들을 넘었다.

실물 표식에서 그림 표식으로의 전환

2장의 마지막에서 설명한 대로, 항아리 안에 실물 표식을 보관하던 메소포타미아 문명에서는 실제로 들어 있는 실물 표식을 빠짐없이 항아리 표면에 그리기 시작했다. 항아리 안의 표식을 일일이 꺼내 보지 않아도 그 개수를 미리 알기 위해서였을 것이다. 처음에는 항아리 표면의 표식이 일종의 보완재 역할을 했었다. 하지만 둘을 병행하며 사용하는 과정에서 항아리 안에 굳이 실물 표식을 넣을 필요가 없다는 사실을 깨닫는 데까지 그리 오랜 시간이 걸리지는 않았을 것이다.

그리하여 결국 실물 표식은 역사의 저편으로 잠들었고, 그림 표식만을 이용하여 편리하게 실제 수량을 표시했을 것이다.

다음의 표는 메소포타미아 문명에서 원뿔과 공 모양의 실물 표식의 모양을 본떠서 만든 그림 표식을 비교한 것이다. 실물 표식의 모양과 크기와 특징을 제대로 살린 것을 알 수 있다. 실물 표식을 알고 있는 사람들이라면 그림 표식을 보고 실물 표식을 바로 떠올렸을 것이다.

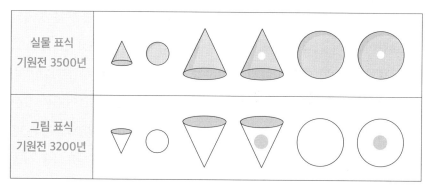

실물 표식 기원전 3500년						

그림 표식 기원전 3200년						

메소포타미아 문명의 실물 표식과 그림 표식. **실물 표식과 최대한 비슷하게 그림을 만들어 사용했던 것을 볼 수 있다.**

이집트 숫자

나르메르 왕의 곤봉에 새겨진 그림. **전투 후 획득한 전리품들이 그림 표식으로 그려져 있다.**[1]

이 그림은 이집트의 나르메르 왕이 사용하던 곤봉의 머리 부분에 새겨진 그림이다. 이 그림에는 리비아와의 전투에서 획득한 포로, 소, 염소의 수도 새겨져 있다. 뒤에서 다시 설명하겠지만, 이 그림에는 포로 12만 명, 소 40만 마리, 염소 142만 2천 마리가 들어 있다. 포로나 소, 염소는 사물을 의미하는 문자가 아니라 그림인 것으로 보아 고대 이집트 문명은 문자가 만들어지기도 전에 이미 100만 단위의 수를 의미하는 표식을 사용했던 것으로 보인다.

초기 이집트 숫자도 메소포타미아 문명에서처럼 막대기나 말발굽, 매듭, 백련꽃 등과 같이 기존의 실물 표식을 본떠서 그림 표식을 만든 것으로 보인다. 각 표식이 의미하는 수는 다음과 같다.

이집트 숫자	실물 표식	아라비아 숫자
I	막대기	1
∩	말발굽	10
ℓ	매듭	100
↟	백련꽃	1000
⟋	손가락	10000
⟁	올챙이 또는 개구리	100000
ⵘ	만세 부르는 사람	1000000

이집트 숫자. 이집트에서는 10 단위로 묶어 새로운 수를 의미하는 수를 나타냈다.

그림 표식의 양이 10배씩 늘어나는 것으로 보아 실물 표식도 10개씩 묶어서 사용했을 것으로 추정된다. 먼저 이쑤시개 모양의 막대기는 1을 의미하는 실물 표식이었을 것이다. 초기에는 이 막대기를 10개나 100개씩 묶어서 10과 100을 표시했을 수 있다.

하지만 위의 숫자를 보면 어느 순간부터 이집트 문명 또한 메소포타미아 문명처럼 양을 양으로 인식하는 단계를 넘어선 것으로 보인다. 더 이상 막대기 10개를 묶어서 10을 나타내지 않고 말발굽 1개로 10을 나타냈고, 마찬가지로 100과 1000은 각각 밧줄 1개, 호수 가득 피어 있는 백련꽃 1송이로 대체했기 때문이다. 아마도 말발굽, 매듭, 백련꽃 등의 실물 표식이 그 모습 그대로 그림 표식으로 사용되었을 것이다. 지팡이와 개구리는 실물 표식에서 유래된 것인지 숫자를 만드는 과정에서 만들어진 것인지 확실치 않다.

이제 우리는 나르메르 왕의 지팡이 머리에 새겨져 있는 숫자를 해석할 수 있다. 포로의 수부터 살펴보자. 포로의 수는 개구리 1마리와 손가락 2개에 해당하는 12만 명이다.

개구리 1마리

손가락 2개

$100000 + 10000 \times 2 = 120000$

소는 개구리(또는 올챙이) 4마리에 해당하는 40만 마리이다.

개구리 4마리

$100000 \times 4 = 400000$

염소는 만세 부르는 사람 1명, 개구리 4마리, 손가락 2개와 백련꽃 2송이에 해당하는 142만 2천 마리이다.

만세 부르는 사람 1명   개구리 4마리

손가락 2개   백련꽃 2송이

$1000000 + 100000 \times 4 + 10000 \times 2 + 1000 \times 2$

$= 1422000$

앞에서 보듯이 표식 하나하나가 고유한 양을 의미하기 때문에 어느 위치에 어떤 표식을 써도 나중에 그 표식을 해석하는 데 아무 문제가 없다는 것을 알 수 있다.

하지만 시간이 지나면서 이집트 문명은 일관되게 작은 수를 큰 수 앞에 쓰기 시작했다. 예를 들어 23을 표식할 때, ∩∩ⅠⅠⅠ이 아니라 ⅠⅠⅠ∩∩으로 기록했다. 현재 영어에서도 이런 예를 볼 수 있는데, four-teen(14)은 four와 ten(=teen)의 합성어로 작은 숫자를 앞에 쓰고 있다.

로마 숫자[2]

로마가 이탈리아 반도를 지배하기 전에 이탈리아 북부 토스카나 지방에 영향력을 행사하고 있던 에트루리아인들의 문화는 고대 로마 문화에 많은 영향을 미쳤다. 숫자도 마찬가지인데 로마 숫자인 I, V, X, L, C 등은 알파벳처럼 보이지만 실제로는 에트루리아인의 숫자와 비슷한 모양의 알파벳을 빌려 쓴 것이다. 다음은 에트루리아 숫자와 로마 숫자를 비교한 표이다.

에트루리안	로마	값
I	I	1
∧	V	5
X	X	10
↑	L	50
＊	C	100
◈	D	500
◈	M	1000

에트루리아와 로마 숫자. 우리가 알고 있는 로마 숫자는 기존 이탈리아 반도
의 정복자인 에트루리아의 영향을 받아 탄생되었다.

에트루리아 숫자에서 I은 실물 표식인 막대기를 표상한 것이다. 10은
막대기를 X 형태로 놓은 모양이고 이것을 가로로 쪼개서 5를 의미하는
표식 ∧을 만들었다. X에 막대기 하나를 수직으로 꽂아서 100을 의미하
는 ＊를 만들었고 ∧에 막대기를 꽂아서 50을 나타내는 ↑를 만들었다.

이후 로마 문명은 ∧를 뒤집어서 알파벳 V로, 100을 표시하는 의미로
＊의 반쪽인 ＜을 알파벳 C로 바꿔 사용했다.

$$\wedge \rightarrow V(5)$$

$$\ast \rightarrow \,<\, \rightarrow C(100)$$

에트루리아와 로마는 10묶음과 5묶음을 섞어 사용했다. 즉, 로마는 이
집트처럼 10, 100, 1000을 표시하는 숫자 외에 5, 50, 500을 표시하는 숫
자도 가지고 있었다. 5묶음을 함께 사용함으로써 이집트보다 써야 할 숫

자의 개수가 줄어들었고, 그 덕분에 수를 헤아릴 때 덜 헷갈렸을 것이다. 예를 들어 77을 이집트 숫자로 표기하면 | | | | | | | ∩∩∩∩∩∩∩ 이지만, 로마 숫자로는 LXXVII(50＋10＋10＋5＋1＋1)이다. 즉, 77을 표기할 때, 이집트에서는 14개의 숫자가 필요하지만, 로마에서는 6개의 숫자만으로 가능하다.

로마 숫자도 이집트 숫자와 마찬가지로 고유한 양을 가지고 있기 때문에 숫자의 순서를 바꿔도 그 수의 표식이 의미하는 양이 달라지지 않지만, 다음과 같이 이집트와는 반대로 큰 수를 작은 수보다 앞에 썼다.

$$VI＝V＋1＝5＋1＝6$$
$$XV＝X＋V＝10＋5＝15$$
$$CLX＝C＋L＋X＝100＋50＋10＝160$$
$$MDC＝M＋D＋C＝1000＋500＋100＝1600$$

이것이 관습으로 굳어지자 지금의 관점으로는 신기해 보이는 다음과 같은 아이디어를 고안해 냈다.

'작은 수를 큰 수 앞에 쓰면 큰 수에서 작은 수를 뺀 것으로 간주하라.'

원래는 VI처럼 큰 수인 V가 작은 수인 I보다 앞에 있어야 했다. 그리고 이것은 당연히 '5＋1'을 의미했다. 그런데 위의 규칙으로 인해 IV처럼 작은 수인 I을 큰 수인 V보다 앞에 쓸 수 있게 되었고 I＋V가 아니라 'V－I(＝IIII)'를 의미했다. 이 방식의 장점은 같은 양을 표시할 때 써야 할 숫자의 개수가 적다는 것이다. 예를 들어 기존의 방식으로 4를 표기하려면 I을 4번 써야 하지만, 새로운 방식에서는 I과 V 2개만으로 가능하다.

다만, 로마인들은 모든 수에 이 규칙을 적용하지는 않았고 4를 포함하여 9, 40, 90, 400, 900 등의 6개의 숫자에만 적용하였다.

$$IV = V - I = 5 - 1 = 4$$
$$IX = X - I = 10 - 1 = 9$$
$$XL = L - X = 50 - 10 = 40$$
$$XC = C - X = 100 - 10 = 90$$
$$CD = D - C = 500 - 100 = 400$$
$$CM = M - C = 1000 - 100 = 900$$

하지만 약간의 편익을 위해서 무엇을 희생해야 했는지 처음에는 잘 몰랐을 것이다. 사실 이 규칙은 득보다는 실이 많은 방식이다. 이집트 숫자나 로마 숫자처럼 모든 숫자가 고유한 양을 가지는 기수법은 덧셈과 뺄셈에서 절대적으로 유리하다. 같은 모양의 숫자끼리 모아서 더하거나 빼면 계산이 끝나기 때문이다.

예를 들어 XXXVII(37)+XV(15)와 같은 덧셈은 다음과 같이 X는 X끼리, V는 V끼리, I는 I끼리 모아서 더한 다음 묶음만 처리하면 된다.

$$XXXVII(37) + XV(15) = XXXXVVII$$
$$= XXXXXII$$
$$= LII(52)$$

그런데 작은 수를 큰 수 앞에 쓸 수 있게 되면서 덧셈과 뺄셈을 할 때,

같은 숫자끼리 모아서 할 수 없게 되었다. 즉, IX와 IV처럼 작은 수가 큰 수보다 앞에 있는 수를 더할 때는 I끼리 모아서 XVII라고 할 수 없다는 뜻이다. IX는 X−I이므로 VIIII로 바꾸고 IV는 V−I이므로 IIII로 바꿔서 다음과 같이 계산해야 했다.

$$IX + IV = VIIII + IIII$$
$$= VIIIIIIII$$
$$= VVIII$$
$$= XIII$$

그래서 셈을 하기 전에 새로운 규칙이 적용된 6개 숫자를 다음과 같이 바꿔 놓아야 한다. 그래야 같은 숫자끼리 모아서 더하거나 뺄 수 있다.

$$IV = V − I = IIII$$
$$IX = X − I = VIIII$$
$$XL = L − X = XXXX$$
$$XC = C − X = LXXXX$$
$$CD = D − C = CCCC$$
$$CM = M − C = DCCCC$$

이집트의 신관숫자와 고대 그리스 숫자

최초의 이집트 숫자는 실물 표식을 그림으로 그린 것이었다. 최초의 문자가 사물의 형상을 본떠 만든 상형문자인 것과 마찬가지이다. 처음에는 사물의 모양을 정교하게 그린 문자를 사용했지만 나중에는 실제 모양을 짐작하지 못할 정도로 단순해졌다. 숫자도 비슷한 길을 걸었다. 7을 표시하기 위해서 막대기를 7개 그리고 70을 표시하기 위해서 말발굽을 7개 표시하는 것은 귀찮기도 하고 헷갈리기도 한 일이다.

이집트는 신관숫자를 만들어서 이 문제를 해결했다. 덜 헷갈리는 4까지는 막대기로 표시했지만 5부터 9까지 숫자와 10, 20, …, 90 등의 10 단위와 100, 200, …, 900 등의 100단위, 그리고 1000, 2000, …, 9000 등의 1000 단위의 숫자를 다음 그림과 같이 새로 만들어 사용하였다. 고유한 양을 갖는 숫자를 많이 추가함으로써 이것은 예전보다 상대적으로 적은 개수의 숫자만으로 양을 표시할 수 있다는 장점이 있었지만, 더 많은 숫

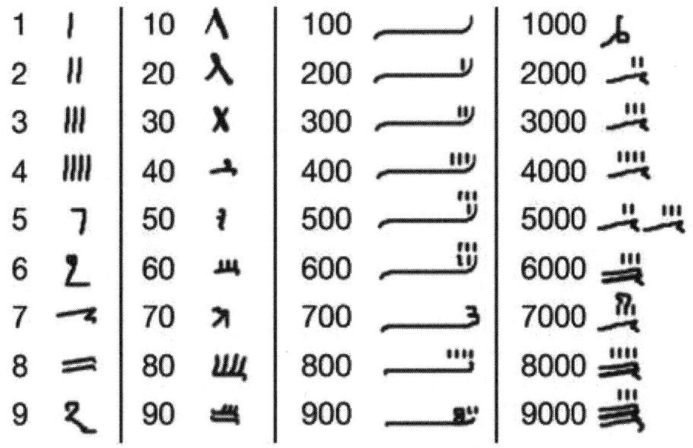

1	I	10	Λ	100	⌐	1000	ㅏ
2	II	20	λ	200	⌐	2000	
3	III	30	X	300	⌐	3000	
4	IIII	40	↲	400	⌐	4000	
5	ㄱ	50	₹	500	⌐	5000	
6	ㄹ	60	ㅛ	600	⌐	6000	
7	ㄱ	70	ㄱ	700	э	7000	
8	=	80	ㅽ	800	⌐	8000	
9	ㄹ	90	ㅓ	900	⌐	9000	

이집트 문명의 신관숫자. 1~9와 1~9에 10, 100, 1000을 곱한 수들의 고유 표식을 만들었다.

자를 외워야 하는 것이 부담이었을 것이다. 신관숫자라는 이름은 비슷한 시기에 상형문자를 간단하게 만든 문자를 신관문자(hieratic)라고 하는 데서 유래한 것으로 보인다.

예를 들어 77은 신관숫자로 나타내면 다음과 같다.

$$77 = ‘ \jmath \; \textrm{ᘰ} \; ’$$

그리스 숫자도 이집트의 신관 숫자와 비슷하게 고유한 양을 표식하는 숫자가 많았다. 하지만 숫자 자체와 숫자가 표시하는 양을 따로 외워야 하는 신관 숫자와 달리 그리스 문명은 이미 순서가 정해져 있는 알파벳을 숫자로 사용했기 때문에 숫자의 순서는 따로 외울 필요가 없었을 것이다. 물론 그리스어 알파벳을 모르는 사람에게는 신관 숫자를 외워야 하

1	α	alpha	10	ι	iota	100	ρ	rho
2	β	beta	20	κ	kappa	200	σ	sigma
3	γ	gamma	30	λ	lambda	300	τ	tau
4	δ	delta	40	μ	mu	400	υ	upsilon
5	ε	epsilon	50	ν	nu	500	φ	phi
6	ς	vau*	60	ξ	xi	600	χ	chi
7	ζ	zeta	70	ο	omicron	700	ψ	psi
8	η	eta	80	π	pi	800	ω	pmega
9	θ	theta	90	ϟ	koppa*	900	ϡ	sampi*

그리스 문명의 숫자. 이미 순서가 정해져 있는 알파벳을 이용하여 수를 표시했다. 이중 6(vau), 90(koppa), 900(sampi)는 사라졌다.

는 노력이 그대로 필요했을 것이다.

사실 그리스 숫자는 다음 표와 같이 한글 자음과 모음에 숫자를 대응시킨 것과 다름없다. 한글 자음과 모음을 아는 사람이라면 표를 채울 수는 있지만, 'ㅈ'이나 'ㅠ'가 의미하는 양을 보자마자 알기 위해서는 자음이나 모음이 표시하는 양을 따로 외워야 한다. 그리스 숫자도 마찬가지였을 것이다.

예를 들어 77은 그리스 알파벳 숫자로 'οζ'이고 한국어 알파벳 숫자로 'ㅑㅅ'이다.

$$77 = οζ = ㅑㅅ$$

하지만 이런 방식의 수체계는 덧셈과 뺄셈 등 연산에 취약하다. 숫자

ㄱ	1	ㅊ	10	ㅗ	100
ㄴ	2	ㅋ	20	ㅛ	200
ㄷ	3	ㅌ	30	ㅜ	300
ㄹ	4	ㅍ	40	ㅠ	400
ㅁ	5	ㅎ	50	ㅡ	500
ㅂ	6	ㅏ	60	ㅣ	600
ㅅ	7	ㅑ	70	ㅿ	700
ㅇ	8	ㅓ	80	ㆆ	800
ㅈ	9	ㅕ	90	·	900

그리스 숫자를 따라 만든 한글 숫자. 자음이나 모음의 순서에 따라 수를 대응시킬 순 있지만, 특정 자음이나 모음을 보고 수를 떠올리기 위해서는 외워야 한다.

가 양을 직접적으로 표시하지 못하기 때문이다. 예를 들어 3의 표식을 비교하면, 이집트 숫자인 Ⅰ Ⅰ Ⅰ와 로마 숫자인 Ⅲ는 숫자 자체에 3이라는 양을 갖고 있지만, 그리스 숫자인 γ는 3이라는 양과 상관없다.

따라서 그리스 숫자로 셈을 하려면 숫자를 다시 양으로 되돌려놓아야 한다. 아마 간단한 연산조차도 수판을 이용한 계산이 필요했을 것이다.

예를 들어 με−λβ는 다음과 같이 계산해야 했을 것이다.

① μ=40, ε=5이므로 수판의 10의 자리에 돌 4개, 1의 자리에 돌 5개를 올려놓는다.

10	1
○ ○ ○ ○	○ ○ ○ ○ ○

② λ=30, β=2이므로 10의 자리에 있는 돌 3개와 1의 자리에 있는 돌 2개를 제거한다.

10	1
○ ⊖ ⊖ ⊖	○ ○ ○ ⊖ ⊖

③ 10의 자리에 돌 1개, 1의 자리에 돌 3개가 남는다.

10	1
○	○
	○
	○

이제 남은 양을 다시 숫자로 표기하면, ιγ가 된다. ι=10, γ=10이기 때문이다. 지금까지의 셈을 지금의 등식으로 나타내면 다음과 같다. 이상해 보이지만, 사실 지금의 '45−32=13'과 완전히 같은 방식이다.

$$\mu\varepsilon-\lambda\beta=\iota\gamma$$

바빌로니아의 새로운 기수법

바빌로니아 문명에서는 처음에 6개의 서로 다른 표식을 6개의 그릇에 담아 보관했다.

| 36000 | 3600 | 600 | 60 | 10 | 1 |

시간이 지나면서 이들은 다음과 같이 2개의 표식을 한 그릇에 담아서 보관하는 것이 여러 가지로 실용적이라고 판단한 듯하다.

36000+3600

600+60

10+1

그런데 이들은 59에서 1을 더하는 과정에서 놀라운 발견을 하게 된다. 원래는 59개가 들어 있는 오른쪽 그릇에 원뿔 1개를 추가하면, 오른쪽 그릇을 비우고 왼쪽 그릇에 큰 원뿔 하나를 추가하면 된다.

(59)   +   (1)   =   (60)

이 과정에서 이들은 왼쪽 그릇에 굳이 큰 원뿔을 넣을 필요가 없다는 것을 깨달았다. 작은 원뿔을 넣고 그것이 큰 원뿔을 의미한다고 믿으면 그뿐이었다. 표식의 모양이 중요한 것이 아니라 그릇의 위치가 양을 결정할 수 있다는 것을 알게 된 것이다.

(60)   (60)

이제 다음의 그릇에서 원뿔은 위치에 따라 1, 60, 3600(60×60)을 표시할 수 있고, 공은 위치에 따라 10, 600, 36000을 표시할 수 있다.

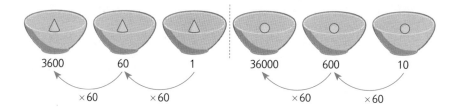

3600   60   1   36000   600   10

×60   ×60   ×60   ×60

한편 위치가 숫자의 양을 표식하려면 다음과 같이 빈 그릇의 도움이
필요하다. 빈 그릇이 있는지 없는지에 따라 원뿔은 1이 되기도 하고 60이
되기도 하고 3600이 되기도 한다.

(1)   (60)   (3600)

위치로 결정되는 숫자의 양

바빌로니아 문명은 원뿔과 공을 대신할 기호를 만들었다. 이 무렵 이
들은 끝을 쐐기 모양으로 자른 갈대로 점토판에 그림을 새기고 있었다.
최종적으로 쐐기를 세로로 찍은 모양을 1로, 가로로 찍은 모양은 10으로
정했다.

△ → 𒁹

● → 𒌋

1부터 59까지는 이집트나 로마의 수체계와 다르지 않다. ▽과 ◁은 그 개수만큼의 양을 의미했고 큰 수를 작은 수 앞에 썼다. 예를 들어 ◁◁▽▽▽ 은 여지없이 10+10+1+1+1=23이다. 다음은 1부터 59까지의 바빌로니아 숫자를 나타낸 것이다.

60 이상의 숫자는 1부터 59까지의 숫자만으로도 자리를 바꿔서 표시할 수 있다. 숫자를 쓸 때마다 그릇을 그릴 수는 없기 때문에 숫자 사이에 간격을 두어서 그것이 다른 자리에 있다는 것을 보여 주었다. 빈 그릇을 표시하기 위해서는 쐐기를 옆으로 기울인 ◟을 사용하였다. ◟은 기존의 숫자와 모양이 다르기 때문에 헷갈리지는 않았을 것이다.

예를 들어 '▽ ◟'은 지금의 숫자로 1과 0을 의미한다. 하지만 왼쪽의 ▽ 은 1개가 아니라 60개를 의미한다. 왼쪽 그릇의 원뿔 1개는 오른쪽 그릇의 원뿔 60개를 의미하기 때문이다. 그래서 '▽ ▽'의 두 숫자는 모두 1이지만 왼쪽의 ▽은 60개를, 오른쪽의 ▽은 1개를 의미한다. 또한 '▽ ◟ ◟'에

1	11	21	31	41	51
2	12	22	32	42	52
3	13	23	33	43	53
4	14	24	34	44	54
5	15	25	35	45	55
6	16	26	36	46	56
7	17	27	37	47	57
8	18	28	38	48	58
9	19	29	39	49	59
10	20	30	40	50	

바빌로니아 문명의 숫자. 2개의 숫자로 모든 것을 나타냈고, 60진법을 쓴 것이 특징이다.

서 𒐕은 1개가 아니라 3600(60×60)개를 표시한다. 같은 이유로 '𒌋 𒐊'에서 𒌋은 10개가 아니라 600개를 의미한다. 왼쪽 그릇의 공 1개는 오른쪽 그릇의 공 60개를 의미하기 때문이다. '𒌋 𒐊 𒐊'에서 𒌋도 10개가 아니라 36000(10×60×60)개를 표시한다.

하지만 바빌로니아 사람들은 이처럼 숫자를 굳이 개수로 바꿔 생각하지는 않았을 것이다. 오히려 지금 우리가 시각을 읽는 방식과 비슷했을 것이다. 예를 들어 디지털시계의 1:01을 보고 1시 1분으로 읽을 뿐, 1시간은 60분이고 1분은 60초이므로 1시간을 3600초로 해석하여 1시 1분을 굳이 3660초라고 하지 않는다. 이것과 마찬가지로 바빌로니아 사람들도 𒐕 𒐕 𒐕를 3661이라고 생각하지 않았다는 뜻이다. 만약에 이것이 각도를 의미하는 숫자였다면 '1도 1분 1초'로 이해했을 것이다.

묶음과 진법의 차이

바빌로니아 문명은 59에서 60이 되는 순간 60을 표시하는 숫자를 만드는 대신에 자리를 이동하여 1을 쓰는 방식을 생각해 냈다. 이렇게 위치가 숫자의 양을 결정하는 방식을 '위치기수법'이라고 한다. 그리고 자리를 이동해야 하는 수의 이름을 따서 '몇 진법'이라고 부른다. 진법의 '진'은 옆자리로 옮긴다는 뜻이다.

바빌로니아 위치기수법은 60에서 자리를 이동해야 하기 때문에 60진법이다. 뒤에서 설명할 마야의 위치기수법은 20에서 자리를 옮기기 때문에 20진법이 된다.

이집트는 10이 되면 숫자의 모양이 바뀌고 로마는 5를 표시하는 숫자가 따로 있지만 그렇다고 해서 이집트가 10진법이고 로마가 5진법인 것은 아니다. 이집트와 로마처럼 숫자가 고유한 양을 가지는 방식은 '기호기수법'이라고 한다. 기호기수법에서는 진법이 아니라 묶음이라는 용어를 사용해야 한다. 이집트는 10묶음 방식이고 로마는 5묶음과 10묶음을 섞어 사용하는 방식이다.

다시 말해서 60진법을 사용하는 바빌로니아 기수법에는 60이라는 양을 표시하는 고유의 숫자가 없다. 대신 앞에서 언급한 것처럼 자리를 바꿔 다시 1을 쓰는 방식으로 60이라는 양을 표시한다. 이로써 바빌로니아의 위치기수법에서는 1부터 59까지를 표시하는 숫자만으로 모든 자연수를 표시할 수 있게 되었다. 아무리 큰 수라도 새로운 숫자를 만들지 않고서도 자리를 이동하는 것으로 충분하다.

만일 로마가 5진법을 사용했다면 0, I, II, III, IIII의 5개의 숫자만으로 모든 자연수를 표시할 수 있으므로 V, X, L, C 등의 숫자는 필요하지 않다. IIII에 I을 더하면 V가 되는 것이 아니라 다음과 같이 자리를 옆으로 옮겨서 'I'을 써 주면 되기 때문이다.

$$IIII + I = I\,0$$

다만 위치기수법을 사용하기 위해서는 로마 숫자에서는 원래 없었던 '0'이 반드시 필요하다. 로마 문명은 0을 이해하지 못했기 때문에 위치기수법으로 나아가지 못했을 것이다.

다음 표는 로마의 실제 기수법을 가상의 5진법과 비교한 것이다. 즉 로마가 5진법 위치기수법을 사용했다면 다음과 같았을 것이다.

아라비아 숫자	5묶음(실제)	5진법(가상)
1	I	I
2	II	II
3	III	III
4	IV	IIII
5	V	I 0
6	VI	I I
7	VII	I II
8	VIII	I III
9	IX	I IIII
10	X	II 0

5진법 위치기수법은 오른쪽 자리의 IIII에 I이 더해지면 오른쪽 자리는 0이 되고 왼쪽 자리에 1이 더해지는 방식이다. 예를 들어 I IIII에 I을 더하면 II 0이 된다. 이때 왼쪽 자리의 II는 2개가 아니라 $10(2 \times 5)$개를 표시한다.

한편, 바빌로니아 문명은 60진법을 사용했지만, 모든 문명이 그런 것은 아니다. 마야 문명은 20진법, 중국과 인도 문명은 10진법을 사용했다. 지금 우리 문명도 10진법을 사용한다.

마야의 20진법

마야 기수법에는 20을 표시하는 숫자가 없다. 20을 표시하는 숫자를 따로 만드는 대신에 다음과 같이 자리를 옮겨 1을 쓰는 방식을 만들었기 때문이다. 마야 문명은 토기 대신 조개껍데기를 사용했을 수 있다.

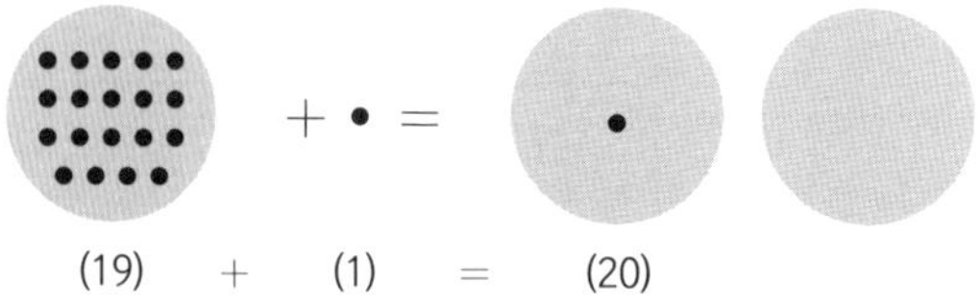

(19)   +   (1)   =   (20)

마야 문명은 ● 만으로 20까지 표시하는 대신 1과 5를 의미하는 숫자 2개 섞어 사용했다. 마야 숫자에서 점은 1이고 선분은 5이다. 이때, 점이 5개 모이면 다음과 같이 선분 1개로 바꿔준다.

$$● ● ● ● + ● = ─$$

다음 그림은 0부터 19까지의 마야 숫자이다.

20 이상의 숫자는 다음과 같이 자리에 따라 결정된다. 이때, ⬭은 빈 조개껍데기, 즉 0을 의미한다.

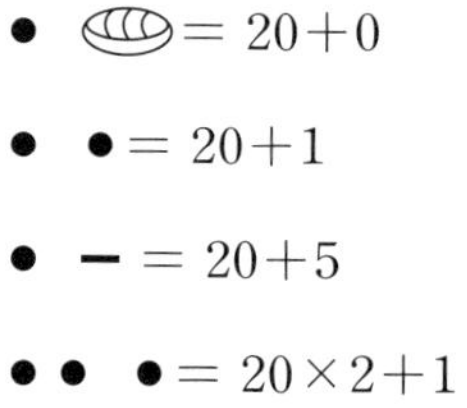

- ● ⬭ $= 20 + 0$
- ● ● $= 20 + 1$
- ● ─ $= 20 + 5$
- ● ● ● $= 20 \times 2 + 1$

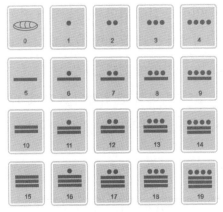

마야 문명의 숫자. 점과 선분으로 수를 나타냈고, 20진법을 사용했다. 0의 자리를 표시하는 숫자를 만든 것이 특이하다.

$$\bullet \ \bullet \ - \ = 20 \times 2 + 5$$

$$\bullet \ \bullet \ \bullet \ \text{⟨⟩} = 20 \times 3 + 0$$

주의할 것은 마야 숫자가 지금 우리가 생각하는 20진법을 사용하지 않았다는 것이다. 지금의 20진법이라면 다음과 같이 맨 왼쪽 자리의 점은 $400(=20 \times 20)$을 의미했어야 한다.

$$\bullet \qquad \bullet \qquad \bullet$$
$$(20 \times 20) \quad (20) \qquad (1)$$

하지만 마야 숫자에서 맨 왼쪽 자리의 점은 $360(=20 \times 18)$을 의미한다.

$$\bullet \qquad \bullet \qquad \bullet$$
$$(20 \times 18) \quad (20) \qquad (1)$$

400이 아니라 360이라는 것이 마야 사람들에게 전혀 혼란스럽지는 않았을 것이다. 마야 문명에서 1개월은 20일이고 1년은 18달이기 때문에 1년은 자연스럽게 360(20×18)일이 된다. 물론 실제로는 360일에 5일 더한 365일을 1년으로 삼았다. 따라서 맨 왼쪽의 ●이 왜 400이 아니라 360이어야 하는지 누구도 의문을 제기하지 않았을 것이다.

중국의 10진법

중국 문명은 5묶음과 10진법을 함께 사용하였다. 로마 기수법에서 5를 표시하는 V가 있는 것처럼 중국 기수법에서도 5의 표식인 ─이 있다. 중국 기수법에서 세로 막대기인 |이 1개를 표시하고 가로 막대기인 ─이 5개를 표시한다. 로마에서는 5가 되면 바로 5를 표시하는 V를 사용하지만, 중국에서는 ─이 6부터 등장한다. 즉, 다음과 같이 5까지는 1을 5개 합한 ‖‖를 그대로 사용하고 6부터 5를 뜻하는 ─을 활용한다.

$$‖‖ + | = ‖‖‖$$
$$(4) \quad (1) \quad (5)$$
$$‖‖‖ + | = \top$$
$$(5) \quad (1) \quad (6)$$

로마의 기호기수법에서는 10을 표식하는 숫자인 X가 존재하는 반면, 중국의 위치기수법에서는 다음과 같이 9에 1을 더하면 1의 자리는 비워

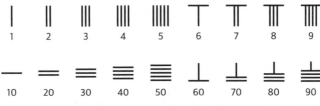

중국 문명의 숫자. 가로선과 세로선만으로 수를 나타냈으며, 10, 100, 1000, 10000의
자리 등에서는 두 선을 바꿔 표기했다.

주고 왼쪽 자리에 다시 1을 쓴다.

$$\text{\Rule{0pt}{1em}{0pt}} \text{Ⅲ} + \text{│} = \text{─} \square$$

(9)　(1)　(10)

이때 특이한 것은 10의 자리에서는 세로선과 가로선의 역할이 바뀌는
것이다. 이와 관련한 설명은 중국 남북조 시대의 『손자산경(孫子算經)』에
나와 있다.

『손자산경』에서는 "무릇 계산 방법은 먼저 단위를 파악하는 데서 시작
한다. 1의 자리는 세로로, 10의 자리는 가로로 놓는다. 100의 자리는 세우
고 1000의 자리는 눕히며, 1000 단위와 10 단위는 마주 본다. 10000 단위
와 100 단위도 이와 같다."라고 하여 숫자 표기법에 대해 설명하고 있다.

이로써 중국 숫자는 빈칸 없이 붙여 써도 자리를 확실히 파악할 수 있
게 되었다. ─│은 10+1을 의미하며 '││'보다는 확실히 덜 헷갈린다. '││'은
11이 아니라 2로 보일 수 있기 때문이다. 예를 들어 │─│은 111을 표시하
며, ─│─는 1111을 의미한다.

인도-아라비아의 10진법

바빌로니아와 마야와 중국 문명의 공통점은 진법을 사용한다는 것과 숫자로 사용하는 기호가 2개밖에 없다는 것이다. 작은 수는 2개의 숫자를 반복해서 표기하고 큰 수는 자리를 바꿔서 표기하는 방식이다. 반면 인도 문명은 지금은 인도-아라비아 숫자로 부르는 아라비아 숫자를 사용해 0부터 9까지 10개의 서로 다른 기호와 10진법을 이용하여 모든 수를 표기할 수 있었다. 진법을 사용하는 다른 문명에 비해서 외워야 할 기호가 많아지고 숫자에서 양적인 요소가 완전히 사라져 직관성이 떨어졌다. 하지만 0부터 9까지 독자적인 기호를 가짐으로써 표기가 간단해졌고, 숫자를 붙여 써도 헷갈리지 않고 자리를 구분할 수 있게 되었다. 다른 문명의 진법은 자리를 구분하기 위해서 띄어 쓰거나, 쓰는 방식을 바꿔야 했다.

인도-아라비아 숫자 기호는 1, 2, 3, 4, 5, 6, 7, 8, 9, 0으로 모두 10개이다. 현대 문명에서는 거의 모든 국가에서 인도-아라비아 숫자를 사용하기 때문에 대부분의 사람들은 이 숫자에서 '양'적인 느낌을 받을 것이다.

하지만 현대 문명의 수혜를 거두어 내면 1, 2, 3이나 α, β, γ나 똑같이 어떤 양을 상징하는 기호에 불과하다. 1+2와 $\alpha+\beta$ 둘 다 ●에 ●●을 더해서 ●●●이 되는 것을 의미하며, ●●●을 상징하는 숫자가 3과 γ일 뿐이다.

$$● + ●● = ●●●\ -마야\ 문명$$
$$\alpha + \beta = \gamma\ -그리스\ 문명$$
$$1 + 2 = 3\ -현대\ 문명$$

아라비아 숫자는 인도 문명에서 시작되었지만, 아랍의 알콰리즈미(Al-Khwarizmi, 780~850)가 쓴 『알자브르, 왈 무카발라(al-jabr wa al-muqabala)』라는 책이 유럽에 번역되어 널리 읽히면서 아라비아 숫자로 불리게 되었다. 알콰리즈미는 알고리즘의 어원이 되었고 알자브르는 알지브라(대수학)의 어원이 되었다.

1202년에 이탈리아의 피보나치(Fibonacci, 1170~1240. 피보나치는 '보나치의 아들'이라는 뜻이며, 본명은 'Leonardo Pisano Bigollo'이다)가 쓴 『산술 교본』이라는 책이 대중적으로 인기를 끌었고, 결과적으로 피보나치는 아라비아 숫자가 유럽에 자리잡는 데 결정적인 공헌을 하였다. 『산술 교본』에는 아라비아 숫자를 이용한 사칙연산법과 분수계산법이 들어 있다. 내용을 보면, 유럽과 아랍 세계의 무역 규모가 커지면서 상인들과, 상인들에게 세금을 매기는 관료들이 계산을 빠르고 정확하게 하기 위해 기수법과 계산법을 필요로 하던 당시 상황에 딱 들어맞는 책을 피보나치가 출간했다고 보는 편이 맞을 듯하다.

하지만 새로운 방식은 언제나 기존 방식의 저항에 맞닥뜨리게 되어 있다. 아라비아 숫자를 이용하여 종이나 모래에 계산하는 알고리스트(algorist)들은 주판을 이용하여 계산하는 아바시스트(abacist)의 격렬한 저항을 이겨 냈고, 유럽의 국가들은 아라비아 숫자와 10진법을 공인하였다. 다음 그림에서 문제를 내는 여신이 알고리스트 쪽을 바라보고 있는 것이 보이는가!

심지어 1794년 프랑스 혁명 정부는 하루 10시간, 1시간은 100분, 1분은 100초인 10진법 시계를 만드는 촌극까지 벌였다.

하지만 아무리 10진법 만능 시대라도 수천 년 동안 관습적으로 사용해

알고리스트와 아바시스트의 대결. 여신이 알고리스트 쪽을 바라보며
알고리스트의 승리를 암시하고 있다.

10진법 시계. 인도-아라비아 숫자를 사용하는 10진법이 널리 쓰이자 이에 반발하여 만든 시계이다.

온 것을 하루아침에 바꿀 수는 없는 노릇이었다. 결국 사회적 혼란과 많은 비용만을 남긴 채 얼마 지나지 않아서 10진법 시계는 폐지되었다.

지금까지 우리는 동물의 뼈에 빗금을 새기는 단계에서 시작한 수를 깨닫는 여정에서 높고 낮은 여러 개의 허들을 넘어서 마침내 위치기수법이라는 목적지에 도착했다. 숫자 자체가 아니라 자리가 숫자의 양을 결정하는 위치기수법과 0부터 9까지 서로 다른 기호를 사용하는 인도-아라비아 숫자의 결합은 거의 1000년 동안 변하지 않고 사용될 정도로 완벽에 가까운 것이었다고 할 수 있다.

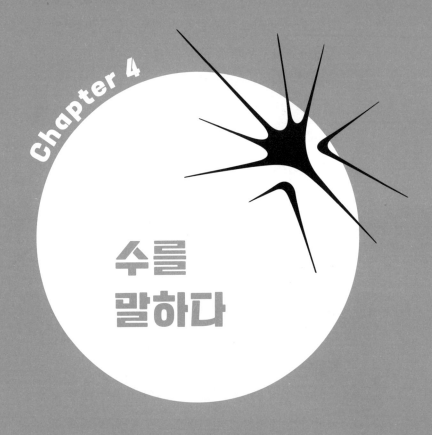

Chapter 4

수를
말하다

오스트레일리아의 구물갈족은 하나(1)를 우라폰, 둘(2)을 우카사르라고 말한다. 나머지는 두 단어의 조합이다. 셋은 '우라폰 우카사르(1+2)'이고 넷은 '우카사르 우카사르(2+2)'이다.

인근 지역의 칼밀라로이족은 하나, 둘, 셋을 말, 블란, 굴리바라고 말한다. 마찬가지로 나머지 수는 세 단어의 조합이다. 넷은 '블란 블란(2+2)', 다섯은 '블란 굴리바(2+3)', 여섯은 '굴리바 굴리바(3+3)'이다. 그렇다고 해서 이들 부족이 원래부터 수를 뜻하는 단어(이하 수단어)를 이렇게 적었다고 생각하면 안 된다. 또한 이들이 둘과 셋 정도밖에 세지 못했다고 추측하는 것은 더욱 곤란하다. 이들은 그저 자주 사용하지 않는 수단어를 자주 사용하는 수단어의 조합으로 대체했을 뿐이다.

사실 현대 문명에서도 수단어의 개수는 매우 적다. 중국어는 15개의 수단어만으로 조 단위 이하의 모든 수를 말할 수 있다. 영어나 프랑스어 역시 30개 남짓의 수단어로 조 단위 이하의 모든 수를 말할 수 있다.

수단어가 1~2개뿐이어도 단지 수단어를 더하고 곱
하는 규칙만으로 이 모든 것이 가능하다.

"짜장, 짜장, 짜장, 짜장, 짜장 주세요."

(손가락을 다 펴면서)"짜장 ✋개요."

"이렇게 주세요."

메뉴	개수
짜장	正

"짜장 둘 둘 하나 주세요."－구물갈족

"짜장 둘 셋 주세요."－칼밀라로이족

"짜장 5개요."－ 한국 사람

자주 쓰는 말은 규칙을 따르지 않는다

같은 수를 의미하더라도 문명별로, 지역별로 표현하는 방식이 달라진다. 그림으로 나타내기도 하고, 그 수를 의미하는 말로 표현하기도 하며, 더 작은 수를 더해서 말하기도 한다. 왜 이런 차이가 나타나는 것일까?

언어학에는 '자주 쓰는 말은 규칙을 따르지 않고, 드물게 쓰는 말은 규칙을 따른다.'라는 명제가 있다. 불규칙 동사와 규칙 동사를 예로 들어 보자. 영어는 과거 시제를 말할 때 다음과 같이 동사 뒤에 '(e)d'를 붙이는 규칙을 가지고 있다.

like一liked

open一opened

facter一factored

그런데 영어에서 가장 많이 사용되는 10개의 동사인 be, have, do, go, say, can, will, see, take, get 모두 규칙을 따르지 않는다. 이른바 불규칙 동사이다.

be — was(were)

have — had

go — went

take — took

영어에서 불규칙 동사는 전체 동사의 3%밖에 되지 않지만, 사용 횟수 면에서는 전체의 절반에 이른다. 그만큼 불규칙 동사가 규칙 동사보다 많이 쓰인다는 뜻이다. 그렇다면 규칙 동사는 자주 사용하지 않으니까 처음부터 규칙으로 만들었다는 뜻일까?

그렇지는 않다. 사실 초기에는 모두 불규칙 동사였을 것이다. 동사의 철자를 일부 또는 전부 바꿔서 그것이 현재가 아니라 과거에 일어난 일이라는 것을 표현했을 것이다. 하지만 동사의 개수가 늘어나면서 현재형과 과거형이 헷갈리는 동사가 많아졌을 것이다. 자연스럽게 동사의 과거형을 규칙화하는 작업이 시작되었고, 영어권에서는 동사의 현재형 뒤에 '(e)d'를 붙여서 과거형을 표현하는 방식으로 굳어졌다. 그 결과 과거에 불규칙 동사였던 177개 동사 중에 현재까지 불규칙 동사로 남아 있는 동사가 98개뿐이라는 연구 결과도 있다. 불규칙 동사의 규칙화는 끝난 것이 아니라 현재진행형이다. 규칙화 속도는 사용 빈도에 반비례한다. 즉, 사용 빈도가 높을수록 규칙화 속도가 느려지고, 낮을수록 규칙화 속도가 빨라진다는 뜻이다.[1]

정확히 말하면, 규칙화 속도는 사용 빈도의 루트(제곱근)값에 반비례한다. 사용 빈도가 100배 높아도 동사의 규칙화가 100배 느리게 진행되는 것이 아니라 $\sqrt{100}(=10)$배 정도만 느리게 진행된다는 뜻이다. 이는 사용

빈도가 엄청나게 높지 않으면 어떤 동사도 규칙화의 물결을 거스를 수 없다는 것을 의미한다.

평상시에 자주 사용하는 동사도 규칙화의 압력을 피하지 못하는 상황에서 그보다 낮은 빈도로 사용되는 수단어의 규칙화는 두말할 필요도 없이 매우 자연스럽게 진행되었을 것이다.

수를 말하는 규칙

사유재산제도가 확립되고 화폐 경제가 발달하면서 말해야 할 수단어의 개수가 비약적으로 많아졌을 것이다. 여전히 문명화되지 않은 채 살고 있는 원주민들의 경우 표현할 수 있는 수단어의 개수가 많지 않은 이유이기도 하다. 큰 수를 말할 필요가 별로 없는 원주민은 고작해야 2~3개의 수단어만으로 이를 조합하여 조금 더 큰 수를 말하는 데도 별 불편함이 없을 것이다. '넷'이라는 수단어 대신에 '하나 더하기 셋'이나 '둘 더하기 둘'이라고 하고, '다섯'이라는 수단어 대신에 '둘 더하기 셋'이나 '둘 더하기 둘 더하기 하나'라고 말하면 되었다. 시간이 지나면서 '더하기'라는 말은 생략되고 수단어를 연속해서 말하면 그 수들을 모두 더한 수로 간주하였을 것이다. 이렇게 해서 구물갈족에서는 우라폰(1), 우카사르(2)만 살아남았고, 칼밀라로이족에서는 말(1), 블란(2), 굴리바(3)만 살아남았다.

원주민과 마찬가지로 문명 초기에는 '더하는 규칙'밖에 없었을 것이다. M은 로마 숫자로 천을 뜻하는데, 백만(1000000) 명의 병사를 기록하기 위해서 군서기가 M을 천 번 반복해서 써야 했다는 일화도 있다.

이처럼 큰 수를 말하기 위해서는 더하는 규칙만으로는 한계가 있다. 이런 불편함을 해소하기 위해서 '곱하는 규칙'이 새롭게 추가되었을 것이다. 예를 들어 중국의 수단어인 '십만(十萬)'은 '십(10)×만(10000)'을 표시하고, 영어의 수단어인 ten thousand도 'ten(10)×thousand(1000)'을 의미한다.

대부분의 문명에서는 세 단계를 거쳐서 수단어를 규칙화했다. 처음에는 고유한 수단어를 사용했다. 여기서 '고유한'이라는 말은 기존의 수단어를 더하거나 곱하는 규칙을 사용하지 않고 특정 양을 표시하는 수단어를 사용했다는 뜻이다. 그러다 자주 사용하지 않는 수단어는 자주 사용하는 수단어를 '더해서' 규칙화했다. 마지막으로 더하는 규칙만으로 표시하기 어려운 큰 수는 자주 사용하는 수단어를 '곱해서' 규칙화했다.

중국어로 수를 말하는 규칙

중국어에서 고유한 수단어는 다음의 표에 정리되어 있다. 물론 더 큰 양을 표시하는 수단어가 있기는 하다. '해'보다 더 큰 단위로는 자, 양, 구, 간, 정, 재, 극, 항하사, 아승기, 나유타, 불가사의, 무량대수 등이 있다. 그런 수를 제외한 모든 수는 다음의 수단어를 더하거나 곱해서 말할 수 있다.

10단위의 수단어 중에서 20, 30, 40을 표시하는 卄(입), 卅(삽), 卌(십) 등의 수단어가 중화권에서는 아직까지 사용되고 있다고 하지만 여기서는 제외할 것이다. 한국에서는 오래전에 사라졌기 때문이다.

아라비아 숫자	수단어	한국식 발음
0	零	영
1	一	일
2	二	이
3	三	삼
4	四	사
5	五	오
6	六	육
7	七	칠
8	八	팔
9	九	구
10	十	십
100	百	백
1000	千	천
1,0000	萬	만
1,0000,0000	億	억
1,0000,0000,0000	兆	조
1,0000,0000,0000,0000	京	경
1,0000,0000,0000,0000,0000	垓	해

19까지는 '더하는 규칙'밖에 없다. 원래는 11이라는 양을 표시하는 고유한 수단어가 있었을 수도 있다. 하지만 11부터 19까지는 다음과 같이 기존의 수단어를 더하는 규칙이 적용되었다.

$$11 = 10 + 1 = 십 + 일 = 십일$$
$$12 = 10 + 2 = 십 + 이 = 십이$$
$$13 = 10 + 3 = 십 + 삼 = 십삼$$
$$\vdots$$
$$19 = 10 + 9 = 십 + 구 = 십구$$

중국식 수단어는 다른 언어보다 빠르게 20부터 '곱하는 규칙'이 적용된다. 중국어에서 20에 해당하는 수단어는 '이십'인데 이는 '2×10'을 의미한다.

그런데 '십이'와 '이십'이라는 수단어는 모두 '이(2)'와 '십(10)'으로 이루어져 있는데, 십이는 '10+2'를 표시하고 이십은 '2×10'을 표시하는지를 어떻게 구분할 수 있을까? 이를 위해서는 두 수단어가 붙어 있을 때 언제 더하고 언제 곱하는지를 분명하게 알 수 있어야 한다. 중국 문명은 다음과 같은 간단한 규칙을 만들었다.

'큰 양을 표시하는 수단어가 작은 양을 표시하는 수단어 앞에 있으면 더하고 작은 양을 표시하는 수단어가 큰 양을 표시하는 수단어 앞에 있으면 곱한다.'

예시를 통해 살펴보자. '십이'나 '십삼'처럼 큰 양을 표시하는 수단어가 작은 양을 표시하는 수단어 앞에서 붙어 있을 때는 두 수단어가 표시하는 두 양을 더한다.

$$십이 : 십 > 이 \rightarrow 십 + 이 = 10 + 2 = 12$$
$$십삼 : 십 > 삼 \rightarrow 십 + 삼 = 10 + 3 = 13$$

반면에 삼십, 사십, 오십 등처럼 작은 양을 표시하는 수단어가 큰 양을 표시하는 수단어 앞에 붙어 있을 때는 다음과 같이 두 수단어가 표시하는 양을 곱한다.

$$삼십 : 삼 < 십 \rightarrow 삼 \times 십 = 3 \times 10 = 30$$
$$사십 : 사 < 십 \rightarrow 사 \times 십 = 4 \times 10 = 40$$
$$오십 : 오 < 십 \rightarrow 오 \times 십 = 5 \times 10 = 50$$

이백, 칠백, 구백 등도 작은 수가 큰 수 앞에 있으므로 역시 곱한다.

$$이백 : 이 < 백 \rightarrow 이 \times 백 = 2 \times 100 = 200$$
$$칠백 : 칠 < 백 \rightarrow 칠 \times 백 = 7 \times 100 = 700$$
$$구백 : 구 < 백 \rightarrow 구 \times 백 = 9 \times 100 = 900$$

이십오나 삼십칠처럼 여러 수단어가 붙어 있을 때도 더하는 규칙과 곱하는 규칙은 일관되게 적용된다. '이십오'에서 이는 십보다 작으므로 곱하고, 십은 오보다 크므로 더한다.

$$이십오 : 이 \times 십 + 오 = 2 \times 10 + 5 = 25$$

'삼백칠십구'에서도 삼은 백보다 작으므로 곱하고, 백은 칠보다 크므로 더하고, 칠은 십보다 작으므로 곱하고, 십은 구보다 크므로 더한다.

삼백칠십구 → 삼×백＋칠×십＋구＝3×100＋7×10＋9＝379

중국어에서 만(10000) 다음의 고유한 수단어는 억(100000000)이므로 만과 억 사이의 수단어는 기존의 수단어를 더하고 곱해서 만들 수밖에 없다. 다음과 같이 기존의 규칙이 예외 없이 적용된다.

십만 : 십＜만 → 십×만＝10×10000＝100000

백만 : 백＜만 → 백×만＝100×10000＝1000000

천만 : 천＜만 → 천×만＝1000×10000＝10000000

중국식 수단어의 특징은 자릿수가 연속되지 않을 때는 '零(0)'을 삽입해서 빈칸임을 표시해야 한다는 것이다. 예를 들어 한국에서는 '二百五 (이백오)'가 205를 표시하지만, 중국에서는 250을 의미한다. 중국에서는 '二百零五(이백영오)'라고 해야 205를 표시한다. 문명의 초기 단계에서 쓰인 것을 그대로 읽는 관습이 지금까지 이어져 온 것으로 보인다.

중국어에서는 연속된 자릿수를 말할 때 마지막 수단어 1개를 생략할 수 있다. 즉, 三千七(삼천칠)은 三千七百(삼천칠백, 3700)에서 百(백)을 생략한 것이고 六萬四(육만사)는 六萬四千(육만사천, 64000)에서 千(천)을 생략한 것이다. 그러나 중국의 수단어를 함께 쓰는 한국에서는 수단어를 생략하지도 않고, 빈칸을 의미하는 零(0)을 사용하지도 않는다. 따라서 이백오는 205를, 삼천칠은 3007을, 육만사는 60004를 표시한다.

또한 중국어는 뒤에서 설명하는 영어에서처럼 '백, 천, 만, 억, 조' 앞에 '일'을 붙여 '일백, 일천, 일만, 일억, 일조'라고 말해야 한다. 한국에서는

백, 천, 만에는 일을 붙이지 않고 억과 조에만 일을 붙여서 일억, 일조라고 말한다.[2]

$$111 = 일백십일$$
$$1111 = 일천일백십일$$
$$11111 = 일만일천일백십일$$

중국식 수단어인 만, 억, 조는 네 자리씩 증가하므로 네 자리마다 콤마(,)를 찍어야 자연스럽게 말할 수 있지만, 영어권의 영향으로 세 자리마다 콤마를 찍기 때문에 제대로 읽기가 어렵다. 그래서 큰 수를 읽을 때마다 각 자리를 손가락으로 짚어가며 '일, 십, 백, 천, 만, 십만, 백만, 천만, 억' 등으로 말하면서 자릿수를 확인할 수밖에 없다. 만일 다음과 같이 네 자리씩 끊어져 있으면 콤마 자리에 억과 만을 넣어서 읽으면 그뿐이다.

$$123456789 \rightarrow 1,2345,6789 \rightarrow 1억\ 2345만\ 6789$$

한국어로 수를 말하는 규칙

한국어는 다음의 표에 정리돼 있는 것처럼 1부터 10까지의 수단어에 더해 20, 30, 40, 50, 60, 70, 80, 90 등의 양을 표시하는 수단어를 가지고 있다. 외워야 할 수단어가 중국어보다 많지만, 그 대신에 200 미만까지는 '곱하는 규칙'을 사용하지 않아도 되는 장점이 있다.

아라비아 숫자	수단어	아라비아 숫자	수단어
1	하나	10	열
2	둘	20	스물
3	셋	30	서른
4	넷	40	마흔
5	다섯	50	쉰
6	여섯	60	예순
7	일곱	70	일흔
8	여덟	80	여든
9	아홉	90	아흔

모든 언어에서 수단어의 어원을 찾는 것이 쉽지는 않다. 그런데 한국식 수단어 중에서 다섯부터 열까지는 손가락을 펴고 접어서 양을 표시했던 과거의 행위에 그 어원이 있다는 주장이 있다. 예를 들어 다섯은 손가락이 모두 닫혀 있다는 뜻이다. 일곱에서 일(닐)은 3이고 곱은 굽어 있다는 뜻이다. 열 손가락에서 세 손가락을 접으면 7이 된다. 여덟은 열에 둘이 못 미친다는 뜻이고 아홉은 열에 홉(1)이 모자라다는 뜻이다. 물론 열은 손가락이 모두 열려 있다는 뜻이다.

한국식 수단어 역시 두 수단어가 붙어 있을 때 중국어와 마찬가지로 큰 양을 표시하는 수단어가 작은 양을 표시하는 수단에 앞에 있으면 더하고 작은 양을 표시하는 수단어가 큰 양을 표시하는 수단어 앞에 있으면 곱한다.

열하나 : 열＞하나 → 열＋하나＝10＋1＝11

스물둘 : 스물＞둘 → 스물＋둘＝20＋2＝22

서른셋 : 서른＞셋 → 서른＋셋＝30＋3＝33

마흔넷 : 마흔＞넷 → 마흔＋넷＝40＋4＝44

쉰다섯 : 쉰＞다섯 → 쉰＋다섯＝50＋5＝55

아흔아홉 : 아흔＞아홉 → 아흔＋아홉＝90＋9＝99

한국어에도 100, 1000, 10000을 뜻하는 온, 즈믄, 두먄이라는 고유한 수단어가 있었지만 더 이상 사용되지 않고 중국어 수단어인 백, 천, 만으로 대체되었다. 아마도 백, 천, 만을 온, 즈믄, 두먄보다 더 자주 사용했기 때문일 것이다. 이제 한국에서는 100 이상의 수를 말할 때, 다음과 같이 중국식 수단어와 한국식 수단어를 섞어서 사용한다.

백하나 : 백＋하나＝100＋1＝101

백열일곱 : 백＋열＋일곱＝100＋10＋7＝117

백스물여덟 : 백＋스물＋여덟＝100＋20＋8＝128

백아흔아홉 : 백＋아흔＋아홉＝100＋90＋9＝199

한국어에서는 다음과 같이 200부터 '곱하는 규칙'이 시작된다. 물론 작은 양을 표시하는 숫자가 큰 양을 표시하는 숫자 앞에 와야 한다.

이백 : 이＜백 → 이×백＝2×100＝200

삼백 : 삼＜백 → 삼×백＝3×100＝300

구백 : 구＜백 → 구×백＝9×100＝900

앞에서도 설명한 대로 중국어에서는 '백, 천, 만, 억, 조' 앞에 '일'을 붙여 일백, 일천, 일만, 일억, 일조라고 말하지만, 한국어에서는 '억, 조, 경' 등의 단위 앞에만 '일'을 붙여 일억, 일조, 일경이라고 말한다. 만 단위 뒤에는 '일'을 써도 되고 쓰지 않아도 된다. 한국어에서는 단위의 경계가 되는 '만, 억, 조, 경' 앞에만 '일'을 남기고 나머지 단위에서는 '일'을 생략한 것으로 보인다.

100＝백

1000＝천

10000＝만(또는 일만)

100000＝십만

1000000＝백만

10000000＝천만

100000000＝일억

1000000000＝십억

10000000000＝백억

100000000000＝천억

1000000000000＝일조

한국에서는 한국식 수단어와 중국식 수단어를 거의 비슷한 시기에 함께 배우기 때문에 두 수단어 학습의 효율성을 비교할 수 있다. 다음 표에서 볼 수 있듯이 처음에는 한국식 수단어를 빨리 배우지만, 나이를 먹으면서 중국식 수단어를 더 빠르게 배우는 것으로 조사되었다.[3]

나이(만)	2세	3세	4세	5세
한국어	넷	일곱	열	스물
한자어	일	구	십사	사십구

두 나라의 수단어를 동시에 배우기 때문에 다음과 같이 중국식 수단어와 한국식 수단어를 섞어서 말하는 오류가 자주 발견된다.

십하나(×) / 십일(○)

열일(×) / 열하나(○)

이십하나(×) / 이십일(○)

스물일(×) / 스물하나(○)

영어로 수를 말하는 규칙

영어의 고유한 수단어는 다음의 표에 정리되어 있다. 1부터 10까지가 아니라 11과 12를 표시하는 고유한 수단어를 가진 것이 특이하다. 아마도 12진법의 영향일 것이다. 하루=12시간×2, 1다스=12자루, 1피트=12인치 등 영어권에서는 주로 측정과 관련한 12진법의 잔재가 아직도 남아 있다.

아라비아 숫자	수단어
1	one

2	two
3	three
4	four
5	five
6	six
7	seven
8	eight
9	nine
10	ten
11	eleven
12	twelve
20	twenty
30	thirty
40	forty
50	fifty
60	sixty
70	seventy
80	eighty
90	ninety
100	hundred
1,000	thousand
1,000,000	million
1,000,000,000	billion
1,000,000,000,000	trilliion

13부터 19까지의 수단어는 기존의 수단어를 조금 변형하여 만들었기 때문에 고유한 수단어에 포함시키지 않았다. 예를 들어 thirteen(13)에서 thir는 three(3)를 teen은 ten(10)을 변형한 것처럼 보인다.

$$thirteen = thir + teen = three + ten = 13$$
$$fourteen = four + teen = four + ten = 14$$
$$fifteen = fif + teen = five + ten = 15$$
$$sixteen = six + teen = six + ten = 16$$
$$seventeen = seven + teen = seven + ten = 17$$
$$eighteen = eight + teen = eight + ten = 18$$
$$nineteen = nine + teen = nine + ten = 19$$

20부터 99까지는 더하는 규칙만 사용한다. 한국어, 중국어와 마찬가지로 큰 양을 표시하는 수단어부터 말하면 자연스럽게 '더하는 규칙'이 적용된다.

$$twenty\ one : twenty > one \rightarrow 20 + 1 = 21$$
$$thirty\ two : thirth > two \rightarrow 30 + 2 = 32$$
$$ninety\ nine : ninety > nine \rightarrow 90 + 9 = 99$$

영어도 중국어와 마찬가지로 hundred(100), thousand(1000), million(1000000) 앞에 다음과 같이 one(1)을 붙여서 쓴다. 1을 곱한 것이므로 100부터 곱하는 규칙이 적용된 것으로 볼 수 있다.

$$100 = \text{one hundred} = \text{one} \times \text{hundred}$$

$$1000 = \text{one thousand} = \text{one} \times \text{thousand}$$

$$1000000 = \text{one million} = \text{one} \times \text{million}$$

$$1000000000 = \text{one billion} = \text{one} \times \text{billion}$$

영어 역시 작은 양을 표시하는 수단어를 먼저 말하면 곱하는 규칙이 적용된다.

$$\text{two hundred} : \text{two} > \text{hundred} \rightarrow 2 \times 100 = 200$$

$$\text{three hundred} : \text{three} > \text{hundred} \rightarrow 3 \times 100 = 300$$

$$\text{nine hundred} : \text{nine} > \text{hundred} \rightarrow 9 \times 100 = 900$$

만과 십만 단위의 수는 다음과 같이 thousand(1000)과의 곱셈으로 표시한다.

$$1000 = \text{one thousand}$$

$$10000 = 10 \times 1000 = \text{ten thousand}$$

$$100000 = 100 \times 1000 = \text{one hundred thousand}$$

천만과 억 단위의 수는 다음과 같이 million(1000000)과의 곱셈으로 표시한다.

$$1000000 = 1 \times 1000000 = \text{one million}$$

$$10000000 = 10 \times 1000000 = \text{ten million}$$

$$100000000 = 100 \times 1000000 = \text{one hundred million}$$

백억과 천억 단위의 수는 다음과 같이 billion(1000000000)과의 곱셈으로 표시한다.

$$1000000000 = 1 \times 1000000000 = \text{one billion}$$

$$10000000000 = 10 \times 1000000000 = \text{ten billion}$$

$$100000000000 = 100 \times 1000000000 = \text{one hunred billion}$$

영어에서는 수를 표기할 때 thousand(1000), million(1000000), billion(1000000000) 등 세 단위로 끊기 때문에 한자어를 쓸 때와는 달리 말과 표기법이 서로 들어맞는다. 예를 들어 43,986,796,321은 콤마에 맞게 끊어서 43 billion, 986 million, 796 thousand, 321로 말하면 된다.

43,986,796,321
= forty three billion, nine hundred eighty six million,
   seven hunred ninety six thousand, three hundred twenty one

프랑스어로 수를 말하는 규칙

유럽의 여러 문명과 치열하게 영향을 주고받은 프랑스는 수단어에서도 그 흔적이 여실히 드러난다. 프랑스는 18세기부터 10진법을 표준으로 삼았지만, 수단어에는 여전히 20진법과 60진법의 잔재가 남아 있다.

먼저 프랑스어는 다음의 표에서처럼 1부터 10까지 고유의 수단어를 가지고 있다. 다만, 11부터 16까지의 수단어는 고유의 수단어라기보다는 1부터 6까지의 수단어를 조금 변형한 것으로 보인다. 고유한 수단어를 사용하는 것과 더하는 규칙을 적용하는 것 사이의 줄타기를 한 결과가 아닐까 싶다. 11부터 16까지 수단어 뒤에 'dix'가 아니라 왜 '-ze'를 사용했는지는 의문이다.

$$onze = on + ze = un + ze$$
$$douze = dou + ze = deux + ze$$
$$treize = trei + ze = trois + ze$$
$$quatorze = quator + ze = quatre + ze$$
$$seize = sei + ze = six + ze$$

아라비아 숫자	수단어
1	un
2	deux
3	trois
4	quatre
5	cinq
6	six
7	sept

8	huit
9	neuf
10	dix
11	onze
12	douze
13	treize
14	quatorze
15	quinze
16	seize
20	vingt
30	trente
40	quarante
50	cinquante
60	soixante
100	cent
1,000	mille
1,000,000	million
1,000,000,000	milliard
1,000,000,000,000	billion

17부터 79까지는 더하는 규칙을 적용해서 수를 표시한다. 앞의 다른 언어처럼 큰 양을 표시하는 수단어를 작은 양을 표시하는 수단어 앞에 쓰면 자동으로 더하는 규칙이 적용된다.

$$dix-sept : dix(10) > sept(7) \rightarrow dix + sept = 17$$

$$dix-huit : dix(10) > huit(8) \rightarrow dix + huit = 18$$

$$dix-neuf : dix(10) > neuf(9) \rightarrow dix + neuf = 19$$

$$vinqt-deux : vingt(20) > deux(2) \rightarrow vingt + doux = 22$$

$$trente-trois : trente(30) > trois(3) \rightarrow trente + trois = 33$$

21, 31, 41, 51, 61, 71 등 일의 자릿수가 1일 때는 'et'를 붙여서 말한다. 'et'는 프랑스어로 더하라는 뜻이다. 원래는 더하는 규칙이 적용된 모든 수단어 사이에 'et'가 들어갔지만, 이제는 그 잔재만 남은 것으로 보인다.

$$21 = 20 + 1 = vingt\ et\ un$$

$$31 = 30 + 1 = trente\ et\ un$$

$$41 = 40 + 1 = quarante\ et\ un$$

$$51 = 50 + 1 = cinquante\ et\ un$$

$$61 = 60 + 1 = soixante\ et\ un$$

60부터 79까지는 '60 + □' 꼴의 수단어를 사용한다. 예를 들어 '70은 '60 + 10', 71은 '60 + 11', 79는 '60 + 19'라고 말한다. 물론 71에서는 'et'를 써야 한다. 아마도 바빌로니아 문명에서 사용한 60진법을 이용한 각도 표시 방식(도, 분, 초)을 프랑스에서도 사용했기 때문일 것이다. 각도에서 1도를 60등분하면 1분이 되고, 1분을 60등분하면 1초가 된다.

$$70 = 60 + 10 = soixante\text{-}dix$$

$$71 = 60 + 11 = \text{soixante et onze}$$

$$79 = 60 + 10 + 9 = \text{soixante-dix-neuf}$$

프랑스어는 80부터 곱하는 규칙이 시작된다. 80은 60진법을 적용하여 '60+20'으로 말하지 않고 20진법으로 진법을 바꿔 '4×20'으로 말한다. 81부터 99까지 20진법을 계속 적용하여 '4×20+□' 꼴로 말한다. 예를 들어 81은 '4×20+1', 90은 '4×20+10'이다. 다만, 81과 91에는 따로 et를 붙이지 않는다. 유럽에서는 켈트족이 20진법을 사용했다. 켈트족은 지금의 프랑스, 독일, 스위스 지역에서 출현했다.

$$80 = 4 \times 20 = \text{quatre-vingts}$$

$$81 = 4 \times 20 + 1 = \text{quatre-vingt-un}$$

$$90 = 4 \times 20 + 10 = \text{quatre-vingt-dix}$$

$$91 = 4 \times 20 + 11 = \text{quatre-vingt-onze}$$

$$99 = 4 \times 20 + 10 + 9 = \text{quatre-vingt-dix-neuf}$$

중국어와 영어는 '백', '천' 앞에 '일'을 붙여서 말하지만, 프랑스어는 한국어처럼 '일'을 붙이지 않는다.

$$100 = \text{cent}$$

$$1000 = \text{mille}$$

프랑스어는 '백만', '십억', '조'앞에는 'un(1)'을 붙인다. 한국어에서

'만', '억', '조'에 '일(1)'을 붙이는 것과 비슷하다.

$$1000000 = \text{un million}$$
$$1000000000 = \text{un milliard}$$
$$1000000000000 = \text{un billion}$$

프랑스어의 100 이상의 수단어 규칙은 대체로 영어와 같다. 다만, 300을 20진법을 적용하여 '15×20'로 말하는 관습이 남아 있다는 것이 특이하다. 300명의 전쟁 영웅을 수용하기 위해서 파리에 지어진 매우 오래된 병원의 이름인 'L'Hospital des Quinze-Vingts(300인의 병원)'에서도 확인할 수 있다.[4] 물론 300을 3×100인 trois-cents으로 말해도 된다.

$$300 = 15 \times 20 = \text{quinze-vingts} \ \text{또는} \ 300 = 3 \times 100 = \text{trois-cents}$$

수를 말하는 규칙 정리

문명은 수를 말하는 규칙에 있어 다음의 3가지를 순차적으로 적용하였다.

① 처음에는 고유한 수단어를 사용한다.

② 자주 사용하지 않는 고유한 수단어는 자주 사용하는 수단어를 '더해서' 규칙화한다.

③ 더하는 규칙으로 규칙화하기 어려운 큰 수는 자주 사용하는 수단어

를 '곱해서' 규칙화한다.

중국어 수단어

① 중국어에서 고유한 수단어는 일부터 십까지와 백, 천, 만, 억, 조 등이다.

② 19까지는 '더하는 규칙'을 적용한다. 큰 양을 표시하는 수단어가 작은 양을 표시하는 수단어보다 앞에 있으면 자동으로 더하는 규칙이 적용된다.

③ 20부터는 '곱하는 규칙'이 적용되기 시작한다. 작은 양을 표시하는 수단어가 큰 양을 표시하는 수단어 앞에 있으면 자동으로 곱하는 규칙이 적용된다.

④ 자릿수가 연속되지 않을 때는 零(0)을 삽입해서 빈칸임을 표시해야 한다.

⑤ '백, 천, 만, 억, 조' 앞에 '일'을 붙여 '일백, 일천, 일만, 일억, 일조'라고 말해야 한다.

⑥ 중국어 수단어인 '만, 억, 조'는 네 자리씩 증가하므로 네 자리마다 콤마(,)를 찍어야 자연스럽게 말할 수 있다.

한국어 수단어

① 한국어는 중국어와 달리 1부터 10까지 수단어 이외에 20, 30, 40, 50, 60, 70, 80, 90 등을 표시하는 고유한 수단어까지 가지고 있다.

② '만, 억, 조, 경' 단위 앞에만 '일'을 붙여서 말하고 나머지 단위에서는 '일'을 붙이지 않는다.

③ 한국에서는 한국어 수단어와 중국어 수단어를 거의 동시에 배운다.

영어 수단어

① 1부터 12까지 고유한 수단어를 사용한다.

② 13부터 19까지는 기존의 고유한 수단어를 변형하여 더하는 규칙을 적용한다.

③ hundred, thousand, million, billion, trillion 앞에 'one(1)'을 붙인다.

프랑스어 수단어

① 1부터 10까지 고유한 수단어를 사용한다.

② 11부터 16까지는 1부터 6까지 수단어를 변형하여 만들었다.

③ 17부터 79까지는 더하는 규칙만 적용한다.

④ 21, 31, 41, 51, 61, 71은 수단어 사이에 'et'를 넣는다.

⑤ 60부터 79까지는 60진법을 사용한다.

⑥ 80부터 99까지 20진법을 사용하며 곱하는 규칙을 적용한다.

⑦ 백과 천 앞에는 un(1)을 붙이지 않지만, '백만, 십억, 조' 앞에는 un(1)을 붙여서
   말한다.

Chapter 5

수를
셈하다

김민형 교수는 "수와 수가 아닌 것을 나누는 기준은 셈에 있다."라고 말한다. 예를 들어 우편번호는 수가 아니다. 우편번호끼리 더하면 어떤 의미도 갖지 않기 때문이다. 단지 숫자가 특정한 정보를 담고 있을 뿐이다. 하지만 화살표나 입자처럼 숫자의 모습을 하지 않더라도 그것끼리 더하거나 뺄 수 있으면 수라고 간주할 수 있다.

지금은 초등학교에서 셈을 가르치지만, 역사적으로 셈을 하는 사람은 요즘의 컴퓨터 프로그래머와 비슷한 역할을 했다. 훈련받은 사람만이 할 수 있는 작업이었기 때문이다. 셈을 엘리트만의 특별한 도구로 남겨두고 싶던 사람들은 인도-아라비아 숫자로 인해 일반인까지 셈을 하게 될 것을 두려워해서 이 숫자를 악으로 규정했다. 이 숫자가 아랍(이슬람)에서 왔다는 종교적 배경까지 더해지면서 이 숫자를 사용했다는 이유만으로 이단으로 몰려 화형당한 사람도 있었다.

인도-아라비아 숫자를 이용한 계산법, 즉 알고리즘을 사용한 알고리스트와 로마 숫자와 수판(주판)으로 무장한 아바시스트 간의 싸움은 수세기 동안 격렬하게 지속되었다. 정확하고 빠른 계산을 필요로 하던 상인 세력의 성장과 인쇄술의 도입으로 인해 결국 인도-아라비아 숫자와 알고리즘 셈법이 대중화되었다. 최초로 주판의 독재에서 벗어난 국가는 프랑스였다. 프랑스 혁명 이후 상황은 완전히 역전되어 학교와 관공서에서 주판의 사용이 금지되기까지 했다.

덧셈에 관하여

이집트, 바빌로니아, 로마, 중국, 마야 등의 문명에서는 숫자가 직접적으로 양을 표시한다. 그래서 숫자를 나열하면 나열된 숫자를 더한 만큼의 양을 표시하게 되어 있다. 즉, 나열된 숫자들을 모두 더하라는 암묵적 약속이 깔려 있다는 뜻이다. 다음은 이집트 숫자의 실제 의미이다.

$$ ||| \rightarrow | + | + | = 3 $$
$$ \cap\cap\cap \rightarrow \cap + \cap + \cap = 30 $$

따라서 숫자가 양을 직접적으로 표시하는 문명의 덧셈에서는 그저 같은 양을 표시하는 숫자끼리 모으기만 하면 계산이 마무리된다. 다음은 이집트 문명의 덧셈이다. 셈보다는 분류에 가깝다.

$$ | + || = ||| $$
$$ \cap + \cap\cap = \cap\cap\cap $$
$$ \cap|| + \cap\cap = \cap\cap\cap||||| $$

바빌로니아 문명의 덧셈도 다르지 않다.

$$\text{Y} + \text{YY} = \text{YYY}$$

$$\text{⟨} + \text{⟨⟨} = \text{⟨⟨⟨}$$

$$\text{⟨YY} + \text{⟨⟨Y} = \text{⟨⟨⟨YYY}$$

로마, 중국, 마야 문명의 덧셈도 마찬가지다.

$$I + II = III$$

$$| + || = |||$$

$$\bullet + \bullet\bullet = \bullet\bullet\bullet$$

반면 그리스 숫자나 인도-아라비아 숫자는 직접적으로 양을 표시하지 않기 때문에 그 숫자가 실제로 표시하는 양을 알아야 셈이 가능하다. 예를 들어 1과 2처럼 간단한 숫자조차 이 숫자가 표시하는 양을 알지 못하면 어떤 의미도 갖지 못한다. 1과 2가 •과 ••라는 양을 의미하는 것은 사회적 약속일 뿐이다. 1과 2 어디에서도 •과 ••라는 양을 찾을 수 없다. 그리스 숫자 α와 β 역시 •과 ••라는 양을 상징하지만, 1과 2에서처럼 그 양이 떠오르지는 않을 것이다. 다음의 표는 그리스 숫자와 아라비아 숫자가 의미하는 양이다.

그리스 숫자	숫자가 의미하는 양	아라비아 숫자
α(알파)	•	1

β(베타)	● ●	2
ɣ(감마)	● ● ●	3
δ(델타)	● ● ● ●	4
ε(엡실론)	● ● ● ● ●	5
ϛ(바우)	● ● ● ● ● ●	6
ζ(제타)	● ● ● ● ● ● ●	7
η(에타)	● ● ● ● ● ● ● ●	8
θ(세타)	● ● ● ● ● ● ● ● ●	9

이처럼 양을 직접적으로 표시하지 않는 숫자들의 계산은 각각의 숫자가 의미하는 양을 되살려야 한다. 표기를 편리하게 하기 위해서든 진법을 적용하기 위해서든 숫자에서 양을 분리한 문명에서는 '1+2'나 '$\alpha+\beta$'와 같이 간단한 덧셈을 하려 해도 1과 2, α와 β가 의미하는 양을 먼저 알아야 한다.

$$1 = \alpha = \bullet$$
$$2 = \beta = \bullet \bullet$$

이렇게 다시 양으로 돌아온 숫자의 덧셈은 역시나 셈이라 할 것도 없다.

$$● + ●● = ●●●$$

이제 마지막으로 위의 표를 보고 ●●●이란 양을 다시 숫자로 바꾸면 된다.

$$●●● = \gamma = 3$$

이런 과정을 거쳐 $\alpha + \beta$와 $1 + 2$의 덧셈 과정이 마무리된다.

$$\alpha + \beta = \gamma$$
$$1 + 2 = 3$$

더한 수의 합이 5를 넘어가면 로마, 마야, 중국의 숫자가 반응한다. 세 문명 모두 5단위로 묶는 방식을 사용하기 때문이다. 일단 같은 양을 표시하는 숫자끼리 모으고 계산한 다음 계산의 결과를 5단위의 묶음을 표시하는 숫자로 바꾸면 된다. 로마는 IIIII를 V로, 마야는 ● ● ● ● ●를 ▬으로, 중국은 ⫴를 一로 바꿔준다.

$$III + III = IIIIII = VI$$
$$●●● + ●●● = ●●●●●● = \underline{●}$$
$$III + III = IIIIII = T$$

더한 수의 합이 10을 넘기면, 10단위로 묶는 방식을 사용하는 이집트, 바빌로니아, 로마는 10을 표시하는 숫자로 바꾼다. 이집트는 |||||||||을 ∩으로, 바빌로니아는 ΥΥΥΥΥΥΥΥΥΥΥ을 〈으로, 로마도 IIIIIIIIII이나 VIIIII 이나 VV를 모두 X로 바꿔 준다.

$$||||||| + ||| = ||||||||| = ∩$$
$$\overset{ΥΥΥΥΥ}{ΥΥΥΥ} + \overset{ΥΥΥ}{} = ΥΥΥΥΥΥΥΥΥΥ = 〈$$
$$VII + III = VIIIII = VV = X$$

반면 10진법을 사용하는 중국과 인도는 자리를 바꿔서 표시한다. 중국은 ||||||||||이 되면 1의 자리를 비워 주고 10의 자리에 ―을 넣어야 한다. 중국 기수법에서 1의 자리에서는 세로선인 '|'이 1개를 의미하고 10의 자리에서는 가로선인 '―'이 1개를 의미한다. 물론 100의 자리에서는 다시 '|'이 1개를 의미한다. 중국에서는 빈칸임을 표시하기 위해서 네모(□)를 사용하는데 이것을 '方(방)'이라고 한다. 방정식의 '방'이 바로 이 뜻이다.

$$\mathbb{T} + ||| = ― □$$

10진법을 사용하는 인도-아라비아 숫자에는 역설적으로 10을 표시하는 고유의 숫자가 없다. 사실 있을 필요가 없다. 9에 1을 더하면 자리를 옮겨 다시 1을 쓰면 되기 때문이다. 1의 자리의 0은 1의 자리가 비어 있다는 뜻이다.

$$9+1=10$$

더한 수의 합이 20이 되면, 마야 숫자가 반응한다. 20진법을 사용하는 마야 숫자는 0부터 19까지밖에 없다. 19에 1을 더하면 자리를 옮겨 옆자리에 1을 쓰면 된다. 1의 자리의 ⬭는 1의 자리가 비었다는 뜻이다.

$$\text{▆▆▆} + \bullet = \bullet\, \text{⬭}$$

더한 수의 합이 60이 되면, 바빌로니아 숫자가 반응한다. 60진법을 사용하는 바빌로니아는 1의 자리의 양이 60이 되면 1의 자리를 비워 주고 옆자리에 1을 넣는다. 이때 1의 자리에 기울어진 쐐기(﹨)를 써서 '비어 있음'을 표시한다.

$$\text{◀◀◀◀} + \text{◀◀} = \text{Ｙ﹨}$$

묶음도 없고 진법도 없는 그리스 문명의 덧셈은 쉽지 않다. 그리스 문명의 기수법은 1에서 9까지 숫자가 모두 다르다. 그런데 10의 자리와 100의 자리에도 1부터 9까지 숫자가 따로 존재한다. 즉, 1의 자리의 1은 α, 10의 자리의 1은 ι(10), 100의 자리의 1은 ρ(100)이다. 그래서 111을 그리스 숫자로 쓰면 ρια가 된다. 따라서 그리스 문명의 기수법은 같은 양을 표시하는 숫자를 여러 번 쓰지 않아도 되는 장점이 있지만, 셈을 하려면 숫자가 의미하는 양을 되살려야 하는 단점도 함께 가지고 있다.

예를 들어 'μζ + κε'을 셈하기 위해서는 다음과 같이 각각의 숫자가 의미하는 양을 찾아보거나 외우고 있어야 한다.

$$\mu = 40, \kappa = 20, \zeta = 7, \varepsilon = 5$$

그런 다음 다음과 같이 수판(주판)에 돌을 놓는 방식을 사용했을 것이다. 40은 10의 자리에 돌 4개, 20은 10의 자리에 돌 2개, 7과 5는 1의 자리에 돌을 각각 7개, 5개 놓는다. 사실 이렇게 돌을 놓는 것만으로 덧셈은 끝난 것이나 다름없다.

십	일
OOOO OO	• • • • • • • • • • • •

이후 1의 자리의 돌 10개를 10의 자리의 돌 1개로 대체하면 덧셈이 마무리된다. 그렇다고 해서 그리스 기수법이 10단위로 묶는 것을 사용하고 있는 것은 아니다. 묶음은 같은 표식을 여러 개 묶어서 1개의 새로운 표식으로 대체하는 것을 의미하는데, 그리스 숫자는 1부터 9까지 모두 다른 표식을 사용하기 때문에 애당초 묶어야 할 표식 자체가 존재하지 않는다.

십	일
OOO OOOO	• •

70=o, $2=\beta$이므로 '$\mu\zeta + \kappa\varepsilon$'의 그리스 문명의 답은 다음과 같다.

$$\mu\zeta + \kappa\varepsilon = {}_o\beta$$

인도-아라비아 기수법의 덧셈은 본질적으로 그리스 문명의 덧셈 방식과 일치한다. 다만 진법을 사용하기 때문에 그리스 문명과는 달리 자리에 따라 다른 숫자가 필요하지 않을 뿐이다. 0부터 9까지 10개의 숫자만으로 모든 수를 표기할 수 있다.

예를 들어 '47+25'를 셈하기 위해서는 47의 4와 25의 2가 의미하는 양을 알아야 한다. 4와 2는 모두 10의 자리에 있기 때문에 각각 40과 20이라는 양을 의미한다. 따라서 47과 25는 다음과 같이 변형할 수 있다.

$$47 = 40 + 7$$
$$25 = 20 + 5$$

수판을 사용하지 않고 셈하려면 같은 자리의 수끼리 더하면 된다.

$$10의\ 자리 : 4 + 2$$
$$1의\ 자리 : 7 + 5$$

그런데 1의 자리의 '7+5'에서 '7+3'은 10의 자리의 1로 넘어가고 2만 남는다.

$$10의\ 자리 : 4 + 2 + 1 = 7$$
$$1의\ 자리 : 2$$

따라서 '47+25'의 셈은 다음과 같이 마무리된다.

$$47+25=72$$

더 알아보기

문명별 덧셈의 특징

❶ 이집트 문명

이집트 문명의 덧셈은 같은 양을 표시하는 숫자끼리 모은 다음에 10개의 |
을 ∩으로, 10개의 ∩을 ௦으로 바꿔 주면 된다.

|||||||∩∩∩∩∩∩∩(77)+|||||∩∩∩∩(45)

=|||||||||||||∩∩∩∩∩∩∩∩∩∩∩

=||∩∩∩∩∩∩∩∩∩∩∩∩

=||∩∩௦(122)

❷ 로마 문명

로마 문명의 덧셈은 이집트 문명과 완전히 같은 방식이지만, 이집트 문명과
는 달리 5단위의 묶음을 함께 사용하기 때문에 5개의 I을 V(5)로, 5개의 X를
L(50)로, 5개의 C를 D(500)로 바꿔야 한다.

CCCXXXXVII(347)+CCXXXIIII(234)

=CCCCCXXXXXXXVIIIII

=DXXXXXXXVVI

=DLXXXI(581)

❸ 바빌로니아 문명

60진법 위치기수법을 사용하는 바빌로니아 문명은 ◀(10)이 6개 모이면 그 자리를 비워 주고 왼쪽 자리에 ႃ(1)을 써야 한다. 반면에 60 미만의 수는 이집트와 로마 문명처럼 10묶음을 적용하여 10개의 ႃ을 ◀으로 바꿔야 한다.

◀◀◀◀ᢢᢢᢢ(47) + ◀◀ᢢᢢ(25)

= ◀◀◀◀◀◀◀ᢢᢢᢢᢢᢢᢢᢢᢢᢢᢢᢢᢢ

= ◀◀◀◀◀◀◀ᢢᢢ

= ᢢ ◀ᢢᢢ (72)
　(60) (12)

❹ 마야 문명

20진법 위치기수법을 사용하는 마야 문명은 바빌로니아 문명과 거의 같은 방식을 사용한다. 다만, ●(1)이 20개 모이거나 ▬▬(5)가 4개 모이면 그 자리를 비워주고 옆자리에 ● 을 써야 한다. 반면 20 미만의 수는 로마처럼 5묶음을 적용하여 5개의 ● 을 ▬▬로 바꿔야 한다.

▬▬●●(12) + ▬▬●●●●(19)

= ● ▬▬●(31)
　(20) (11)

❺ 중국 문명

10진법 위치기수법을 사용하는 중국 문명은 I(1)이 10개 모이거나 ―(5)가 2개 모이면 그 자리를 비워주고 옆자리에 ―(1)을 써야 한다. 이미 여러 번 말했지만, 중국 기수법에서는 다음과 같이 홀수 자릿수와 짝수 자릿수의 숫자를 다르게 사용한다. 또한 5단위의 묶음을 적용하여 5개의 I을 ―로 바꿔야 한다. 다만 5는 ―로 바꾸지 않고 그대로 IIIII을 사용하고, 6부터 IIIII을

―로 바꿔 사용한다.

1000의 자리	100의 자리	10의 자리	1의 자리
一	丨	一	丨
=	丨丨	=	丨丨
≡	丨丨丨	≡	丨丨丨
≣	丨丨丨丨	≣	丨丨丨丨
≣	丨丨丨丨丨	≣	丨丨丨丨丨
⊥	⊤	⊥	⊤
⊥	⊤⊤	⊥	⊤⊤
⊥	⊤⊤⊤	⊥	⊤⊤⊤
⊥	⊤⊤⊤⊤	⊥	⊤⊤⊤⊤

⊤⊤⊤(8) + ⊤⊤⊤⊤(9)

= 一 ⊤⊤ (17)
　(10) (7)

뺄셈에 관하여

뺄셈도 덧셈처럼 숫자가 직접적으로 양을 표시하는 기수법에서는 같은 양을 나타내는 숫자를 덜어내면 된다. 다음은 이집트, 바빌로니아, 로마, 중국, 마야 문명의 뺄셈이다. 3개에서 2개를 빼면 1개가 남는다는 것을 직관적으로 알 수 있다. 마치 3개의 사과 중에 2개를 먹으면 1개가 남는 것처럼 자연스럽다.

$$||| - || = |$$
$$\text{YYY} - \text{YY} = \text{Y}$$
$$\text{III} - \text{II} = \text{I}$$
$$||| - || = |$$
$$\cdots - \cdots = \cdot$$

문제는 '∩| − |||'과 같은 뺄셈에서 발생한다. 1개를 표시하는 숫자만 따로 떼어내면 '| − |||'이 되어 1개에서 3개를 빼야 하는 상황이 된다. 지금은 음수를 사용하므로 $1 - 3 = -2$라고 계산할 수 있지만, 당시에는 0과 음수를 수로 인정하지 않았다. 이럴 때는 묶여 있던 ∩을 풀어서 다음과 같이 10개로 되살린 다음 빼야 한다.

$$∩| - ||| = |||||||||| - ||| = |||||||$$

로마 기수법의 뺄셈에서는 V와 X를 상황에 따라 다음과 같이 풀어야 한다.

$$V \rightarrow IIIII$$
$$X \rightarrow VV \text{ 또는 } VIIIII \text{ 또는 } IIIIIIIIII$$

같은 상황에서 마야 기수법에서는 ━을 ● ● ● ● ●로 풀고 중국 기수법에서는 ━을 ⅠⅠⅠⅠⅠ로 풀어서 계산하면 된다. 또한 바빌로니아 기수법에서는 ◖을 YYYYYYYYYY로 풀어야 한다.

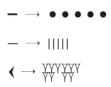

바빌로니아, 중국, 인도-아라비아, 마야 등 위치기수법을 사용하는 문명의 뺄셈 방식은 기본적으로 같은 자리의 수끼리 빼는 것이다. 자리가 양을 결정하기 때문에 같은 숫자라도 다른 자리에 있으면 완전히 다른 양을 표시한다.

10진법을 사용하는 인도-아라비아 기수법에서 '35−23'은 다음과 같이 10의 자리와 1의 자리의 뺄셈을 따로 해야 한다.

10의 자리 : 3−2＝ ● ● ● − ● ● ＝ ● ＝1

1의 자리 : $5-3=$ ● ● ● ● ● $-$ ● ● ● $=$ ● ● $=2$

10의 자리는 1이 남고 1의 자리는 2가 남았기 때문에 계산 결과는 다음과 같다.

$$35-23=12$$

60진법을 사용하는 바빌로니아 기수법에서도 'ᛉᛉᛉ ᛉᛉ − ᛉ ᛉᛉ'은 60의 자리와 1의 자리의 뺄셈을 따로 해야 한다.

60의 자리 : ᛉᛉᛉ − ᛉ $=$ ᛉᛉ
1의 자리 : ᛉᛉ − ᛉᛉ $=$ ᛉᛉᛉ

60의 자리에 ᛉᛉ가 남고 1의 자리에 ᛉᛉᛉ이 남았으므로 계산 결과는 다음과 같다.

$$ᛉᛉᛉ \ ᛉᛉᛉᛉ − ᛉ \ ᛉᛉᛉ = ᛉᛉ \ ᛉᛉᛉ$$

이때 60의 자리의 ᛉᛉ는 '2×60'을 의미하고 1의 자리의 ᛉᛉᛉ은 '1×3'을 의미한다.

하지만 위치기수법에서도 '$33-15$'에서처럼 1의 자리의 뺄셈이 '$3-5$'가 되어 작은 수에서 큰 수를 빼야 할 때는 문제가 발생한다. 기호기수법에서는 묶여 있던 수를 풀었지만, 위치가 숫자의 양을 결정하는 위치기수법에서는 옆자리로 이동한 수를 진법에 따라 다시 원래 자리로 돌려놓아야 한다. 인도-아라비아 기수법은 10진법을 사용하므로 '33'의 10의 자리에 있는 3에서 1개를 빼서 1의 자리의 10개로 돌려놓으면 10의 자리와 1의 자리의 양이 바뀐다.

10의 자리 : ● ●
1의 자리 : ● ● ● ● ● ● ● ● ● ● ● ● ●

이제 1의 자리의 '작은 수에서 큰 수를 빼야 하는' 문제가 해결되었다. 15를 빼 보자.

10의 자리 : ● ● − ● = ●
1의 자리 : ● ● ● ● ● ● ● ● ● ● ● ● ● − ● ● ● ● ● = ● ● ● ● ● ● ● ●

10의 자리는 1이 남고 1의 자리는 8이 남았기 때문에 계산 결과는 다음과 같다.

$$33 - 15 = 18$$

인도-아라비아와 같이 10진법을 사용하는 중국 기수법도 왼쪽 자리의 1개를 오른쪽 자리의 10개로, 20진법을 사용하는 마야 기수법에서는 20개로, 60진법을 사용하는 바빌로니아 기수법에서는 60개를 돌려놓아야 한다.

$-\ \square\ \rightarrow$ ||||||||| (10개)

$\bullet\ \langle\!\!\langle\!\!\langle\ \rangle\ \rightarrow\ \bullet\bullet\bullet\bullet\bullet\ \bullet\bullet\bullet\bullet\bullet\ \bullet\bullet\bullet\bullet\bullet\ \bullet\bullet\bullet\bullet\bullet$ (20개)

$\text{Y} \curvearrowleft \rightarrow$ ⟨⟨⟨⟨⟨ $\rightarrow$ YYY … Y (60개)

마지막으로 그리스 기수법은 숫자가 양을 직접 표시하지도 않고 진법을 사용하지도 않기 때문에 주어진 숫자가 의미하는 양을 알아야 한다. 예를 들어 '$\iota\alpha-\gamma$'를 계산하기 위해서는 ι, α, γ가 의미하는 양을 찾아보거나 외우고 있어야 한다.

$$\iota = \bullet\bullet\bullet\bullet\bullet\ \bullet\bullet\bullet\bullet\bullet$$
$$\alpha = \bullet$$
$$\gamma = \bullet\bullet\bullet$$

$\iota\alpha-\gamma$의 계산 방식은 다음과 같다.

$$\iota\alpha-\gamma = \bullet\bullet\bullet\bullet\bullet\ \bullet\bullet\bullet\bullet\bullet\ \bullet\ -\ \bullet\bullet\bullet\ =\ \bullet\bullet\bullet\bullet\bullet\ \bullet\bullet\bullet$$

이때 $\bullet\bullet\bullet\bullet\bullet\ \bullet\bullet\bullet = \eta$이므로 '$\iota\alpha-\gamma$'의 계산은 다음과 같이 마무리된다.

$$\iota\alpha-\gamma = \eta$$

뺄셈을 쉽게 하는 아이디어[1]

인도-아라비아 기수법에서 숫자는 양을 직접적으로 표시하지 않을 뿐아니라 진법을 사용하기 때문에 주어진 숫자가 의미하는 '양'을 파악하기 어렵게 되었다. 그래서 양을 직접적으로 표시하는 기수법에 비해 덧셈과 뺄셈이 쉽지 않다. 특히 '45−27'의 1의 자리에서처럼 5에서 7을 빼야 하는, 즉 작은 수에서 큰 수를 빼는 것은 생각보다 쉬운 계산이 아니다. 나는 아직도 종종 실수한다. 여러 수학자들이 이런 계산에 도움이 되는 알고리즘을 만들었다.

인도의 바스카라(Bhaskara, 1114~1185)는 빼야 하는 수의 1의 자리를 0으로 만들면 계산이 쉽다는 것을 이용했다. 그의 저서 『릴라바티』에 소개되어 있다. 즉, '45−27'에서 27의 1의 자리인 7에 3을 더하여 30이 되게 하였다. 물론 45에도 3을 더해 주어야 한다. 그러면 다음과 같이 계산이 편해진다.

$$45-27=(45+3)-(27+3)=48-30=18$$

이탈이아의 보르기(Piero Borgi, 1424~1484)는 '45−27'를 계산할 때, 45를 '40+5'가 아니라 '30+15'로 쪼개는 방법을 사용했다. 그런 다음 30에서 20을 빼고 15에서 7을 빼서 더하면 된다.

$$45-27=(30+15)-(20+7)=(30-20)+(15-7)=10+8=18$$

프랑스의 부테오(Johannes Buteo 1485~1560)는 뺄셈을 덧셈으로 바꿔 풀었다. 그는 역으로 '45−27'이라는 뺄셈의 결과가 27과 더해서 45가 되는 수와 같다는 것에 주목했다. 그는 먼저 27에 3을 더해서 30을 만들었다. 그런 다음 30에 15를 더하면 45가 된다. 즉, 27에 '3+15'를 더하면 45가 된다. 따라서 45−27=18이다.

지금은 마트나 식당에서 자동계산기를 사용해서 잔돈을 계산할 일이 별로 없지만, 예전의 미국에서는 잔돈을 계산하는 방법이 한국과 달랐다고 한다. 예를 들어 10000원을 내고 7350원짜리 물건을 사면 한국에서는 바로 암산해서 2650원을 거슬러 주지만, 미국에서는 먼저 10원짜리 5개를 주어서 7400원을 만든 다음에 100원짜리 6개를 주어서 8000원을 만들고 마지막으로 1000원짜리 2개를 주어서 10000원을 채우는 방식을 사용했다고 한다. 뺄셈을 덧셈으로 바꿔 계산하는 부테오의 방식과 완전히 같다.

곱셈에 관하여

곱셈은 사실 셈이라기보다는 덧셈을 짧게 표기하는 방법이다. 2+2+2+2+2를 2×5라고 표기한 것은 그 값을 구하려는 목적이 아니라 같은 수의 덧셈을 굳이 길게 표시하지 않고 간단히 기록하기 위해서였을 것이다. 물론 × 기호는 15세기 이후에 사용되었고 그전에는 기호가 아니라 '곱하기'라는 말을 사용했다. 같은 수를 곱할 때, 즉 $2 \times 2 \times 2 \times 2 \times 2$를 2^5이라고 표기하는 것이 그 자체로 계산이 아니라 단지 표기법인 것과 마찬가지다. 2^5은 2를 5번 곱했다는 것을 알려 줄 뿐이지 그 값이 32라는 것을 알기 위해서는 실제로 2를 5번 곱해야 한다. 2×5 역시 그 값을 구하기 위해서는 2를 5번 더해야 한다.

기록을 위해 사용된 '곱하기'라는 개념은 이후 '배수' 개념으로 발전했다. 즉, 어떤 수에 '$\times 5$'가 붙어 있으면 어떤 수를 '5배' 하라는 뜻으로 이해했다는 뜻이다. 이것은 이집트 문명의 곱셈 방식에서 확인할 수 있다. 이 방식은 '농부의 곱셈'으로 알려져 있다. 이것은 어떤 수의 배수를 구하기 위해서 미리 그 수의 2배, 4배, 8배, 16배 등을 구해 놓는 방식을 말한다. 이렇게 미리 구해 놓은 배수들을 더해서 3배, 5배, 6배, 7배, 9배 등도 구할 수 있었다.

다음은 III(3)의 2배, 4배, 8배를 구한 표이다. 덧셈에서 설명한 것처럼 이집트 숫자는 하나하나가 고유한 양을 가지고 있기에, 더하려는 숫자를 나열하면 덧셈 기호를 사용하지 않아도 자연스럽게 덧셈이 된다.

1배	❘ ❘ ❘	3
2배	❘ ❘ ❘ ❘ ❘ ❘	6
4배 (=2배+2배)	❘ ❘ ❘ ❘ ❘ ❘ ❘ ❘ ❘ ❘ ❘ ❘ = ❘ ❘ ∩	12
8배 (=4배+4배)	❘ ❘ ∩ ❘ ❘ ∩ = ❘ ❘ ❘ ❘ ∩∩	24

위에서 구해 놓은 2배, 4배, 8배를 이용하여 다음과 같이 3배, 5배, 6배,

7배, 9배를 구할 수 있다. 이렇게 표를 만들어 놓으면 요즘의 구구단과 비슷하다.

1배	I I I	3
2배	I I I I I I	6
3배 (=1배+2배)	I I I I I I I I I	9
4배	I I I I I I I I I I I I = I I ∩	12
5배 (=1배+4배)	I I I I I ∩	15
6배 (=2배+4배)	I I I I I I I I ∩	18
7배 (=1배+2배+4배)	I I I I I I I I I I I ∩ = I ∩ ∩	21
8배	I I ∩ I I ∩ = I I I I ∩ ∩	24
9배 (=1배+8배)	I I I I I I I ∩ ∩	27

배수를 이용한 이집트 곱셈 방식을 지금의 곱셈 방식과 비교하면 비효율적인 것처럼 보이지만 당시에는 계산의 복잡성을 현저하게 줄여 주었

다. 이집트 곱셈 방식이 없었다면, 17×13과 같은 곱셈을 복잡하고 지루하게 했을 것이다. 말이 곱셈이지 ∩의 개수와 |의 개수를 일일이 헤아려서 숫자를 바꿔야 했을 것이다.

하지만 이집트 곱셈 방식을 적용하면 다음과 같이 곱셈을 체계화할 수 있다. 먼저 ∩|||||||(17)의 2배, 4배, 8배를 구한다. 그다음, 13배가 '8배+4배+1배'임을 이용하여 계산한다.

더 알아보기

17×13의 이집트 계산법

❶ 곱셈의 체계화가 없을 경우

17×13

=∩|||||||+∩|||||||+∩|||||||+∩|||||||+∩|||||||+∩|||||||+∩

|||||||+∩|||||||+∩|||||||+∩|||||||+∩|||||||+∩|||||||+∩|||||||

=∩∩∩∩∩∩∩∩∩∩∩|||||||||||||||||||||||||||||||||||||||||

|||||||||||||||||||||||||||||

=ᒻᒻ∩∩|

❷ 곱셈의 체계화가 있을 경우 : 표 참고

∩|||||||(17)의 2배

=∩|||||||(17)+∩|||||||(17)=∩∩|||||||||||||||=∩∩∩||||(34)

∩|||||||(17)의 4배

=∩∩∩||||(34)+∩∩∩||||(34)=∩∩∩∩∩∩||||||||(68)

∩|||||||(17)의 8배

=∩∩∩∩∩||||||||(68)+∩∩∩∩∩∩||||||||(68)=∩∩∩∩∩∩∩∩∩∩∩
|||||||||||||||||=ଡ଼∩∩∩||||||(136)

∩|||||||(17)의 13배
=ଡ଼∩∩∩||||||(136)+∩∩∩∩∩∩||||||||(68)+∩|||||||(17)=ଡ଼∩∩∩∩∩∩∩∩
∩∩|||||||||||||||||||||||||||||||=ଡ଼∩∩∩∩∩∩∩∩∩∩∩∩|=ଡ଼ଡ଼∩∩(221)

❸ 10단위 묶음을 사용한 계산

∩|||||||(17)의 10배
=ଡ଼∩∩∩∩∩∩∩(170)

∩|||||||(17)의 2배
=∩|||||||(17)+∩|||||||(17)=∩∩||||||||||||||=∩∩∩||||(34)

∩|||||||(17)의 13배
=ଡ଼∩∩∩∩∩∩∩(170)+∩∩∩||||(34)+∩|||||||(17)=ଡ଼∩∩∩∩∩∩∩∩∩∩
|||||||||||||=ଡ଼∩∩∩∩∩∩∩∩∩∩∩∩|=ଡ଼ଡ଼∩∩(221)

묶음과 진법을 이용한 곱셈 방식

곱셈을 체계화하여 계산하던 이집트 문명은 10단위 묶음을 사용하는 문명이었다. 어느 순간부터 13배를 '8배＋4배＋1배'로 계산하는 것보다 '10배＋2배＋1배'로 계산하면 더 쉽다는 것을 알아냈을 것이다.

$$|의\ 10배 = \cap$$

$$||의\ 10배 = \cap\cap$$

$$\cap의\ 10배 = \text{ȣ}$$

$$\cap\cap의\ 10배 = \text{ȣȣ}$$

10단위 묶음을 이용하면, 17의 13배를 '8배＋4배＋1배'가 아니라 '10배＋2배＋1배'로 계산할 수 있다. 이렇게 하면 계산도 수월해지고 덧셈의 횟수도 줄어든다.

한편, 진법을 사용하는 위치기수법은 곱셈을 전제로 만들어진 기수법이다. 10진법은 '×10', 20진법은 '×20', 60진법은 '×60'이 자리와 자리 사이에 들어 있다. 보이지 않을 뿐이다. 진법에 해당하는 수를 곱하면 다음과 같이 숫자는 그대로 있고 자리만 옆으로 이동한다. 대신 빈칸을 의미하는 0, ◖◗, ᛊ이 필요하다.

$$2 \times 10 \rightarrow 20$$

$$\bullet \times 20 \rightarrow \bullet\ \text{◖◗}$$

$$Y \times 60 \rightarrow Y\ \text{ᛊ}$$

17×13의 계산에 10진법을 이용하려면, '×13'을 다음과 같이 '×10'과 '×3'으로 나누어야 한다. 10진법에서 10을 곱하는 것은 10의 자리의 수가 100의 자리로 이동하고 1의 자리의 수가 10의 자리로 이동하는 것을 의미한다. 그리고 그렇게 이동하여 생긴 비어 있는 자리에는 0을 써서 '비어 있음'을 표시한다. 따라서 17×10은 170이 되고, 17×3은 '×3'이

덧셈의 횟수라는 곱셈의 정의대로 계산한다.

$$17 \times 10 = 170$$
$$17 \times 3 = 17 + 17 + 17 = (17 + 17) + 17 = 34 + 17 = 51$$
$$17의 \ 13배 = 170 + 51 = 221$$

교환법칙을 이용한 곱셈 방식

17을 3개 더한 결과와 3을 17개 더한 결과는 같다. 즉, 17×3은 3×17과 같다는 뜻이다. 17×3과 3×17이 같다는 것을 다른 말로 곱셈은 '교환법칙'이 성립한다고 한다. 따라서 둘 중에 계산이 편한 쪽을 선택할 수 있다.

$$17 \times 3 = 17 + 17 + 17$$
$$3 \times 17 = 3 + 3 + 3 + 3 + 3 + 3 + 3 + 3 + 3 + 3 + 3 + 3 + 3 + 3 + 3 + 3 + 3$$

진법을 고려하지 않으면 17×3이 편하지만, 10진법을 사용하면 3×17도 그렇게 불편하지는 않다. '$\times 17$'을 '$\times 10$'과 '$\times 7$'로 나누면 되기 때문이다. 그런데 '3×10'은 10진법의 특징을 이용해 계산하지 않고도 30이라는 결과를 얻을 수 있지만, '3×7'은 여전히 3을 7개 더해야 하는 불편함이 남아 있다.

사실 교환법칙을 이용한 곱셈 방식은 다음과 같이 현대수학의 곱셈 방

식과 완전히 일치한다. 현대수학에서도 '17×3'이라는 곱셈을 '3×17'로
바꿔서 풀고 있다.

$$
\begin{array}{r}
17 \\
\times\ \ 3 \\
\hline
21 \leftarrow 3 \times 7 = \underline{3+3+3+3+3+3+3} \\
+\ \ 30 \leftarrow 3 \times 10 = 30 \\
\hline
51
\end{array}
$$

이 계산법에서도 문제가 되는 것은 밑줄 친 '3×7'의 계산이다. 즉, 한
자리 자연수끼리의 곱셈은 진법으로 처리하지 못하기 때문에 여전히 덧
셈을 여러 번 해야 하는 것이 불편함으로 남아 있다는 뜻이다.

곱셈표를 이용한 곱셈 방식

앞에서 설명한 대로 3×17은 17을 10과 7로 쪼갠 다음 3×10과 3×7
의 합으로 구할 수 있다. 그런데 3×27은 어떻게 계산할까? 27 역시 20과
7로 쪼갤 수 있으므로 3×27은 3×20과 3×7의 합으로 구할 수 있을 것
이다. 그러면 여기서 3×20이 문제다.

3×20은 구하는 방식이 두 가지 있다. 하나는 20을 '10×2'로 바꾸는
것이 다른 하나는 20을 '2×10'으로 변형하는 것이다.

먼저 20을 '10×2'로 바꾸는 방식은 다음과 같이 3에 10을 먼저 곱해서
30을 만들어 놓은 다음 2를 곱하여 60을 만드는 방식이다.

$$3 \times 10 \times 2 = 30 \times 2 = 30 + 30 = 60$$

반면 20을 2×10으로 바꾸는 방식은 3에 2를 먼저 곱해서 6을 구한 다음 10을 곱하여 60으로 만드는 방식을 말한다.

$$3 \times 2 \times 10 = 6 \times 10 = 60$$

위의 두 가지 방법 중에서 두 번째 방법이 현대수학의 곱셈 방식과 같다. 첫 번째 방식처럼 10을 먼저 곱해 주면 나중에 다시 '30＋30'과 같은 덧셈을 추가로 해야 하지만, 두 번째 방식에서는 한 자리 자연수끼리의 곱셈만으로 실질적으로 계산이 마무리되기 때문이다.

이렇듯 현대수학의 곱셈 방식에서는 한 자리 자연수끼리의 곱셈만으로 모든 곱셈을 처리할 수 있다. 나머지는 진법을 이용하기 때문에 굳이 계산이 필요하지 않다. 물론 마지막에는 이렇게 구한 값들을 모두 더해야 한다. 따라서 한 자리 자연수끼리의 곱셈을 미리 계산해서 표로 만들어 놓거나 외우고 있으면 곱셈의 효율성을 극적으로 높일 수 있다. 다음은 3을 한 자리 자연수와 곱한 결과를 표로 만들어 놓은 것이다.

3×1	3
3×2	6
3×3	9
3×4	12
3×5	15

3×6	18
3×7	21
3×8	24
3×9	27

이 표를 이용하여 3×67을 계산해 보자. 67은 60과 7로 쪼개고 60은 다시 6×10으로 변형해야 한다.

$$3 \times 67 = 3 \times 60 + 3 \times 7 = \underline{3 \times 6} \times 10 + \underline{3 \times 7}$$
$$= 18 \times 10 + 21 = 180 + 21$$
$$= 201$$

위의 계산에서 보듯이 '3×6'과 '3×7'만 계산하면 더 이상의 곱셈은 없다. 진법을 이용하여 자리를 이동하거나 마지막에 덧셈만 하면 계산이 마무리된다.

두 자리 자연수끼리의 곱셈도 마찬가지로 한 자리 자연수끼리의 곱셈만으로 계산할 수 있다. 현대수학에서는 이 방법을 발전시켜 모든 자연수의 곱셈을 한 자리 자연수의 곱셈만으로 해결할 수 있게 되었다.

곱셈표을 이용한 34×46과
현대수학에서의 34×46

❶ 곱셈표를 이용한 방법

$34 \times 46 = 34 \times 40 + 34 \times 6$

$= \underline{34 \times 4} \times 10 + \underline{34 \times 6}$

교환법칙을 이용하여 34×4를 4×34로, 34×6을 6×34로 바꿔 준다.

$34 \times 4 \rightarrow 4 \times 34$	$34 \times 6 \rightarrow 6 \times 34$
$4 \times 34 = 4 \times 30 + 4 \times 4$ $= \underline{4 \times 3} \times 10 + \underline{4 \times 4}$ $= 12 \times 10 + 16$ $= 120 + 16$ $= 136$	$6 \times 34 = 6 \times 30 + 6 \times 4$ $= \underline{6 \times 3} \times 10 + \underline{6 \times 4}$ $= 18 \times 10 + 24$ $= 180 + 24$ $= 204$

이렇게 구한 값을 다시 원래 식에 대입하면 다음과 같다.

$34 \times 46 = 34 \times 40 + 34 \times 6$

$= \underline{34 \times 4} \times 10 + \underline{34 \times 6}$

$= \underline{136} \times 10 + \underline{204}$ ← 대입

$= 1360 + 204$

$= 1564$

❷ 현대수학에서의 34×46

곱셈표를 이용한 계산 과정을 현대수학의 곱셈 방식으로 정리하면 다음의
식이 된다.

$$
\begin{array}{r}
34 \\
\times \quad 46 \\
\hline
24 \quad \leftarrow 6 \times 4 \\
18 \quad \leftarrow 6 \times 3 \\
16 \quad \leftarrow 4 \times 4 \\
12 \quad \leftarrow 4 \times 3 \\
\hline
1564
\end{array}
$$

24 ← 6×4 ⎫ 204
18 ← 6×3 ⎭
16 ← 4×4 ⎫ 136
12 ← 4×3 ⎭

현대수학에서는 곱셈표에서 나오는 두 과정을 결합하여 하나의 과정으로 만들었다. 그리고 곱셈표를 이용해서 구한 '136'과 '204'라는 수가 계산 과정에서 만들어지는 것을 확인할 수 있다. 이렇게 해서 현대수학은 모든 자연수의 곱셈을 한 자리 자연수의 곱셈만으로 해결할 수 있게 되었다.

곱셈을 쉽게 하는 아이디어

숫자가 커질수록 곱셈을 그 횟수만큼 더하지 않고 계산하는 것은 10진법을 이용하고 곱셈표를 활용한 방식이라도 쉽지 않다. 수학자들이 곱셈을 쉽게 하는 방식에 관심을 가질 수밖에 없는 이유다.

곱셈 기호(×)를 최초로 사용한 수학자로 알려진 로버트 레코드(Robert Recorde, 1510~1558. 영국 최초의 대수학 책인 『지식의 숫돌(The Whetstone of Witte)』을 저술했다)는 구구단을 쉽게 하는 방법을 자신의 저서 『산술의 기본(The Ground of Arte)』에 실었다. 예를 들어 9×7을 그의 방식으로 구해 보자.

먼저 9와 7과 더해서 10이 되는 수를 각각 구한다. 9+1=10이므로 윗줄에 9와 1을 쓰고 7+3=10이므로 아랫줄에 7과 3을 쓴다.

이제 대각선 방향으로 빼 준다. 9에서 3을 빼는 것이나 7에서 1을 빼는 것이나 모두 6으로 같다. 이 6은 9×7의 10의 자릿수가 된다. 그러고 나서 오른쪽에 있는 두 수인 1과 3을 곱한다. 이 3은 9×7의 1의 자릿수가 된다. 따라서 9×7=63이다.

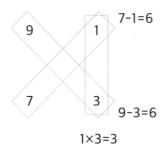

이번에는 8×6을 구해 보자. 8+2=10이므로 8과 2를 윗줄에 쓰고 6+4=10이므로 6과 4를 아랫줄에 쓴 다음 대각선 방향으로 뺀다. 즉, 8에서 4를 빼거나 6에서 2를 빼면 된다. 물론 어느 쪽이나 4로 같다. 이렇게 구해진 4는 8×6의 10의 자릿수가 된다. 그리고 오른쪽에 있는 두 수인 2과 4를 곱하면 1의 자릿수가 된다. 따라서 8×6=48이다.

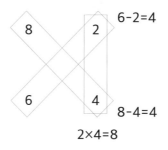

이와 같은 곱셈의 방식에서 곱셈의 기호($\times$)가 유래되었다는 설이 지배적이다. 뉴턴과 비슷한 시기에 미적분학의 개념을 만들어낸 라이프니츠는 x와 비슷하다는 이유로 $\times$ 기호 대신에 $\cdot$을 사용했다.

구구단 중에서 구(9)단은 손가락을 이용하여 다음과 같이 쉽게 구할 수 있다.[2] 다시 9×7을 계산해 보자. 먼저 손가락 10개를 자신의 얼굴 방향으로 모두 편다.

그런 다음 왼쪽에서 일곱 번째 손가락만 굽힌다.

그러면 굽힌 손가락의 왼쪽에는 6개의 손가락이 펴져 있고 오른쪽에는 3개의 손가락이 펴져 있다. 왼쪽의 6이 10의 자릿수이고 오른쪽의 3이 1의 자릿수이다. 따라서 $9 \times 7 = 63$이다.

같은 방식으로 9×4을 구해 보자. 다시 손가락 10개를 모두 편다. 그런 다음 왼쪽에서 네 번째 손가락만 굽힌다.

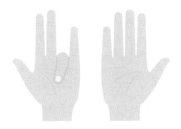

그러면 다음과 같이 굽힌 손가락의 왼쪽에는 3개의 손가락이 펴져 있고 오른쪽에는 6개의 손가락이 펴져 있다. 왼쪽의 3이 10의 자릿수이고 오른쪽의 6이 1의 자릿수이다. 따라서 $9 \times 4 = 36$이다.

이것이 가능한 이유는 구단 곱셈이 특이한 성질을 가지고 있기 때문이다. 하나는 구단의 결괏값이 모두 10의 자릿수와 1의 자릿수의 합이 9가 된다는 것이다.

$$9 \times 1 = 09 \rightarrow 0 + 9 = 9 \qquad 9 \times 2 = 18 \rightarrow 1 + 8 = 9$$

$$9 \times 3 = 27 \rightarrow 2 + 7 = 9 \qquad 9 \times 4 = 36 \rightarrow 3 + 6 = 9$$

$$\cdots$$

$$9 \times 8 = 72 \rightarrow 7 + 2 = 9 \qquad 9 \times 9 = 81 \rightarrow 8 + 1 = 9$$

다른 하나는 9와 곱하는 수가 그 결괏값의 10의 자릿수보다 항상 1만큼 크다는 것이다.

$$9 \times \underline{1} = \underline{0}9 \qquad 9 \times \underline{2} = \underline{1}8$$

$$9 \times \underline{3} = \underline{2}7 \qquad 9 \times \underline{4} = \underline{3}6$$

$$\cdots$$

$$9 \times \underline{8} = \underline{7}2 \qquad 9 \times \underline{9} = \underline{8}1$$

따라서 곱하는 수의 해당하는 손가락을 접으면 9개의 손가락이 남기 때문에 10의 자릿수와 1의 자릿수의 합과 같다. 또한 9와 곱해지는 수에 해당하는 손가락을 접었기 때문에 그 왼쪽에 있는 손가락의 개수는 곱해지는 수보다 1개 적을 수밖에 없다. 따라서 접은 손가락의 왼쪽 손가락의 개수가 10의 자릿수가 되고 그 오른쪽에 있는 손가락의 개수는 1의 자릿수가 된다.

인도에서는 9로 시작하는 두 자릿수끼리의 곱셈 방식을 만들었다. 예를 들어 93×95를 구해 보자. 먼저 100과의 차를 구한다. $100 - 93 = 7$이고 $100 - 95 = 5$이다. 이렇게 만들어진 7과 5를 더하고 곱하면 된다. 7과 5를 더한 12를 100에서 빼면 1000과 100의 자릿수가 된다.

$$100 - 12 = 88$$

그리고 7과 5를 곱한 35가 10과 1의 자릿수가 된다. 따라서 93×95의 값은 다음과 같다.

$$93 \times 95 = 8835$$

1의 자릿수가 5인 두 자리 자연수를 2번 곱하면 끝의 두 자리의 수는 언제나 25이다. 나머지 자리의 수는 10의 자릿수와 그 수에 1을 더한 수를 곱한 수가 된다. 즉, 25의 제곱수는 10의 자릿수인 2와 여기에 1을 더한 3을 곱한 6을 25 앞에 쓴 625이다. 또한 35의 제곱수는 10의 자릿수인 3과 여기에 1을 더한 4를 곱한 12를 25 앞에 쓴 1225이다. 어떤 수학자가 이 방식을 가장 먼저 사용했는지는 알 수 없다. 다만 어린 시절 나의 아버지께서 이 방법을 알려 주셨고 아직도 요긴하게 사용하고 있다. 계산기를 쓰지 못하는 한국의 수학 문제에서는 이런 형식의 계산이 자주 나타나기 때문에 특별히 실용적이다. 15의 제곱부터 95의 제곱은 다음과 같다.

$$15 \times 15 = \underline{2}25 \quad \leftarrow \quad 1 \times 2 = 2$$
$$25 \times 25 = \underline{6}25 \quad \leftarrow \quad 2 \times 3 = 6$$
$$\cdots$$
$$85 \times 85 = \underline{72}25 \quad \leftarrow \quad 8 \times 9 = 72$$
$$95 \times 95 = \underline{90}25 \quad \leftarrow \quad 9 \times 10 = 90$$

격자 곱셈이라고도 불리는 중국의 창문 살 곱셈법은 창문 살의 교점의 개수를 곱셈에 활용한 것이다. 2×4의 계산에서 2는 가로 살, 4는 세로 살로 하여 교차시키면 8개의 교점이 만들어진다. 그래서 $2 \times 4 = 8$이다.

두 자릿수 곱셈도 가능하다. 예를 들어 13×21을 창문 살 곱셈법으로 구해 보자. 13을 가로 살로 하고 21을 세로 살로 하자. 13은 가로 살 1개와 가로 살 3개를 간격을 두고 긋는다. 21도 세로 살 2개와 세로 살 1개를

간격을 두고 긋는다. 가로 살과 세로 살의 교점을 대각선 방향으로 더해
주면 차례로 100, 10, 1의 자릿수가 된다.

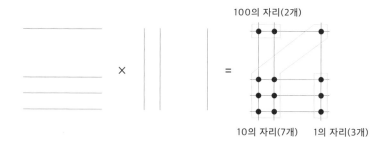

창문 살을 다음과 같이 약간 기울이고 대각선이 아니라 수직 방향으로
더하면 차례로 100, 10, 1의 자릿수가 되므로 계산하기에 조금 더 편하다.

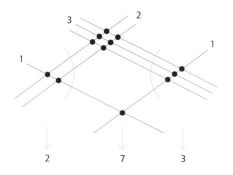

네이피어(John Napier, 1550~1617)는 '네이피어의 뼈'라고도 불리는 계
산 막대를 이용하였다. 그는 다음과 같이 10개의 막대기에 각각 0단부터
9단까지 미리 구구단을 써 놓았다.

235×7을 계산 막대를 이용하여 계산해 보자. 먼저 계산 판 위의 2, 3,
5 막대를 왼쪽부터 차례대로 올려놓는다.

2, 3, 5 막대의 일곱 번째 줄을
선택하여 다음과 같이 네모 칸 안
의 수들을 대각선 방향으로 더해
주면 된다.

네이피어의 뼈. 네이피어는 숫자를 새긴 뼈 모양의 막
대를 만들어 곱셈을 편하게 할 수 있게 만들었다.

	2		3		5		
1	0	2	0	3	0	5	
2	0	4	0	6	1	0	
3	0	6	0	9	1	5	
4	0	8	1	2	2	0	
5	1	0	1	5	2	5	
6	1	2	1	8	3	0	
7	1	4	2	1	3	5	
8	1	6	2	4	4	0	
9	1	8	2	7	4	5	

235×7을 계산하기 위해 2, 3, 5 막대가 7과 만나는 줄을 찾고, 그 수
를 대각선 방향으로 더해 읽기만 하면 된다. 1, 4＋2, 1＋3, 5이므로
235×7＝1645가 된다.

이렇게 계산하는 계산 막대의 원리는 현대수학의 방식과 같다.

덧셈과 곱셈의 검산

다양한 방법을 통한 큰 수의 곱셈은 결과가 정확한지 한눈에 알아보기 힘들었고, 이에 따라 계산 값이 정확한지 알기 위해 검산법이 등장했다. 인도의 수학자 바스카라(Bhaskara, 1114~?)[3]는 덧셈과 곱셈의 결과를 검산하는 구거법을 발견했다. 구거법에서 '구거(九去)'는 '구(9)를 보낸다'는 뜻이다.

먼저 덧셈의 결과를 구거법으로 검산하려면, 먼저 좌변의 자릿수의 합과 우변의 자릿수의 합을 구해야 한다. 그런 다음 좌변과 우변의 자릿값들의 합에서 9씩 계속 빼 주고 남은 수를 비교한다. 남은 수가 같으면 그 계산이 옳을 가능성이 크고 다르면 분명히 오답이다. 이때 남은 수가 같으면 옳을 가능성이 크다는 것일 뿐 100% 맞는 것은 아니라는 점에 주의해야 한다. 12의 자릿수를 모두 더하면 3이고 111도 자릿수를 모두 더하면 3이지만 두 수가 같지는 않다.

예를 들어 '294＋875＝1169'라는 계산을 검산해 보자. 좌변의 294와 875의 자릿수를 모두 더하면 다음과 같이 35가 된다.

$$2+9+4+8+7+5=35$$

35에서 9씩 계속 빼 주면 다음과 같이 8이 남는다.

$$35-9-9-9=8$$

우변의 1169의 자릿수의 합은 다음과 같이 17이다.

$$1+1+6+9=17$$

18에서 9를 빼 주면 8이 남는다.

$$18-9=8$$

좌변과 우변에서 남은 수가 같으므로 위 덧셈은 옳을 가능성이 크다.

곱셈의 결과를 구거법으로 검산하는 과정은 덧셈보다 복잡하다. 예를 들어 설명하는 것이 이해하기 좋을 것이다. 예를 들어 $65 \times 76 = 4940$을 검산해 보자. 먼저 좌변의 65의 모든 자릿수끼리 더한 다음 9를 빼주면 2가 남는다.

$$6+5=11 \rightarrow 11-9=2$$

좌변의 또 다른 항인 76의 모든 자릿수끼리 더한 다음 9를 빼주면 4가 남는다.

$$7+6=13 \rightarrow 13-9=4$$

좌변에서 남은 두 수를 곱하면 8이 되어 9보다 작으므로 8이 우변과 비교할 좌변의 수로 확정되었다.

$$2 \times 4 = 8$$

우변의 4940의 모든 자릿수의 합에서 9를 빼 주면 8이 된다.

$$4 + 9 + 4 + 0 = 17 \rightarrow 17 - 9 = 8$$

좌변과 우변에서 남은 수가 같으므로 구거법에 의해 위 곱셈은 옳을 가능성이 크다.

나눗셈에 관하여

덧셈을 반복하는 것을 표시하는 방법으로 곱셈이 있는 것처럼, 뺄셈을 반복하는 것을 표시하는 방법으로는 나눗셈이 있다. 복식부기(회계 장부 기록법)를 정리해 설명하고 근대 회계의 탄생에 중요한 역할을 한 이탈리아의 루카 파치올리(Luca Pacioli, 1447~1517)는 "나눗셈을 잘할 수 있다면 그 밖의 모든 것은 쉽다. 나머지 연산의 모든 것이 나눗셈에 들어 있기 때문이다."라고 말했다. 나눗셈이 쉽지 않다는 것을 역설적으로 표현한 말이다.

나눗셈은 주어진 빵을 공평하게 나누기 위한 셈이다. 예를 들어 6개의 빵을 A와 B 두 사람이 나눈다면, "너 하나 나 하나, 너 하나 나 하나, 너 하나 나 하나" 하여 다음과 같이 각자 빵 3개씩 갖게 된다.

A B

이렇게 나누는 방식을 뺄셈으로 바꿔 풀 수 있다. 즉, 두 사람이 빵을 1개씩 가져가면 다음과 같이 빵이 2개씩 줄어든다. 빵이 하나도 남지 않을 때까지 2개씩 가져가면 3번 만에 분배가 끝난다. 이때 3번은 뺄셈의 횟수를 의미하므로 나눗셈의 결과는 뺄셈의 횟수와 같다는 것을 알 수 있다.

$$6-2=4, 4-2=2, 2-2=0 \Leftrightarrow 6\div2=3$$

만일 18개의 빵을 A, B, C 3명이 나누면 한 사람당 몫은 어떻게 될까? 다음과 같이 빵을 하나씩 나누어 주면 각자 빵을 6개씩 가져가게 된다.

A B C

나눗셈을 뺄셈으로 바꿔 풀면 다음과 같이 뺄셈을 6번 하면 빵이 하나

도 남지 않게 된다. 뺄셈의 횟수가 곧 나눗셈의 결과이므로 18개의 빵을 3명이 나누면 한 사람당 6개의 빵을 나누어 갖게 된다.

$$18-3=15, 15-3=12, 12-9=9, 9-3=6, 6-3=3, 3-3=0$$

18에서 3을 여섯 번 빼면 0이 된다는 것은 0에서 3을 여섯 번 더하면 18이 된다는 뜻이기도 하다.

$$18-3-3-3-3-3-3=0 \longleftrightarrow 3+3+3+3+3+3=18$$

덧셈의 횟수는 곱셈이므로 이제 나눗셈을 곱셈으로 바꾸어 생각해서 풀 수 있게 된 것이다. 18을 3으로 나누는 문제를 예시로 살펴보자. 18÷3을 풀기 위해 우리는 다음과 같은 사고를 할 수 있다.

① 18 나누기 3은 얼마일까?
② 나눗셈과 곱셈은 반대 과정이니, 3을 곱했을 때 18이 되는 수를 찾아 보자.
③ 3 곱하기 6이 18이므로, 18 나누기 3은 6이다.

10진법을 이용한 나눗셈 알고리즘

408을 17로 나눈 몫은 다음의 세 가지 방식으로 풀 수 있다. 첫 번째는

408에서 17을 0이 될 때까지 계속 빼는 방식이다. 두 번째는 17을 408이 될 때까지 계속 더하는 방식이다. 세 번째는 17과 곱하여 408이 되는 수를 찾는 방식이다.

$$408-17-17-17-\cdots-17=0$$
$$17+17+17+\cdots+17=408$$
$$17\times\square=408$$

첫 번째 방식과 두 번째 방식은 비효율적이고 세 번째 방식은 무모하다. □에 도대체 어떤 수를 대입해야 한다는 말인가? 다음과 같이 10진법을 이용한 곱셈 방식을 적용하면, 17과 곱하여 정확히 408이 되는 수가 구해지지는 않지만, 408이 17의 20배와 30배 사이에 위치한다는 것은 분명히 알 수 있다.

$$17\times10=170$$
$$17\times20=17\times2\times10=340$$
$$17\times30=17\times3\times10=510$$

408에서 17의 20배에 해당하는 340을 빼면 다음과 같이 68이 남는다.

$$408-340=68$$

이제 68이 17의 몇 배인지만 구하면 된다. 다음과 같이 17의 2배, 4배를 구해 보면 68이 17의 4배라는 것을 알 수 있다.

$$17 \times 2 = 17 + 17 = 34$$
$$17 \times 4 = 34 + 34 = 68$$

408는 17의 '20배+4배'이므로 24배이다. 즉, 408을 17로 나눈 몫은 24이다.

이 과정은 다음과 같은 현대수학의 나눗셈 방식과 일치한다. 다만 이 과정에서 1720이나 174를 암산으로 처리하도록 배우기 때문에 나눗셈이 다른 셈보다 어렵게 느껴질 뿐이다.

$$
\begin{array}{r}
24 \\
17\overline{)408} \\
\underline{340} \rightarrow 17 \times 20 = 340 \\
68 \\
\underline{68} \rightarrow 17 \times 4 = 68 \\
0
\end{array}
$$

그런데 만일 빵 8개를 3명이 나누면 한 사람당 2개씩 가져가고 빵 2개가 남게 된다. 이제 남은 빵 2개를 잘라서 3명이 나누어 가져야 한다. 예나 지금이나 애매하게 남은 것을 분배하는 것은 어려운 일이다. 누군가가 받지 않고 포기하겠다면 쉽게 끝나는 일이지만, 그렇지 않은 경우에는 공평한 분배가 필요하다. 옛날 사람들도 같은 문제를 겪고, 새로운 방법으로 이 문제를 해결했다. 이른바 분수의 탄생이다.

Chapter 6

하나를
자르다

셀 수 없는 것을 세는 기본 원리는 단위를 이용하여 단위의 몇 배로 나타내는 것이다. 문제는 주어진 단위보다 더 작은 대상을 세야 할 때다. 두 가지 방법이 있다. 하나는 더 작은 단위를 만드는 것이고 다른 하나는 새로운 표식을 만드는 것이다.[1] 즉, 전자는 센티미터(cm)보다 작은 단위인 밀리미터(mm) 같은 단위를 만드는 것이고, 후자는 $\frac{1}{10}$(cm)과 같은 새로운 표식을 만드는 것이다. 1cm는 10mm이다. 여기서 후자의 방법이 분수이다.

분수(fraction)라는 말은 라틴어 fractio에서 온 말로 카스르(kasr) 즉, '잘려진'이라는 뜻의 아라비아어를 번역한 것이다. 분수(分數)의 '分'자 역시 '자르다'라는 뜻이 있으니 직역에 가까운 번역이라고 할 수 있겠다. 다시 말해서 분수는 새로운 단위를 만들지 않고 기존의 단위를 계속 사용하기 위해서 '하나'를 자르는 표시법이라고 할 수 있다.

문명 초기에 분수는 단순히 빵 반 개, 반의 반 개 등을 표시하는 수단이었다. 새로운 수로 나아갈 때 가장 중요한 것이 상등(＝서로 같음)을 정의하는 것이다. 이들은 빵 1개를 둘이 나누는 몫과 빵 2개를 4명이 나누는 몫이 빵 반 개로 같다는 것을 깨달았다. 상등을 이용하면 분수를 다른 모양으로 변신시킬 수 있다. 상등을 이용하여 2개 이상의 분수의 분모를 같게 변신시키면서 분수의 덧셈과 뺄셈을 할 수 있게 되었다. 더 나아가 분수끼리 곱하거나 나누는 방법까지 발견하면서 분수의 사칙연산이 가능하게 되었다. 이로써 분수는 비로소 1보다 작은 양의 표식을 넘어서 온전한 '수' 취급을 받게 되었다.

문명 초기의 분수 표기법

문명 초기에는 숫자가 고유한 양을 표시한 것처럼 분수도 고유한 표식을 가지고 있었다. 가장 먼저 분수를 표시한 이집트 문명에서는 신화 속 주인공인 호루스 왕의 눈 조각을 분수의 표식으로 사용했다. 이집트 신화 속에서 아버지를 죽인 원수이자 삼촌인 세트에게 복수하는 과정에서 호루스는 그의 보석 같은 눈이 산산조각나게 된다.[2] 이집트인들은 아마도 하나가 여러 개로 쪼개진 것에서 분수를 나타내는 표식에 대한 아이디어를 떠올린 듯하다.

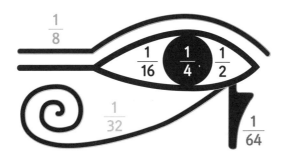

호루스의 눈. 고대 이집트인들은 신화 속 호루스의 눈이 쪼개진 것을 통해 분수를 나타내는 표식에 대한 아이디어를 떠올렸을 것이다.

6개로 조각난 호루스의 눈은 눈꼬리에서부터 시계 반대 방향으로 각각 $\frac{1}{2}$, $\frac{1}{4}$, $\frac{1}{8}$, $\frac{1}{16}$, $\frac{1}{32}$, $\frac{1}{64}$ 을 표시한다. 위 그림에서 화살표를 따라가면 된다.

호루스의 눈 조각	눈 조각 해설	눈 조각이 표시하는 양	지금의 표기법
	코 방향의 눈꼬리	빵 반 조각	$\frac{1}{2}$
	눈동자	빵 반의 반 조각	$\frac{1}{4}$
	눈썹	빵 반의 반의 반 조각	$\frac{1}{8}$
	코 반대 방향의 눈꼬리	—	$\frac{1}{16}$
	눈에서 귀 방향의 주름	—	$\frac{1}{32}$
	눈물 자국	—	$\frac{1}{64}$

로마 문명도 1보다 작은 양에 대해서 고유한 표식과 이름을 가지고 있었다. 이들은 기본 단위인 I(1)을 12등분하여 다음과 같이 사용하였다.[3] 10등분이 아니라 12등분한 이유는 12의 약수가 10보다 더 많아서였을 것이다. 5개의 I을 V로 표기하는 관습을 그대로 이어받아 6개의 ●을 S라고 표기하는 것이 주목할 만하다.

분수 표기	로마 숫자	이름	뜻
$\frac{1}{12}$	●	Uncia	$\frac{1}{12}$
$\frac{2}{12}$	● ●	Sextans	$\frac{1}{6}$
$\frac{3}{12}$	⦂●	Quadrans	$\frac{1}{4}$
$\frac{4}{12}$	⦂⦂	Triens	$\frac{1}{3}$
$\frac{5}{12}$	⁙	Quincunx	$\frac{1}{12}$의 5배
$\frac{6}{12}$	S	Semis	$\frac{1}{2}$
$\frac{7}{12}$	S ●	Septunx	$\frac{1}{12}$의 7배
$\frac{8}{12}$	S ● ●	Bes	$\frac{1}{3}$의 2배
$\frac{9}{12}$	S⦂●	Nonuncium	$\frac{1}{12}$의 9배
$\frac{10}{12}$	S⦂⦂	Decunx	$\frac{1}{12}$의 10배
$\frac{11}{12}$	S⁙	Deunx	1보다 $\frac{1}{12}$이 작다는 뜻
1	I	As	기본 단위

천문학에 능통했던 바빌로니아 문명에서는 별과 별 사이의 거리를 각도로 구하는 방법을 알고 있었다. 그런데 때로는 그 각도가 1도보다도 작을 때가 있었다. 60진법을 사용하는 바빌로니아 문명에서는 1보다 더 작

은 각도를 표시하기 위해서 새로운 표식을 만들 필요가 없었다. 60을 나타낼 때와 마찬가지로, 𒌋 오른쪽에 𒌋을 쓰면 자연스럽게 $\frac{1}{60}$을 표시한다.

$$\text{𒌋} = 1\text{도}$$
$$\text{𒌋 𒌋} = 1+\frac{1}{60}\text{도}$$

문제는 소수점을 사용하지 않았던 바빌로니아 문명에서는 𒌋 𒌋이 60+1일 수도 있다는 것이다. 𒌋 𒌋이 '60+1'인지 '$1+\frac{1}{60}$'인지는 다음과 같이 맥락에 의해서 판단해야 했을 것이다.

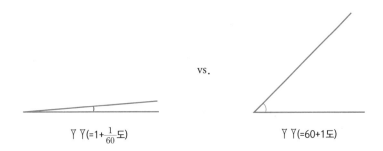

사실 바빌로니아 문명에서 1보다 작은 양을 표시하는 방법은 분수보다 소수에 가깝다. 10진법에서 1.1이라는 소수 표기가 $1+\frac{1}{10}$을 의미하는 것과 똑같은 방식으로 60진법에서 𒌋 𒌋 또한 $1+\frac{1}{60}$을 의미한다.

이집트 분수 표기법

이야기 전개를 위해서 지금의 분수 표기법에 대해 미리 설명하는 것이 나을 듯하다. 다음과 같이 나누어지는 수(빵의 개수)와 나누는 수(일꾼의 수) 사이에 가로선을 긋는 분수 표기법은 이탈리아의 피보나치가 처음 사용했다고 알려져 있다.

$$빵 \, 1개를 \, 2명이 \, 나눌 \, 때 \, 1명이 \, 가져가는 \, 몫 = \frac{1}{2}$$

$$빵 \, 2개를 \, 3명이 \, 나눌 \, 때 \, 1명이 \, 가져가는 \, 몫 = \frac{2}{3}$$

이때 빵의 개수를 분자(numerator)라고 하고 일꾼의 수를 분모(denominator)라고 한다. 그리고 분자가 1인 경우를 단위분수라고 말한다.

이제 다시 고대 이집트로 돌아가 보자. 1보다 작은 다양한 양을 표시하기 위해서 호루스의 눈 조각 표식으로는 부족하다. 피라미드를 건설하기 위해서 동원한 수많은 일꾼에게 빵을 공평하게 나눠 주고 그것을 기록해야 했던 이집트 관료들은 새로운 방식을 만들었을 것이다. 아마도 처음에는 빵 그림 옆(또는 밑)에 그것을 나누어 가진 사람의 수를 표시했을 것이다. 다음은 빵 1개를 3명이 나눠 가진 것으로 $\frac{1}{3}$을 의미한다.

이런 표기법은 다음과 같이 빵 아래에 그것을 나눠 가진 사람의 수를

표시하는 방식으로 굳어졌다. 지금의 분수 표기법으로 보면 분자 자리에 1만 쓸 수 있는 방식이다.

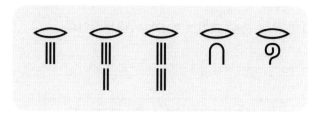

이집트의 분수 표기법. **빵처럼 보이는 그림 밑에 수를 써서 값을 나타냈다.**

그런데 이집트 분수 표기법 중에서 $\frac{1}{2}$과 $\frac{2}{3}$만이 규칙에서 벗어난다. 규칙대로라면 $\frac{1}{2}$은 빵 1개 밑에 ||를 써야 하고 $\frac{2}{3}$처럼 분자에 2를 쓰는 분수는 존재할 수가 없지만, 다음과 같은 모양으로 살아남았다.

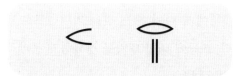

$\frac{1}{3}$과 $\frac{2}{3}$를 표시하는 이집트 숫자. **자주 쓰는 수로, 규칙이 적용되지 않았다.**

이는 자주 쓰는 단어는 규칙을 따르지 않았던 결과로 보인다. $\frac{1}{2}$을 표시하는 빵 반 개 모양은 가장 많이 사용하는 표식이었기 때문에 새로운 규칙을 따르지 않고 살아남았을 것이다. 빵 사이에 막대기 2개를 꽂은 듯한 모양도 빵 1개를 3등분한 ◯▯에서 막대기 2개를 약간 밑으로 내린 모양으로 바뀌어 살아남은 것처럼 보인다. 이 모양은 역사적 맥락을 고려하지 않으면 당연히 $\frac{1}{2}$을 표시하는 것처럼 보이지만, 오랫동안 지속적으로 $\frac{2}{3}$의 표식이었기 때문에 사라지지 않고 남았을 것이다.

$\frac{2}{3}$를 제외하고는 분자 자리에 2를 쓰는 분수 표기는 모두 사라졌다. 새로운 과제는 기존에 사용하던 분자 자리에 2 이상이 오는 분수를 어떻게 분자 자리에 1만 쓰는 분수 표기법으로 나타내는가였다.

분자가 1이 아닌 분수를 표기하는 법

오늘날 분수를 배운 학생에게 빵 2개를 5명에게 나눠 줄 때 한 사람당 얼마를 가져가는지 물어보면 어렵지 않게 $\frac{2}{5}$라고 대답할 것이다. 그런데 $\frac{2}{5}$는 빵 2개를 5명이 나누라는 문제의 답이 아니라 문제 자체의 다른 표현일 뿐이다. $\frac{1}{5}+\frac{1}{5}$로 답하는 것 역시 빵 1개를 먼저 5명에게 나눠 주고 나머지 빵 1개도 5명에게 나눠 주는 것을 의미하므로 $\frac{2}{5}$와 다름없이 동어반복에 불과하다. 노동에 대한 대가를 정확하게 분배해야 했던 고대 문명은 어떻게 해결했을까?

이집트 문명은 이 문제를 철저하게 양적 개념으로 접근했다. 한 사람의 몫이 빵 1개를 기준으로 최대한 얼마만큼인지 알기를 원했다. 그래서 다음과 같이 빵 1개를 2조각으로 나누어 보고 모자라면 3조각으로 나누어 봤다. 그리고 그것도 모자라면 더 많은 조각으로 나누는 방식을 만들어 냈다.

먼저 빵 2개를 모두 반씩 자르면 다음과 같이 4조각밖에 안 되기 때문에 5명에게 나누어 주기에는 1조각이 모자라다. 따라서 한 사람의 몫은 빵 반 개보다는 작다.

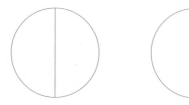

빵 1개를 2조각씩 나누는 경우. 2개를 4조각 냈으므로, 5명 이 나눠 갖기에는 부족하다.

이제 빵 1개를 3조각씩 자르면 다음과 같이 모두 6조각이 되어 5명에 게 1조각씩 나누어 주고도 1조각이 남는다. 따라서 한 사람의 몫은 빵 1개 의 $\frac{1}{3}$보다 많다.

빵 1개를 3조각씩 나누는 경우. 2개를 6조각 냈으므로, 5명이 나눠 가지면 1조각이 남게 된다.

따라서 빵 2개를 5명이 나누면 한 사람당 빵 반 개보다는 작지만 $\frac{1}{3}$보 다는 많은 몫을 갖게 된다. 이제 남은 1조각을 5등분하여 한 사람당 1조 각씩 가져가면 분배가 끝난다. $\frac{1}{3}$조각을 5등분하면 빵 1개의 $\frac{1}{15}$이 된다. 다음 그림에서 색칠한 부분이 한 사람이 가져가는 양이다.

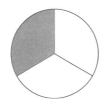

빵 2개를 5명이 나눠 갖는 경우. 2개를 6조각 내어 1조각씩 가진 뒤, 남은 1조각을 다시 5등분해서 나눠 준다.

이 변환을 수식으로 표현하면 다음과 같다. 이 수식은 빵 2개를 5명이 나누면 한 사람의 몫이 빵 1개의 $\frac{1}{3}$조각보다 조금 더 많다는 것을 의미한다. 이것이 이집트 문명에서 분자가 1이 아닌 분수를 분자가 1인 분수로 변환하는 방법이다.

$$\frac{2}{5} = \frac{1}{3} + \frac{1}{15}$$

하지만 분자가 1이 아닌 분수가 나올 때마다 이렇게 변환하는 것은 여간 귀찮은 일이 아니다. 물론 쉬운 일도 아니다. 따라서 이집트 문명에서는 이렇게 변환한 결과를 표로 만들어서 마치 '공식'처럼 사용할 수 있도록 했다.

린드 파피루스의 분수 변환표

린드 파피루스(Rhind Papyrus)는 헨리 린드(Alexander Henry Rhind, 1833~1863. 스코틀랜드 법률가였으나 휴양 중에 린드 파피루스를 발견한 것을 계기로 고고학 연구를 시작했다)가 휴양차 들렀던 이집트에서 구입한 것으로 알려진 물건이다. 변호사였지만 고고학에 깊은 관심을 가지고 있던 린드는 이 고대 유물을 연구했다. 린드 파피루스에는 분자가 2인 분수를 단위분수로 변환하는 방법을 미리 계산해 놓은 '분수 변환표'가 있다. 이 변환표가 린드 파피루스 전체 내용의 $\frac{1}{3}$ 정도를 차지하는 것으로 보아 당시에는 매우 중요한 셈법이었음을 알 수 있다.

다음의 표는 식 $\frac{2}{n} = \frac{1}{a} + \frac{1}{b} + \frac{1}{c} + \frac{1}{d}$ 을 이용하여 2개의 빵을 n명이 나눌 때 한 사람이 가져가는 몫을 미리 구해 놓은 것이다. 즉, 분자가 2인 분수를 분자가 1인 분수들의 합으로 변환한 것으로 보면 된다. 첫 행의 5, 3, 15는 앞에서 설명한 $\frac{2}{5} = \frac{1}{3} + \frac{1}{15}$ 에서 분모에 쓰여 있는 숫자들이다.

n	a	b	c	d
5	3	15		
7	4	28		
9	6	18		
11	6	66		
13	8	52	104	
15	10	30		
17	12	51	68	
29	24	58	174	232
43	42	86	129	301

표를 자세히 보면, 한 가지 궁금한 점이 생긴다. $\frac{2}{13}$ 는 빵 2개를 13명이 나누는 것이다. 빵 1개를 7조각씩 나누면 모두 14조각이 되고, 13명에게

1조각씩 나누어 주고도 1조각이 남기 때문에 $\frac{1}{7}$로 시작하면 더 쉽게 구할 수 있다.

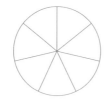 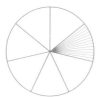

$\frac{2}{13} = \frac{1}{7} + \frac{1}{91}$인 경우. 이 경우 $\frac{2}{13} = \frac{1}{8} + \frac{1}{52} + \frac{1}{104}$라는 복잡한 식보다 간단하게 구할 수 있다.

그런데 왜 $\frac{1}{8}$로 시작했을까? 빵을 짝수 개로 나누는 것이 홀수 개로 나누는 것보다 편리하기 때문이었을 것이다. 린드 파피루스의 단위분수 변환표를 보면 대부분 짝수인 것을 알 수 있다. 이것 이외에도 단위분수 변환표에는 숨겨진 비밀이 더 있다. 이것은 이 장의 뒷부분에서 다시 다룰 것이다.

<hr>

더 알아보기

그리스 문명의 분수 표기법

그리스 문명에서는 어깨점을 이용하여 분수를 표시했다. 분자는 어깨점 하나, 분모는 어깨점 2개를 찍어서 구분했다. 분모임을 명확하게 하기 위해서 분모를 2번 쓰기도 했다.

$$\frac{2}{3} = \beta'\gamma'' \text{ 또는 } \beta'\gamma''\gamma'' \ (\beta = 2, \ \gamma = 3)$$

그리스 분수 표기법의 특이한 점은 단위분수를 표기할 때는 다음과 같이 분자를 쓰지 않고 분모만으로 분수를 표시했다는 점이다.

$$\frac{1}{3} = \gamma''$$

이런 식으로 분수를 표시하는 것은 대단히 불편한 일이었기 때문에 바빌로니아 문명의 60진법을 사용하여 1보다 작은 양을 표시했다.

분수의 계산

단순히 양을 표시하는 것에서 '수'로 나아가기 위해서는 반드시 셈을 하는 방식이 만들어져야 한다. 분수의 셈에서 가장 중요한 것은 분수의 상등이다. 수학에서 상등(相等)은 서로 같다는 뜻이다. $\frac{1}{2}$과 $\frac{2}{4}$처럼 분모가 다르더라도 서로 같은 분수임을 알아야 분수끼리 더하거나 뺄 수 있다. 하지만 이 개념은 꽤 어려운 개념이었을 것이다.

다음의 이야기는 분수의 상등을 깨닫는 과정을 가상으로 구성해 본 것이다. 분수에 대한 기록이 많은 이집트 문명을 배경으로 하였다.

어느 날 피라미드 건설에 참여한 아버지가 빵 하나의 $\frac{1}{3}$조각과 $\frac{1}{15}$조각을 가져왔다. 호기심 많은 그의 아들은 그날 빵 몇 개를 몇 명이 나누어 가졌는지 궁금했다.

아들은 $\frac{1}{15}$조각을 보고 15명에게 빵 1개를 15등분하여 나눠 준 것이라고 생각했다. 또한 빵 $\frac{1}{3}$조각씩 15명이 나눠 가지려면 빵이 5개 더 있어야 한다고 추측했다. 그리고는 빵 6개를 15명이 나누어 가진 것이 틀림없다고 의기양양하게 아버지에게 말했다.

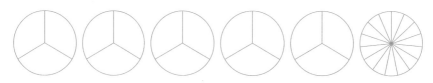

이야기 속 분수의 상등을 모르는 아들의 생각. **15명이 빵 6개를 나눠 가졌을 것으로 추측했을 것이다.**

그러자 아버지는 웃으면서 빵 2개를 5명이 나눠 가진 것이라고 말한다. 아들은 땅바닥에 원 2개를 그려서 $\frac{2}{5}=\frac{1}{3}+\frac{1}{15}$ 식이 맞는 것을 확인하고는 뭔가에 홀린 듯한 표정을 짓는다.

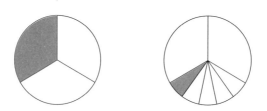

아버지의 설명. **빵 2개를 5명이 나눠 가져도 결과는 같다.**

하지만 호기심 많은 아들은 포기하지 않고 땅바닥에 여러 가지 그림을 그리다가 다음과 같은 그림을 그리고는 무릎을 탁 쳤다.

"맙소사. 15명이 6개의 빵을 나눠 가지는 것과 5명이 2개의 빵을 나눠 가질 때 한 사람이 가져갈 몫이 같다니! 심지어 빵 4개를 10명이 나눠 가질 때와 8개의 빵을 20명이 나눠 가질 때도 한 사람이 가져가는 몫이 같아!"

아들의 생각을 정리하면 다음과 같다.

빵 4개를 10명이 나눌 때 한 사람이 가져갈 몫과 빵 2개를 5명이 나눌 때 한 사람이 가져갈 몫은 같다. 즉, 10명을 다음과 같이 두 조로 나누면, 각 조는 빵 2개를 5명이 나누게 된다.

1조 : 🍞🍞 / 2조 : 🍞🍞

이것을 수식으로 표현하면 다음과 같다.

$$\frac{4}{10} = \frac{4 \div 2}{10 \div 2} = \frac{2}{5}$$

빵 6개를 15명이 나눌 때 한 사람이 가져갈 몫과 빵 2개를 5명이 나눌 때 한 사람이 가져가는 몫은 같다. 즉, 15명을 3조로 나누면, 각 조는 빵 2개를 5명이 나누게 된다.

1조 : 🍞🍞 / 2조 : 🍞🍞 / 3조 : 🍞🍞

이것을 수식으로 표현하면 다음과 같다.

$$\frac{6}{15} = \frac{6 \div 3}{15 \div 3} = \frac{2}{5}$$

빵 8개를 20명이 나눌 때 한 사람이 가져갈 몫과 빵 2개를 5명이 나눌 때 한 사람이 가져가는 몫도 같다. 즉, 20명을 4조로 나누면, 각 조는 빵 2개를 5명이 나누게 된다.

1조 : 🍞🍞 / 2조 : 🍞🍞 / 3조 : 🍞🍞 / 4조 : 🍞🍞

이것을 수식으로 표현하면 다음과 같다.

$$\frac{8}{20} = \frac{8 \div 4}{20 \div 4} = \frac{2}{5}$$

아들은 분자와 분모를 같은 수로 나눠도 분수가 표시하는 양이 같다고 확신했다. 그런데 나누는 것과 곱하는 것은 사실 동전의 앞뒷면과 같다. 다시 말해서, 분자와 분모를 같은 수로 나눌 수 있다면 다음과 같이 분자와 분모에 같은 수를 곱해도 분수가 의미하는 양은 변하지 않는다.

$$\frac{2}{5} = \frac{2 \times 2}{5 \times 2} = \frac{4}{10}, \ \frac{2}{5} = \frac{2 \times 3}{5 \times 3} = \frac{6}{15}, \ \frac{2}{5} = \frac{2 \times 4}{5 \times 4} = \frac{8}{20}$$

분수의 덧셈

그러던 어느 날 아버지가 빵 하나의 $\frac{1}{2}$조각과 $\frac{1}{3}$조각을 가지고 오셨다. 3이 2의 배수가 아니라서 몇 명을 기준으로 잡아야 할지 감이 오지 않았다. 이때 아들은 분자와 분모에 같은 수를 곱해도 양이 변하지 않는 원리인 분수의 상등을 떠올렸다.

$$\frac{1}{2} = \frac{2}{4} = \frac{3}{6} = \cdots$$
$$\frac{1}{3} = \frac{2}{6} = \cdots$$

이 원리를 이용해서 분모가 다른 두 분수의 분모를 6으로 같게 만들었다. 이제 아들은 몇 개의 빵을 몇 명이 나눠 가졌는지 알 수 있었다.

$\frac{3}{6}$은 빵 3개를 6명이 나눠 가지는 상황이고 $\frac{2}{6}$는 빵 2개를 6명이 나눠 가지는 상황이므로 결국 빵 5개를 6명이 나눠 가지는 것으로 간주해도 된다.

다시 말해서, $\frac{1}{2} + \frac{1}{3}$은 $\frac{3}{6} + \frac{2}{6}$와 같고 분자끼리 더한 $5(=3+2)$개의 빵을 6명이 나누었을 때 한 사람이 가져가는 몫에 해당한다.

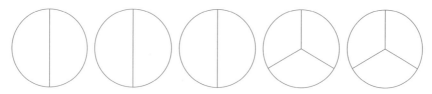

이야기 속 아들의 생각. 이번엔 분수의 상등을 이용해서 간단하게 해결했다.

아들은 분수의 분모를 같게 하면 다음과 같이 분자끼리 더할 수 있다는 분수의 덧셈의 원리까지 터득했다.

$$\frac{1}{2}+\frac{1}{3}=\frac{3}{6}+\frac{2}{6}=\frac{3+2}{6}=\frac{5}{6}$$

아들이 사용한 방식을 정리하면 다음과 같다.

먼저 분모가 같으면, 분자끼리 더할 수 있다.

$$\frac{1}{5}+\frac{2}{5}=\frac{3}{5}$$

만일 분모가 다르면, 분수의 상등 원리를 이용하여 분모를 같게 한다. 분모가 다른 두 분수의 분모를 같게 만드는 이 과정을 통분이라고 한다. 예를 들어 $\frac{1}{4}$과 $\frac{1}{6}$의 분모는 다음과 같이 12로 같게 만들 수 있다.

$$\frac{1}{4}=\frac{2}{8}=\frac{3}{12}=\cdots$$
$$\frac{1}{6}=\frac{2}{12}=\cdots$$

분모가 같아지면 분자끼리 더할 수 있다.

$$\frac{1}{4}+\frac{1}{6}=\frac{3}{12}+\frac{2}{12}=\frac{3+2}{12}=\frac{5}{12}$$

분수의 상등의 원리를 이용한 이집트의 계산법은 지금으로 따지면 분모의 최소공배수를 구한 것과 같다. 좋은 방법이지만, 상등의 원리를 이용하여 최소공배수를 구하는 것으로는 11과 13 같은 수가 분모에 있을 때 엄청난 시간이 필요하다는 한계가 있다. 다른 문명권에서는 어떤 방법을 사용했는지 이번엔 중국으로 넘어가 보자.

중국의 분수

중국의 수학 고전인 『구장산술(九章算術)』의 제1장 '방전(方田)'은 논과 밭의 경계와 넓이를 다루는 부분인데, 여기서도 분수 덧셈의 풀이 방법을 다음과 같이 설명하고 있다.

"한 분수의 분자와 나머지 분수의 분모들을 모두 곱해서 더한 것을 나눔수로 삼고 분모들끼리 서로 곱한 것을 나눗수로 삼아서 나눔수를 나눗수로 나눈다. 분모가 같은 분수는 분자들끼리 더하면 된다."

요즘 말로 하면 이렇다. "분수의 분모가 같으면 분자들끼리 더하라. 만일 분모가 다르면 일단 분모끼리 곱하라. 이것은 새로운 분수의 분모가 된다. 그리고 한 분수의 분자와 나머지 분수의 분모들을 모두 곱해서 더한 것을 새로운 분수의 분자로 삼으라."

예를 들어 $\frac{2}{3}+\frac{4}{5}$은 분모가 서로 다르므로 분모끼리 곱한 15가 새로운 분수의 분모가 된다. 그리고 $\frac{2}{3}$의 분자인 2와 $\frac{4}{5}$의 분모인 5를 곱한 값인 10과 $\frac{4}{5}$의 분자인 4와 $\frac{2}{3}$의 분모인 3을 곱한 값인 12를 더해서 새로운 분수의 분자로 삼는다. 이 과정을 수식으로 정리하면 다음과 같다.

$$\frac{2}{3}+\frac{4}{5}=\frac{2\times5+4\times3}{3\times5}=\frac{22}{15}$$

위 계산을 분수의 상등을 이용한 덧셈으로 하면 다음과 같다.

$$\frac{2}{3} = \frac{2 \times 5}{3 \times 5} = \frac{10}{15}, \ \frac{4}{5} = \frac{4 \times 3}{5 \times 3} = \frac{12}{15} \text{이므로}$$

$$\frac{2}{3} + \frac{4}{5} = \frac{10}{15} + \frac{12}{15} = \frac{10+12}{15} = \frac{22}{15}$$

『구장산술』의 방식 역시 3과 5의 최소공배수를 이용해 계산했다. 공배수는 공통의 배수를 의미하며 최소공배수는 공배수 중에 가장 작은 수를 뜻한다. 이는 이집트 문명의 알고리즘보다 효율적으로 보이지만 보이는 것이 전부가 아니다. 6과 8처럼 분모의 곱이 최소공배수가 아니면 번거로운 계산이 더 필요할 뿐만 아니라, 14와 21처럼 분모의 수가 클 경우엔 두 수를 곱하기 어렵다는 한계도 갖고 있기 때문이다.

최소공배수를 이용한 분수의 덧셈

구장산술의 방식과 분수의 상등을 이용한 방식에는 일장일단이 있다. 예를 들어 $\frac{1}{5}$과 $\frac{1}{6}$의 합을 구할 때는 구장산술의 방식이 낫다. 분수의 상등 방식을 이용하면, 다음과 같이 두 분수의 분모가 같아질 때까지 여러 번 변형해야 하지만 구장산술의 방식에서는 두 분수의 분모를 곱해서 $30(=5 \times 6)$을 바로 구할 수 있다.

$$\frac{1}{5} = \frac{2}{10} = \frac{3}{15} = \frac{4}{20} = \frac{5}{25} = \frac{6}{30}$$

$$\frac{1}{6} = \frac{2}{12} = \frac{3}{18} = \frac{4}{24} = \frac{5}{30}$$

하지만 $\frac{5}{12}$과 $\frac{11}{18}$의 합을 구할 때는 이집트 방식이 낫다. 분모끼리 곱하면 216($=12 \times 18$)이 되어 다음과 같이 분수의 상등을 이용해서 구한 분모인 36보다 훨씬 큰 수를 계산해야 한다.

$$\frac{5}{12} = \frac{10}{24} = \frac{15}{36}$$
$$\frac{11}{18} = \frac{22}{36}$$

그렇다면 두 알고리즘의 장점은 살리면서 단점을 없애는 방법은 없을까? 두 알고리즘의 장점은 모두 분모가 최소공배수일 때 가장 편해진다. 즉, 분모를 같게 만들기 위해서 분수의 변형을 여러 번 하지 않으면서도 분모의 크기는 가능한 한 작게 하는 방법을 찾기 위해서는 분모의 최소공배수를 알아야 한다.

예를 들어 $\frac{5}{12}$과 $\frac{11}{18}$의 합을 최소공배수를 이용한 방식으로 풀어 보자. 먼저 두 분수의 분모인 12와 18의 공배수를 구한다.

$$12, \ 24, \ 36, \ 48, \ 60, \ 72, \ \cdots$$
$$18, \ 36, \ 54, \ 72, \ 90, \ 108, \ \cdots$$

다음은 12와 18의 공배수이다. 이 중에서 최소공배수는 36이다.

$$36, \ 72, \ 108, \ \cdots$$

분수의 상등 원리를 이용하여 $\frac{5}{12}$과 $\frac{11}{18}$의 분모를 36으로 같게 한다.

$$\frac{5}{12} = \frac{5 \times 3}{12 \times 3} = \frac{15}{36}$$

$$\frac{11}{18} = \frac{11 \times 2}{18 \times 2} = \frac{22}{36}$$

분모가 같아지면, 두 분수의 분자끼리 더하면 된다.

$$\frac{5}{12} + \frac{11}{18} = \frac{15}{36} + \frac{22}{36} = \frac{15 + 22}{36} = \frac{37}{36}$$

최소공배수를 쉽게 구하는 방식은 여러 가지가 있지만, 여기서는 일단 한 가지 방식만 소개하고 넘어가려 한다.

12와 18 모두 6의 배수이므로 다음과 같이 변형할 수 있다. 이때 6과 곱해지는 수는 다음 식의 2와 3처럼 배수 관계가 아니어야 한다.

$$12 = 6 \times 2$$

$$18 = 6 \times 3$$

이제 12에는 3을 곱하고 18에는 2를 곱하면 두 수가 36으로 같아진다. 이렇게 구한 36이 12와 18의 최소공배수이다.

$$6 \times 2 \times 3 = 6 \times 3 \times 2 = 36$$

분수의 뺄셈

분수의 뺄셈 방식은 기본적으로 덧셈 방식과 같다. 분모를 같게 한 다음 분자끼리 빼면 마무리된다.

예를 들어 $\frac{1}{2} - \frac{1}{3}$을 풀어 보자. 두 수의 분모인 2와 3은 배수 관계가 없으므로 두 수를 곱한 6을 공통 분모로 삼는다. $\frac{1}{2}$의 분자, 분모에는 똑같이 3을 곱하고 $\frac{1}{3}$의 분자, 분모에는 똑같이 2를 곱하면 된다.

$$\frac{1}{2} = \frac{1 \times 3}{2 \times 3} = \frac{3}{6}$$

$$\frac{1}{3} = \frac{1 \times 2}{3 \times 2} = \frac{2}{6}$$

분모가 같은 분수는 분모는 그대로 두고 분자끼리 빼면 된다.

$$\frac{3}{6} - \frac{2}{6} = \frac{3-2}{6} = \frac{1}{6}$$

$\frac{3}{6} - \frac{5}{12}$와 같이 분모인 8과 12 사이에 배수 관계가 있는 분수의 뺄셈에서는 두 수를 곱해서 분모로 삼는 대신에 8과 12의 최소공배수를 구하여 분모를 같게 하면 된다. 다음은 8과 12의 배수들이다.

$$8,\ 16,\ 24,\ 32,\ 40,\ 48,\ 56,\ 64,\ 72,\ \cdots$$
$$12,\ 24,\ 36,\ 48,\ 60,\ 72,\ \cdots$$

8과 12의 최소공배수는 24이므로 분수의 상등 원리를 이용하여 $\frac{7}{8}$과 $\frac{5}{12}$의 분모를 24로 같게 만든다.

$$\frac{7}{8} = \frac{7 \times 3}{8 \times 3} = \frac{21}{24}$$

$$\frac{5}{12} = \frac{5 \times 2}{12 \times 2} = \frac{2}{6}$$

분모가 같은 분수는 분모는 그대로 두고 분자끼리 빼면 된다.

$$\frac{21}{24} - \frac{10}{24} = \frac{21-10}{24} = \frac{11}{24}$$

더
알아보기

분수의 크고 작음

수의 가장 중요한 특징 중에 하나가 양이나 크기를 비교할 수 있다는 것이다. 인도-아라비아 숫자를 기반으로 한 10진법의 장점 중 하나는 '크고 작음'을 비교하기 쉽다는 것이다. 예를 들어 1001과 999 중에 어떤 수가 큰지는 직관적으로 쉽게 알 수 있다. 1001은 네 자릿수이고 999는 세 자릿수이기 때문에 자릿값을 따지지 않아도 1001이 큰 수라는 것을 안다. 하지만 대부분의 기수법에서는 숫자가 의미하는 양을 따져야 크기를 비교할 수 있다. 예를 들어 로마 숫자로 1001은 MI이고 999는 CMXCIX이라 숫자의 개수로 크고 작음을 비교하는 것은 불가능하다.

분수는 자연수와 비교하면 크고 작음을 비교하기 상당히 어렵다. 분모가 같으면 분자의 크기가 곧 분수의 크기가 되지만, 분모가 다른 분수 중에 비슷한 양을 표시하는 분수는 분모를 같게 하지 않으면 그 크기를 직관적으로 비교하기 어렵다.

예를 들어 $\frac{5}{7}$와 $\frac{8}{11}$ 중에 어느 분수가 더 큰 양을 표시하는지 직관적으로 알기 어렵다. 반면 소수는 분수보다 크고 작음을 비교하기 쉽다. $\frac{5}{7}$와 $\frac{8}{11}$을 소수로 바꾸면, $\frac{8}{11}=0.72\cdots$이고 $\frac{5}{7}=0.71\cdots$이 된다.

$\frac{5}{7}$와 $\frac{8}{11}$의 크기를 비교하려면 다음과 같이 두 분수의 분모를 같게 해야 한다. 분수의 덧셈과 뺄셈에서 사용한 방식과 동일하다.

$$\frac{5}{7}=\frac{5\times 11}{7\times 11}=\frac{55}{77}$$

$$\frac{8}{11}=\frac{8\times 7}{11\times 7}=\frac{56}{77}$$

분모가 같으면 분자가 큰 쪽이 큰 수이므로 $\frac{8}{11}$이 $\frac{5}{7}$보다 크다.

분수의 곱셈

이제 분수의 곱셈에 대해 알아보자. 5장에서 곱셈은 더하는 횟수를 의미한다고 했다. 횟수는 1, 2, 3, 4 등과 같이 자연수라고 생각하는 것이 자연스럽다. 그러면 어떤 수에 $\frac{1}{2}$을 곱하는 것은 그 수를 $\frac{1}{2}$번 더한다는 뜻으로 볼 수 있을 것이다. 그런데 도대체 $\frac{1}{2}$번을 어떻게 더할 수 있다는 말일까? 이 난제를 해결하는 과정을 찾아가 보도록 하자.

'분수 횟수'로 더한다는 문제를 해결하기 위해 $6\times\frac{1}{2}$, $6\times\frac{1}{3}$, $6\times\frac{1}{6}$ 등과 같은 '자연수와 분수'의 곱셈을 '분수와 자연수'의 곱셈으로 바꿔 준다. 분수와 자연수를 포함하는 실수 범위에서는 $2\times 3=3\times 2$와 같이 곱하는 두 수의 순서를 바꿔도 등식이 성립(교환법칙)하는 것을 이용한 것이다.

분수와 자연수의 자리를 바꾸면 다음과 같이 분수를 자연수의 횟수만큼 더해서 계산할 수 있다.

$$6 \times \frac{1}{2} = \frac{1}{2} \times 6$$
$$= \frac{1}{2} + \frac{1}{2} + \frac{1}{2} + \frac{1}{2} + \frac{1}{2} + \frac{1}{2}$$
$$= \frac{1+1+1+1+1+1}{2} = \frac{6}{2}$$
$$= 3$$

$$6 \times \frac{1}{3} = \frac{1}{3} \times 6$$
$$= \frac{1}{3} + \frac{1}{3} + \frac{1}{3} + \frac{1}{3} + \frac{1}{3} + \frac{1}{3}$$
$$= \frac{1+1+1+1+1+1}{3} = \frac{6}{3}$$
$$= 2$$

$$6 \times \frac{1}{6} = \frac{1}{6} \times 6$$
$$= \frac{1}{6} + \frac{1}{6} + \frac{1}{6} + \frac{1}{6} + \frac{1}{6} + \frac{1}{6}$$
$$= \frac{1+1+1+1+1+1}{6} = \frac{6}{6}$$
$$= 1$$

하지만 곱셈의 결과보다 중요한 것은 $\frac{1}{2}$이나 $\frac{1}{3}$과 같은 분수를 곱하는 것이 진정 무엇을 의미하는지 아는 것이다. 그래야 분수끼리의 곱셈을 해결할 수 있기 때문이다.

앞에서 살펴본 $6 \times \frac{1}{2} = 3$, $6 \times \frac{1}{3} = 2$, $6 \times \frac{1}{6} = 1$의 계산 결과를 분석해 보면, 분수의 곱셈을 다음과 같이 자연수의 나눗셈으로 바꿔 풀어도 된다는 것을 발견할 수 있을 것이다.

$$6 \times \frac{1}{2} = 3 \leftrightarrow 6 \div 2 = 3$$

$$6 \times \frac{1}{3} = 2 \leftrightarrow 6 \div 3 = 2$$

$$6 \times \frac{1}{6} = 1 \leftrightarrow 6 \div 6 = 1$$

즉, 분수를 곱한다는 것은 그 역수(어떤 수에 곱해서 1이 되게 하는 수를 그 수의 역수라고 한다)로 나누는 것과 같다. 이 발견을 이용하면, $\frac{1}{3} \times \frac{1}{2}$와 같은 분수끼리의 곱셈도 계산할 수 있다. $\frac{1}{3} \times \frac{1}{2}$을 $\frac{1}{3} \div 2$으로 바꾸면 되기 때문이다. $\frac{1}{3} \div 2$은 빵 $\frac{1}{3}$조각을 2명이 나눠 가지는 것이므로 다음과 같이 한 명당 빵 $\frac{1}{6}$조각을 가져갈 수 있다.

$\frac{1}{3}$은 빵 하나의 3조각 중에 1조각을 의미한다.

$\frac{1}{3}$조각의 반은 전체의 $\frac{1}{6}$조각에 해당한다.

이해를 돕기 위해 같은 방식으로 분수끼리의 곱셈을 하나 더 해 보자. 곱셈인 $\frac{3}{4} \times \frac{1}{2}$을 $\frac{3}{4} \div 2$와 같이 나눗셈으로 바꿀 수 있다. $\frac{3}{4} \div 2$는 빵 $\frac{3}{4}$조각을 2명이 나눠 가지는 것이므로 한 명당 빵 $\frac{3}{8}$조각을 가져가면 된다. 역시 그림으로 표현하면 다음과 같다.

$\frac{3}{4}$은 빵 하나의 4조각 중에서 3조각을 의미한다.

$\frac{3}{4}$조각의 반은 전체의 $\frac{3}{8}$조각에 해당한다.

이제 분수의 곱셈 원리를 알았다. 그러나 분수의 곱셈을 할 때마다 곱셈을 나눗셈으로 바꾸고 빵을 조각 내면서 계산할 수는 없는 일이다. 새로운 방법이 필요하다. 이를 위해 곱셈 결과를 다시 살펴보자.

$$\frac{1}{3} \times \frac{1}{2} = \frac{1}{6}$$
$$\frac{3}{4} \times \frac{1}{2} = \frac{3}{8}$$

식을 보면 분수끼리의 곱셈 결과가 다음과 같이 분자는 분자끼리, 분모는 분모끼리 곱한 값과 같다는 것을 알 수 있다. 따라서 이제 $\frac{3}{5} \times \frac{3}{4}$와 같은 분수끼리의 곱셈을 빵을 그리거나 나눗셈으로 바꿀 필요가 없다. 그저 분자는 분자끼리, 분모는 분모끼리 곱하는 것으로 충분하다.

$$\frac{3}{5} \times \frac{3}{4} = \frac{3 \times 3}{5 \times 4} = \frac{9}{20}$$

하지만 이렇게 분수의 곱셈을 위와 같이 분자는 분자끼리, 분모는 분모끼리 곱하는 방식으로 처리하면서 분수의 본래 개념이 흔들리기 시작했다.

이제 $\frac{3}{5}$은 빵 3개를 5명이 나눈 몫이기도 하지만 5개 중에 3 또는 5조각 중의 3조각을 의미할 수도 있다. $\frac{3}{4}$ 역시 4개 중의 3개 또는 4조각 중의 3조각을 의미할 수 있게 되었다. 따라서 $\frac{3}{5} \times \frac{3}{4}$의 결과를 그림으로 표현하면 다음과 같다.

$\frac{3}{5}$은 1개를 5조각낸 것 중에 3조각을 의미한다.

$\frac{3}{5}$의 $\frac{3}{4}$은 다음과 같이 20조각 중 9조각이 된다.

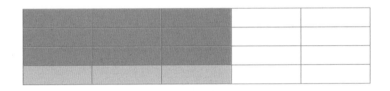

이제 분수는 '나눔'을 넘어서 '비율'이라는 개념으로 나아갔다. 즉, 단순히 빵을 나누는 것을 보여 주는 표식이 아니라 분수가 전체 중에 어느 정도를 차지하는지를 나타낼 수 있게 된 것이다. 그런데 비율은 생각보다 어려운 개념이다. 이것에 대해서는 '7장 수를 비교하다'에서 다시 자세히 다룰 것이다.

나눗셈은 뺄셈의 횟수를 의미한다. 분수의 나눗셈인 $1 \div \frac{1}{3}$도 1에서 $\frac{1}{3}$을 몇 번 빼면 남는 것이 없는지를 묻고 있는 것이다. 다음과 같이 $\frac{1}{3}$을 3번 빼면 0이 되므로 $1 \div \frac{1}{3} = 3$이다.

$$1 - \frac{1}{3} - \frac{1}{3} - \frac{1}{3} = 0$$

또한 나눗셈은 배수의 개념으로도 풀 수 있다. $1 \div \frac{1}{3}$은 1이 $\frac{1}{3}$의 몇 배인지 묻고 있는 것이기도 하기 때문이다.

먼저 1의 분모를 3으로 하면 $1 = \frac{3}{3}$이다. 따라서 $1 \div \frac{1}{3}$은 $\frac{3}{3} \div \frac{1}{3}$과 같다.

$$1 \div \frac{1}{3} = \frac{3}{3} \div \frac{1}{3}$$

이집트 곱셈 방식으로 풀면, $\frac{3}{3}$은 다음과 같이 $\frac{1}{3}$의 2배와 4배 사이이므로 최소한 2배 이상이다.

$$\frac{1}{3}\text{의 1배} = \frac{1}{3}$$
$$\frac{1}{3}\text{의 2배} = \frac{1}{3} + \frac{1}{3} = \frac{2}{3}$$
$$\frac{1}{3}\text{의 4배} = 2\text{배의 2배} = \frac{2}{3} + \frac{2}{3} = \frac{4}{3}$$
$$\frac{3}{3}\text{에서 } \frac{1}{3}\text{의 2배인 } \frac{2}{3}\text{를 빼면 } \frac{1}{3}\text{이 남는다.}$$
$$\frac{3}{3} - \frac{2}{3} = \frac{1}{3}$$

남은 $\frac{1}{3}$은 $\frac{1}{3}$의 1배이므로 앞에서 확보한 2배와 1배를 더하면 $\frac{3}{3}$은 $\frac{1}{3}$의 3배이다.

$$\frac{3}{3}=\frac{2}{3}+\frac{1}{3}$$

따라서 $1\div\frac{1}{3}=3$이다.

한편, 분수의 곱셈에서 $6\times\frac{1}{2}$과 $6\div2$의 결과가 같기 때문에 역수를 이용하여 곱셈을 나눗셈으로 바꿀 수 있음을 알게 됐다. 이렇게 곱셈을 나눗셈으로 바꿀 수 있다면, 나눗셈 역시 다음과 같이 곱셈으로 바꿔서 쉽게 풀 수 있다.

$$1\div\frac{1}{3}=1\times3=3$$
$$3\div\frac{1}{4}=3\times4=12$$
$$2\div\frac{2}{3}=2\times\frac{3}{2}=\frac{2}{1}\times\frac{3}{2}=\frac{2\times3}{1\times2}=3$$

더 알아보기

분수로 이루어진 분수

분모나 분자에 꼭 자연수만 들어가야 할까? 당연히 그렇지 않다. $1\div\frac{1}{3}$을 분수로 표현하면 $\dfrac{1}{\frac{1}{3}}$이 된다. 이처럼 분모와 분자 자리에 분수가 들어간 분수를 번분수라고 한다. 번분수는 다시 나눗셈 형태로 바꿔 풀면 된다. 예를 들면 다음과 같다.

$$\frac{1}{\frac{1}{3}} = 1 \div \frac{1}{3} = 1 \times 3 = 3$$

분자와 분모가 모두 분수로 되어 있는 다음의 번분수를 살펴보자.

$$\frac{\frac{4}{3}}{\frac{1}{3}} = \frac{4}{3} \div \frac{1}{2} = \frac{4}{3} \times \frac{2}{1} = \frac{4 \times 2}{3 \times 1}$$

계산 과정의 마지막 단계에서 다음의 규칙을 발견할 수 있다.

$$\frac{\dfrac{\text{분자의 분자}}{\text{분자의 분모}}}{\dfrac{\text{분모의 분자}}{\text{분모의 분모}}} = \frac{(\text{분자의 분자}) \times (\text{분모의 분모})}{(\text{분자의 분모}) \times (\text{분모의 분자})}$$

문자로 쓰면 $\dfrac{\frac{a}{b}}{\frac{c}{d}} = \dfrac{a \times d}{b \times c}$ 가 된다. a, b, c나 x, y, z와 같은 문자를 사용하지 않으면 간단한 수식도 이렇게 장황하게 써야 한다. 문자가 숫자를 대신하는 대수는 '12장 대수를 보다'에서 자세하게 다룰 것이다.

피보나치의 단위분수 변환

다시 이집트의 단위분수로 돌아가 보자. 앞에서 말한 것처럼 이집트 문명은 분자가 1이 아닌 분수를 단위분수의 합으로 변환하는 표를 만들어 사용하였다.

그런데 3000년을 건너뛰어 이탈리아의 피보나치가 분자가 1이 아닌 분수를 단위분수의 합으로 바꾼 분수 변환표를 다시 만들었다. 당대에는 실용적인 목적이 없었을 분수 변환표를 왜 만들었는지 알 수 없지만, 피보나치는 분수의 가로선을 처음으로 사용했고 그의 저서에서 분수 계산법에 상당 부분을 할애할 정도로 분수에 대한 관심이 많았던 것은 사실이다.

피보나치는 분모가 분자의 몇 배인지를 이용하여 분수를 단위분수의 합으로 변환했다. 다음은 $\frac{19}{40}$를 단위분수의 합으로 변환하는 과정이다.

$\frac{19}{40}$에서 분모 40은 분자 19의 2배인 38과 3배인 57 사이에 있다.

$$19 \times 2 < 40 < 19 \times 3$$

따라서 $\frac{19}{40}$은 $\frac{1}{3}$과 $\frac{1}{2}$ 사이에 있다.

$$\frac{1}{3} < \frac{19}{40} < \frac{1}{2}$$

$\frac{19}{40}$에서 $\frac{1}{3}$을 뺀다.

$$\frac{19}{40} - \frac{1}{3} = \frac{57}{120} - \frac{40}{120} = \frac{17}{120}$$

$\frac{17}{120}$의 분모인 120은 분자 17의 7배인 119와 8배인 136 사이에 있다.

$$17 \times 7 < 120 < 17 \times 8$$

따라서 $\frac{70}{120}$은 $\frac{1}{8}$과 $\frac{1}{7}$ 사이에 있다.

$$\frac{1}{8} < \frac{17}{120} < \frac{1}{7}$$

$\frac{70}{120}$에서 $\frac{1}{8}$을 빼면, 다음과 같이 $\frac{1}{60}$이라는 단위분수가 되므로 변환을 마친다.

$$\frac{70}{120} - \frac{1}{8} = \frac{17}{120} - \frac{15}{120} = \frac{2}{120} = \frac{1}{60}$$

따라서 $\frac{19}{40}$을 다음과 같이 단위분수의 합으로 나타낼 수 있다.

$$\frac{19}{40} = \frac{1}{3} + \frac{1}{8} + \frac{1}{60}$$

피보나치의 이런 방식을 '탐욕 알고리즘'이라고 한다. 처음부터 가능한 한 많은 양을 빼는 방법을 사용하기 때문이다. 하지만 이집트 문명은 피보나치의 탐욕 알고리즘보다 더 나은 '최적 알고리즘'을 사용하였다.

이집트 문명의 최적 알고리즘

피보나치는 $\frac{19}{40}$를 $\frac{1}{3} + \frac{1}{8} + \frac{1}{60}$라는 단위분수의 합으로 변환했지만, 이집트 문명에서는 $\frac{1}{4} + \frac{1}{8} + \frac{1}{10}$로 변환했다. 그 결과 분모의 최댓값이 60에서 10으로 줄어들었다.

물론 이집트 문명에서도 $\frac{19}{40}$를 $\frac{1}{3} + \frac{1}{8} + \frac{1}{60}$와 같이 변환하는 탐욕 알고리즘을 분명히 알고 있었을 것이다. 하지만 실용적인 목적으로 사용하기에는 분모의 60이라는 수가 지나치게 큰 수였을지도 모른다. 또한, 앞에서도 언급한 것처럼 분모가 홀수일 때보다는 짝수일 때가 빵을 자르기 편했을 수도 있다. 여러 가지 이유로 이집트 문명의 서기관들은 $\frac{19}{40} = \frac{1}{3} + \frac{1}{8} + \frac{1}{60}$ 식에서 만족하지 않고 더 고민했을 것이다.

이들은 분모에 60이라는 큰 수가 나타난 이유로 앞의 단위분수들이 탐욕스럽게 큰 값을 차지했기 때문이라고 생각했다. 그리고 $\frac{1}{3}$ 보다 작은 값들을 빼 가면서 분모의 최댓값이 줄어드는지 확인했다.

이집트 문명의 서기관들의 사고를 한번 따라가 보자. 그들은 실용성을 중시했으므로 나누기 쉽게 분모가 홀수인 $\frac{1}{3}$ 대신 분모가 짝수인 $\frac{1}{4}$ 을 빼 보자. 물론 $\frac{1}{5}$, $\frac{1}{6}$ 도 시도해 보았을 것이다.

$$\frac{19}{40} - \frac{1}{4} = \frac{19}{40} - \frac{10}{40} = \frac{9}{40}$$

$\frac{9}{40}$ 에서 분모 40은 분자 9의 4배인 36과 5배인 45 사이에 있다.

$$\frac{1}{5} < \frac{19}{40} < \frac{1}{4}$$

피보나치라면 바로 $\frac{1}{5}$ 을 선택했을 것이다. 하지만 이집트 문명에서는 $\frac{1}{5}$ 뿐만 아니라 그보다 작은 단위분수인 $\frac{1}{6}$, $\frac{1}{7}$, $\frac{1}{8}$ 등도 시도했다. 40이 8의 배수이기 때문에 $\frac{1}{8}$ 을 가장 먼저 시도해 보았을 수는 있다.

$\frac{9}{40}$ 에서 $\frac{1}{8}$ 을 빼면, $\frac{1}{10}$ 이라는 단위분수가 나와 변환이 마무리된다.

$$\frac{9}{40} - \frac{1}{8} = \frac{9}{40} - \frac{5}{40} = \frac{4}{40} = \frac{1}{10}$$

따라서, $\dfrac{19}{40}$ 가 다음과 같이 단위분수의 합으로 변환된다.

$$\frac{19}{40} = \frac{1}{4} + \frac{1}{8} + \frac{1}{10}$$

현대 문명을 사는 우리들은 이해할 수 없지만, 단위분수만을 분수 표기법으로 사용하던 이집트 문명에서는 분자가 1이 아닌 분수를 단위분수로 변환하는 것은 대단히 중요한 작업이었을 것이다. 역설적으로 이런 변환이 가능했기 때문에 분자가 1인 분수표기법이 오랫동안 사용되었을 수도 있다.

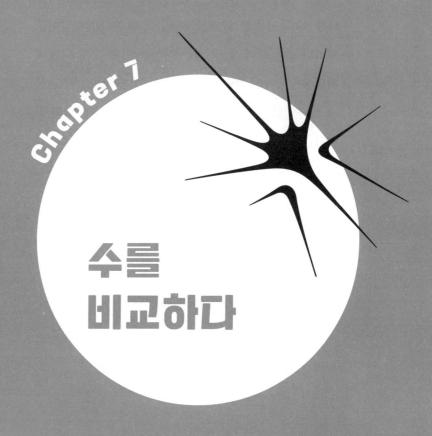

Chapter 7

수를
비교하다

수는 양을 표시하는 수단이므로 자연스럽게 서로 다른 양의 크기를 비교할 수 있다. 셀 수 있는 양이든 거리나 넓이같이 셀 수 없는 양이든 일단 수로 나타내기만 하면, 어떤 것이 크고 작은지 알 수 있다. 더 나아가 셀 수 없는 양이라도 둘 중의 하나가 다른 하나의 몇 배가 될지 언제나 알 수 있다고 생각했다. 물론 그러기 위해서는 기준이 되는 단위가 필요하기는 하다. 예를 들어 다음과 같이 비교하는 양이 기준 단위의 5배라고 하면 된다.

문제는 다음과 같이 비교하는 양이 기준이 되는 단위의 자연수의 배수가 되지 않는 경우이다.

분수로 표시하면 $\frac{3}{2}$배가 되지만, 분수의 표기법을 사용하는 문명이 드물었기 때문에 대부분의 문명에서는 비교하는 양과 기준이 되는 양을 '3대 2'와 같이 나열하는 방식으로 나타냈다. 두 양을 이렇게 표시하는 것을 비(ratio)라고 한다. 3:2라는 '비'는 분수 표기법과 만나서 $\frac{3}{2}$이라는 비율(rate)이 되었다.

탈레스와 피라미드

그리스의 탈레스(Thales, BC 624~545)는 막대기를 이용하여 피라미드의 높이를 계산한 것으로 알려져 있다. 탈레스는 막대기를 지면에 수직으로 꽂아서 막대기의 길이와 그 그림자의 길이, 그리고 피라미드의 그림자

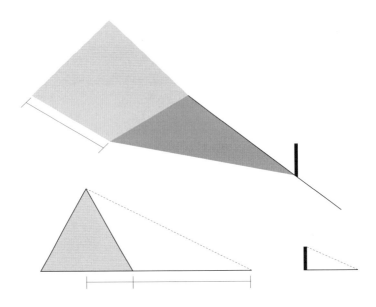

탈레스가 피라미드의 높이를 구한 방법. **피라미드와 막대기가 만든 가상의 삼각형의 닮음을 이용했다.**

길이를 구한 다음 닮음의 성질을 이용하여 피라미드의 높이를 구했다.

두 삼각형이 닮음일 때, 밑변과 높이의 비는 언제나 같다. 탈레스는 이 것을 이용하여 피라미드의 높이를 구했다. 다음과 같이 2개의 닮은 삼각형이 있을 때, 왼쪽 삼각형의 밑변과 높이의 비가 2:1이면 오른쪽 삼각형의 밑변과 높이의 비도 2:1이어야 한다. 분수로 나타내면, 2:1은 $\frac{2}{1}$이고 4:?는 $\frac{4}{?}$이다. 6장에서 본 분수의 상등을 이용하면 $\frac{2}{1}=\frac{4}{2}$이고, 닮음의 성질에 의해 $\frac{4}{2}=\frac{4}{?}$이므로 ?는 2임을 알 수 있다.

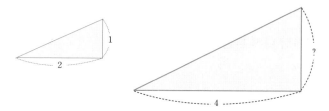

삼각형의 닮음. 특정 조건을 만족하는 두 삼각형은 서로 닮음이며, 이 경우 비를 이용해 모르는 길이를 구할 수 있다.

유클리드의 비와 비례

사실 '비'를 수로 볼 수 있는지 아닌지는 오랫동안 논쟁의 핵심이었다. 고대 문명의 수학 지식을 집대성한 『원론』의 저자인 유클리드조차 비를 수가 아니라 일종의 관계라고 정의했다. 즉, 비는 수가 아니라 셀 수 없는 양을 비교하는 기호라고 간주한 것이다. 그래서 유클리드에게 비와 분수는 다른 것이었고, 따라서 수가 아닌 비를 더하거나 곱하지 않았다.[1]

또한 유클리드는 2:1과 4:2와 같이 서로 같은 2개의 비를 비례(pro-portion)라고 했다. 그리고 비례 관계를 다음과 같이 등식으로 나타낸 것을 비례식이라고 했다.[2] 물론 유클리드는 ':'과 '='기호를 사용하지 않고 말로 서술했다.

$$2:1=4:2$$

유클리드는 비례식에 대해 여러 가지 이론을 남겼다. 몇 가지 소개하면 다음과 같다. 현대수학에서는 다른 방식으로 같은 결론에 이르렀는데 이 내용은 뒤에서 다시 다룰 것이다.

- A:B와 B:C가 비례하면 $A^2:B^2=A:C$가 성립한다. A^2은 $A \times A$를 의미한다. 예를 들어 1:2와 2:4는 비례하며, $1^2:2^2=1:4$가 성립한다.

- A:B, B:C, C:D가 비례하면, $A^3:B^3=A:D$가 성립한다. A^3은 $A \times A \times A$를 의미한다. 예를 들어 1:2와 2:4, 4:8은 모두 비례하며, $1^3:2^3=1:8$이 성립한다.

피타고라스의 8음계

고대 문명에서 비와 비율의 개념을 가장 효과적으로 활용한 사람은 아마도 피타고라스(Pythagoras, BC 570~495)였을 것이다. 피타고라스가 '만물은 수(number)'라고 말했을 때 그 진정한 의미는 '만물은 비(ratio)'였을 것이다. 피타고라스는 2를 여성의 수, 3을 남성의 수라고 하고 2와 3의 합인 5를 결혼의 수라고 할 정도로 만물을 수와 대응시키고자 했다. 피타고라스는 더 나아가 현악기에서 현의 길이의 비가 2:3일 때 좋은 소리가 나는 이유도 2와 3이 여자와 남자의 수이기 때문이라고 주장했다.

2:3뿐만 아니라 1:2와 3:4일 때도 좋은 소리가 난다. 피타고라스에게 이것은 당연한 것이었다. 1은 시작의 수인데 현의 길이의 비가 1:2일 때 좋은 소리가 나는 것은 여성이 생명의 시작이기 때문이었다. 또한 4는 정의의 수인데 현의 길이의 비가 3:4일 때 좋은 소리가 나는 것은 남성이 정의롭기 때문이었다.

이처럼 피타고라스는 음계를 수학적인 '비'로 정의했다. 이 전통은 오래도록 이어져 유럽에서는 음악 과목이 산술, 기하, 천문과 함께 반드시 배워야 할 '4과목'에 포함되었다. 지금의 기준으로는 음악이 산술과 같은 범주에 속했다는 사실이 의아하게 보일 수 있지만, 중세 유럽에서 음악은 소리를 소재로 삼았을 뿐이며, 박자나 선율, 화성, 음색 등을 수학적인 관계로 파악하는 엄연한 학문의 한 영역이었다.[3]

피타고라스가 소리에 대해 연구하게 된 계기가 대장간에서 망치 두드리는 소리가 어떨 때는 듣기 좋고 어떨 때는 듣지 싫은지 궁금해서였다고 전해지지만, 이것은 사실이 아닐 것이다. 당시 그리스 문명에서는 하프와 같은 현악기에 대해 다음 두 가지 사실을 경험으로 알고 있었기 때문이다.[4]

— 현의 길이를 절반으로 줄여서 튕기면 원래 현에서 나던 소리보다 높지만 조화로운 소리가 난다.

─현의 길이를 $\frac{2}{3}$만 남기고 잘라낸 뒤 튕기면 다른 소리가 나지만 이역시 원래 현에서 나는 소리와 조화로운 소리가 난다.

그리스 문명에서는 이렇듯 기준이 되는 음과 잘 어울리는 2개의 음을 찾아냈던 것이다. 이 음만으로도 듣기 좋은 음악을 얼마든지 만들 수 있다. 하지만 기타를 다루는 사람이라면 손을 어디에 짚는가에 따라 서로 어울리는 음이 계단처럼 존재한다는 것을 알고 있었을 것이다.

음계를 연구하는 피타고라스. 소리가 나는 여러 가지 를 조건을 달리하여 실험하고 있다.

피타고라스는 음악가의 경험이 아니라 수학을 이용하여 그 계단을 찾고자 했다. 1:2와 2:3이라는 비를 활용해서 말이다. 그러기 전에 피타고라스는 1:2와 2:3 사이의 수학적인 관계를 분석했다.

먼저 2:3과 1:2를 분수로 표시하면 다음과 같다.

$$1, \frac{2}{3}, \frac{1}{2}$$

위 분수의 역수를 취하면 다음과 같다.

$$1, \frac{3}{2}, 2$$

위 분수를 통분하면 다음과 같이 같은 간격의 분수가 된다. 즉, 분수 사이의 간격이 $\frac{1}{2}$로 같다.

$$\frac{2}{2}, \frac{3}{2}, \frac{4}{2}$$

같은 간격으로 나열된 수들을 등차수열(arithmetic sequence)이라고 한다. 피타고라스는 $1, \frac{2}{3}, \frac{1}{2}$같이 역수가 등차수열이 되는 수열을 조화수열(harmonic sequence)이라고 불렀다. 이렇게 해서 피타고라스는 1:2와 2:3처럼 서로 관계없어 보이는 비의 관계를 규명했다.

그다음으로 피타고라스는 음과 음 사이의 조화로운 계단을 찾기 시작했다. 먼저 길이가 1인 현을 기준으로 잡고 길이가 $\frac{2}{3}$와 $\frac{1}{2}$인 현을 만들었다.

```
———————————————   1/2
———————————————————   2/3
—————————————————————————   1
```

여러 번의 실험을 통해 현의 길이가 $\frac{2}{3}$인 음과 어울리는 현의 길이를 구하기 위해서는 $\frac{2}{3}$에 2 또는 $\frac{1}{2}$ 또는 $\frac{2}{3}$를 곱하면 된다는 사실을 알아냈다. 그리고 $\frac{1}{2}$보다 짧은 길이를 갖는 현은 조화롭지 않다는 것도 알아냈다. 이 중에서 $\frac{2}{3} \times \frac{2}{3} = \frac{4}{9}$가 $\frac{1}{2}$보다는 작지만 2를 곱하면 $\frac{8}{9}$이 되어 1과 $\frac{1}{2}$ 사이의 값이 된다.

$$\frac{4}{9} \times 2 = \frac{8}{9}$$

이것을 넣어서 계단을 그리면 다음과 같다.

————————	1/2
————————	2/3
————————————	8/9
————————	1

새로 만들어진 $\frac{8}{9}$에 $\frac{2}{3}$를 곱하면 다음과 같이 1과 $\frac{1}{2}$ 사이의 값이 만들어진다.

$$\frac{8}{9} \times \frac{2}{3} = \frac{16}{27}$$

이것을 넣어서 계단을 그리면 다음과 같다.

————————	1/2
————————————	16/27
————————	2/3
————————————	8/9
————————	1

이런 방식을 거듭해서 피타고라스는 1과 $\frac{1}{2}$ 사이에 다음과 같이 6계단을 만들어서 모두 8계단을 완성했다. 계속하면 더 많은 계단을 만들 수도 있었겠지만, 그것은 더 이상 조화로운 음이 아니었을 것이다.

————————	1/2
—————————	128/243
—————————	16/27
————————	2/3
—————————	3/4
——————————	64/81
———————	8/9
————————	1

길이가 1인 계단부터 차례대로 도(C), 레(D), 미(E), 파(F), 솔(G), 라(A), 시(B), 도(C)라고 부른다.

음계	도(C)	레(D)	미(E)	파(F)	솔(G)	라(A)	시(B)	도(C)
현의 길이	1	$\frac{8}{9}$	$\frac{64}{81}$	$\frac{3}{4}$	$\frac{2}{3}$	$\frac{16}{27}$	$\frac{128}{243}$	$\frac{1}{2}$

피타고라스가 이렇게 구한 8개의 음은 이른바 '피타고라스 음계(Pythagoras Scale)'라고 불리며, 오늘날까지 서양 음악 체계의 기본이 되었다.[5] 서양 악기 중에 가장 대중적인 기타 줄의 길이도 피타고라스의 8음계에 충실하다.

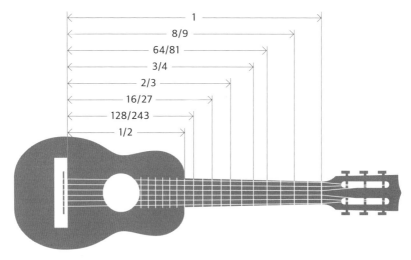

피타고라스 음계에 충실한 기타. 음계를 정하는 위치에 손가락을 짚어 특정 음을 낼 수 있게 만들었다.

비 되돌리기

사과가 3개, 귤이 7개 있을 때 사과와 귤의 개수의 비는 '3:7'이다. 이때 콜론(:) 앞에 있는 3을 전항(前項), 뒤에 있는 7을 후항(後項)이라고 한다.

하지만 비교하는 양을 '비'로 나타내는 것은 원래의 양으로 돌아갈 다리를 불태운 것과 같다. 즉, '사과 대 귤'이 '3:7'이라는 것은 더 이상 사과가 3개이고 귤이 7개라는 것을 의미하지 않는다는 뜻이다. 사과와 귤이 각각 6개, 14개 있을 때나 9개, 21개 있을 때도 '사과 대 귤의 비'는 모두 '3:7'이기 때문이다.

비를 이용하여 원래의 양을 구하기 위해서는 전항과 후항 중에 하나의 실제량을 알아야 한다. 만일 귤이 35개 있고 '사과 대 귤'의 비가 '3:7'이라면 사과의 개수를 다음과 같이 구할 수 있다.

$$35 \times \frac{3}{7} = 15개$$

그런데 사과가 9개 있고 '사과 대 귤'의 비가 '3:7'이라면, '사과 대 귤
=3:7'을 '귤 대 사과=7:3'로 바꿔서 다음과 같이 계산해야 한다.

$$9 \times \frac{7}{3} = 21개$$

이처럼 이미 알고 있는 양을 비의 후항에 위치하도록 하고 다음과 같
이 계산하면 모르는 양을 구할 수 있다.

$$이미\ 알고\ 있는\ 양 \times \frac{비의\ 전항}{비의\ 후항} = 모르고\ 있는\ 양$$

이미 알고 있는 양을 기준 삼아 모르는 양을 구하므로, 이미 알고 있는
양을 기준량이라고 할 수 있다. 따라서 이 경우 비의 후항을 기준량, 비의
전항을 비교량이라고도 할 수 있다. 예를 들어 '2:3'이라는 비가 있을 때,
2가 비교량이고 3이 기준량이다.

비례식의 계산

유클리드는 서로 같은 2개의 비를 비례라고 하고 비례 관계를 등식으로 나타낸 것을 비례식이라고 했다. 다음의 비례식에서 바깥쪽에 있는 A와 D를 외항(extremes), 안쪽에 있는 B와 C를 내항(means)이라고 한다.

$$A:B=C:D$$

이때 외항끼리 곱한 값과 내항끼리 곱한 값은 언제나 같다.

$$A \times D = B \times C$$

예를 들어 1:2=3:6이라는 비례식에서 $1 \times 6 = 2 \times 3$이 성립한다는 것을 알 수 있다.

또한 내항은 내항끼리, 외항은 외항끼리 더하거나 뺀 비도 원래의 비와 같다.

$$A:B=C:D=A+C : B+D=A-C : B-D$$

예를 들어 6:3=2:1의 비례식을 위와 같이 변형했을 때, 6+2 : 3+1=8:4가 되고 6-2 : 3-1=4:2가 되어 원래의 비가 유지되는 것을 알 수 있다.

비율의 대표선수, 확률과 백분율

비를 분수 꼴로 바꾸면 비율이 된다. 현대 사회에서 비율은 확률, 백분율, 시청률, 승률, 점유율, 수익률 등 다양한 이름으로 우리 곁에 있다. 더욱이 이 중 일부는 분수 형태를 벗어나서 퍼센트(%), 소수(할푼리모) 등

다양한 형태로 변형되기도 한다.

예를 들어 항아리 속에 모두 10개의 제비가 있고 이 중에 당첨 제비가 7개 들어 있다고 가정하자. 이 중에서 1개의 제비를 뽑을 때, 당첨 제비를 뽑을 수 있는 비율은 $\frac{7}{10}$이다. 이 비율은 확률이라고도 한다.

우리는 일상에서 하는 많은 선택의 근거로 확률을 들기도 한다. 여러 가지 사업 아이디어 중 성공할 확률이 가장 높은 아이디어로 사업을 시작하거나, 투자하기 전에 투자 대상의 가치가 오를 확률을 비교하여 투자 대상을 정한다. 그런데 만약 확률이 분수로 표현되어 나오면 한눈에 비교하여 결정을 내릴 수 있을까?

분수로 표현된 확률의 크기를 비교하려면 6장에서 이집트인들이 한 것처럼(물론 그보다는 최적화된 알고리즘으로) 분모를 통분해야 한다. 그런데 다음과 같이 분모가 다른 여러 비율의 크기를 동시에 비교하려면 모든 분모를 일일이 통분해야 한다. 여간 귀찮은 일이 아닐 수 없다.

$$\frac{1}{2}, \frac{2}{7}, \frac{7}{11}, \frac{11}{17}, \frac{13}{23}, \frac{27}{40}$$

일일이 통분해서 비율의 크기를 비교하고 싶지 않다면 해결책은 하나밖에 없다. 모든 비율의 분모를 미리 통분해 놓는 것이다. 10진 위치기수법을 사용하는 지금의 수체계에서 가장 유력한 분모의 후보자는 10, 100, 1000 등 10의 거듭제곱수일 것이다. 현대 문명은 분모를 100으로 하는 백분율을 선택했다. 참고로 일상에서는 아니지만 천분율과 백만분율도 쓰이기는 한다. 천분율은 분모를 1000으로 통분하여 분자만을 쓴 것이고 백만분율은 분모를 1000000으로 통분하여 분자만을 쓴 것이다. 천분율의 단위는 퍼밀(‰)이고 백만분율의 단위는 ppm(parts per million)이다.

먼저 다음과 같이 분모를 100으로 통분할 수 있는 비율의 크기를 비교하는 과정부터 살펴보자.

$$\frac{1}{2},\ \frac{2}{5},\ \frac{7}{10},\ \frac{11}{20},\ \frac{13}{25},\ \frac{27}{50}$$

위의 비율의 분모를 100으로 통분하면 다음과 같다.

$$\frac{1}{2}=\frac{1\times 50}{2\times 50}=\frac{50}{100} \qquad \frac{2}{5}=\frac{2\times 20}{5\times 20}=\frac{40}{100} \qquad \frac{7}{10}=\frac{7\times 10}{10\times 10}=\frac{70}{100}$$

$$\frac{11}{20}=\frac{11\times 5}{20\times 5}=\frac{55}{100} \qquad \frac{13}{25}=\frac{13\times 4}{25\times 4}=\frac{52}{100} \qquad \frac{27}{50}=\frac{27\times 2}{50\times 2}=\frac{54}{100}$$

기준점인 분모가 100으로 같으므로 다음과 같이 분자의 크기가 곧 비율의 크기가 된다.

$$\frac{70}{100}>\frac{55}{100}>\frac{54}{100}>\frac{52}{100}>\frac{50}{100}>\frac{40}{100}$$

따라서 주어진 비율의 크기는 다음과 같다.

$$\frac{7}{10}>\frac{11}{20}>\frac{27}{50}>\frac{13}{25}>\frac{1}{2}>\frac{2}{5}$$

만일 모든 비율의 분모가 100이라면, 분모를 생략하고 분자만으로 비율의 크기를 비교할 수 있다. 다만, 생략된 분모가 100이었다는 정보를 어떻게든 알려 주어야 한다. 분모가 100이었다는 것을 알려 주는 용어는 분수의 가로선을 의미하는 per와 분모의 100을 의미하는 cent를 붙여 percent(퍼센트)가 되었다.

$$\frac{50}{100} \longrightarrow 50/100 \longrightarrow 50\text{percent}(\text{퍼센트})$$

이후 퍼센트는 다음과 같은 과정을 거쳐 현재의 '%'로 굳어졌다.

$$/100 \longrightarrow /00 \longrightarrow \%$$

이제 $\frac{30}{100}$은 30%라고 쓰고 30퍼센트라고 말한다. 한국어로는 백분율이라고 한다. 백분율은 '100을 분모로 하는 비율'이라는 뜻이다. 그렇다면 분모를 100으로 통분할 수 없는 비율의 백분율은 어떻게 구할 수 있을까?

백분율을 구하기 위해서 분모를 100으로 만들 필요는 없다. 주어진 비율에 100을 곱하면 된다. 사실 백분율은 100이라는 분모를 생략하고 분자만 쓴 것이기 때문이다.

예를 들어 앞에서 통분으로 구한 $\frac{1}{2}, \frac{2}{5}, \frac{7}{10}, \frac{11}{20}, \frac{13}{25}, \frac{27}{50}$에 100을 곱하면 다음과 같이 통분하지 않고 바로 백분율을 구할 수 있다.

$$\frac{1}{2} \times 100 = 50\% \qquad \frac{2}{5} \times 100 = 40\% \qquad \frac{7}{10} \times 100 = 70\%$$

$$\frac{11}{20} \times 100 = 55\% \qquad \frac{13}{25} \times 100 = 52\% \qquad \frac{27}{50} \times 100 = 54\%$$

100을 곱해서 백분율을 구하는 방법 덕분에 분모를 100으로 만들기 어려운 다음과 같은 비율도 100을 곱하여 백분율로 바꿀 수 있다. '≒' 기호는 참값이 아니라 근삿값이라는 뜻이다.

$$\frac{4}{7} \times 100 ≒ 57.1\% \qquad \frac{7}{11} \times 100 ≒ 63.6\% \qquad \frac{11}{17} \times 100 ≒ 64.7\%$$

$$\frac{13}{23} \times 100 = 56.5\% \qquad \frac{27}{40} \times 100 = 67.5\%$$

이제 우리는 백분율을 통해 비율을 한눈에 비교할 수 있게 되었다. 그러나 아직 해결되지 않은 문제가 있다. 6장에서도 보았지만, 분수는 노동의 대가를 공평하게 나누기 위해 발명되었다. 이후 분수의 상등을 통해 분수를 비와 비율로 생각할 수 있게 만들어 줬다. 그렇다면 비를 통해 대가를 공평하게 나눌 수도 있지 않을까?

비례배분

각자의 몫이 '비'로 주어져 있을 때 주어진 양을 어떻게 배분할지를 비례배분이라고 한다.

예를 들어 3000원의 용돈을 동생과 형이 '1:2'라는 비로 나눠 가져야 할 때 각자 얼마를 가져가는지를 정하는 것이 대표적인 비례배분 문제이다. 3000원의 용돈을 동생과 형이 각각 1000원과 2000원씩 나누면 정확히 1:2가 된다.

위 문제를 다음의 알고리즘으로 해결해 보자.

먼저 '1:2'의 전항과 후항을 더한 값인 '1+2=3'을 '나눗수'로 삼는다. 동생의 몫은 다음과 같이 '전체 용돈×$\dfrac{전항}{나눗수}$'으로 구한다.

$$3000 \times \frac{1}{3} = 1000(원)$$

형의 몫도 다음과 같이 '전체 용돈×$\dfrac{후항}{나눗수}$'으로 구한다.

$$3000 \times \frac{2}{3} = 2000(원)$$

이 알고리즘이 적용된 비례배분 문제는 중국의 수학책인 『구장산술』의 '제3장 쇠분(衰分)'에도 다수 실려 있다. 다음은 대표적인 문제와 해답이다.

[문] 대부, 불경, 잠뇨, 상조, 공사 모두 5명이 함께 사냥을 하여 사슴 15마리를 잡았다. 작위의 서열에 따라 분배하면 각각의 몫은 얼마인가?
(단, 작위의 수는 작위가 가져가는 몫을 나타내는 수로 대부 5, 불경 4, 잠뇨 3, 상조 2, 공사 1이다.)

[답] 작위의 수를 모두 더한 값을 나눗수(분모)로 삼고 각각의 작위의 수를 나뉨수(분자)로 삼아서 잡은 사슴의 수와 곱한다.

대부의 몫은 $15 \times \dfrac{5}{1+2+3+4+5} = 15 \times \dfrac{5}{15} = 5$마리이다.

불경의 몫은 $15 \times \dfrac{4}{1+2+3+4+5} = 15 \times \dfrac{4}{15} = 4$마리이다.

잠뇨의 몫은 $15 \times \dfrac{3}{1+2+3+4+5} = 15 \times \dfrac{3}{15} = 3$마리이다.

상조의 몫은 $15 \times \dfrac{2}{1+2+3+4+5} = 15 \times \dfrac{2}{15} = 2$마리이다.

공사의 몫은 $15 \times \dfrac{1}{1+2+3+4+5} = 15 \times \dfrac{1}{15} = 1$마리이다.

두 양 또는 두 수의 관계를 나타내던 비는 사칙연산이 가능한 분수를 만나 비율을 의미하게 되었고, 수로 인정받았다. 여기에 백분율이 실용성을 부여하면서 비율은 현대 사회에서 굉장한 위치를 차지하고 있다. 설문 조사, 상승률, 구매율 등 수치로 표현할 수 있는 것들을 대부분 비율로 표현할 정도이다.

Chapter 8

소수를
보다

고대 이집트의 왕 파라오는 피라미드를 건설하는 데 동원된 백성에게 빵을 나눠 주었다. 기록을 담당하던 서기들은 빵을 나눠 주는 과정에서 두 가지 수를 보았다. 빵 15개를 3명이 나누면 한 사랑당 5개씩 가져가고 깔끔하게 분배가 끝난다. 그런데 15개의 빵을 4명이 나누면 한 사람당 3개씩 가져가고 빵 3개가 남는다. 남은 빵을 잘라서 분배하는 과정에서 분수가 만들어졌고 빵을 남김없이 나누는 과정에서 약수를 보았다. 약수는 남는 빵이 없도록 나눌 수 있는 수를 의미한다. 예를 들어 15의 약수는 1, 3, 5, 15이다. 즉, 15개의 빵을 1명, 3명, 5명, 15명이 나눠 가지면 남는 빵이 없다.

그런데 약수를 들여다볼수록 수학자들의 주의를 끄는 '수'가 있었다. 그것은 1과 자기 자신만을 약수로 갖는 수, 이른바 소수였다. 즉, 4는 1과 4 이외에도 2라는 약수가 있지만, 5는 1과 5 이외에 다른 약수가 존재하지 않기 때문에 4는 소수가 아니고 5는 소수이다. 문명 초기에는 어떤 수가 소수인지 아닌지 또는 소수가 유한한지 무한한지에 관심이 있었지만, 점차 소수의 규칙성을 찾으려는 시도가 이어졌다. 하지만 소수의 규칙성은 발견되지 않았고 소수의 빈도나 성질을 찾는 방향으로 우회했다.

여전히 소수는 베일에 가려져 있으며, 수학자 에르되시 팔(Erdős Paul, 1913~1996)은 "인류가 소수를 제대로 이해하려면 앞으로 적어도 100만 년은 더 걸릴 것이다."라고 말했다. 역설적으로 소수의 규칙성을 알지 못하는 것이 지금 소수의 거의 유일한 쓸모가 되었다. 두 소수의 곱은 쉽게 계산할 수 있지만, 그것을 다시 두 소수의 곱으로 돌려내기란 여간 귀찮은 일이 아니다. 컴퓨터로도 쉬운 일이 아니며, 인터넷에서 오가는 정보를 중간에서 채 가는 것을 막는 데 소수의 이런 성질이 이용되고 있다.

자명약수와 고유약수

어떤 수의 약수는 그 수를 나누어떨어지게 하는 수를 의미한다. 예를 들어 12의 약수는 1, 2, 3, 4, 6, 12인데 이 수들로 12를 나누면 다음과 같이 나머지가 0이다.

$$12 \div 1 = 12 \cdots 0$$
$$12 \div 2 = 6 \cdots 0$$
$$12 \div 3 = 4 \cdots 0$$
$$12 \div 4 = 3 \cdots 0$$
$$12 \div 6 = 2 \cdots 0$$
$$12 \div 12 = 1 \cdots 0$$

약수를 구해 보면, 모든 자연수의 약수에는 1과 자기 자신이 반드시 포함되는 것을 알 수 있다. 그래서 1과 자기 자신을 자명약수(improper divisor)라고 한다. 자명이란 말은 스스로 명백하다, 즉 뻔하다는 뜻이다. 모든 수에 1을 곱하면 당연히 자기 자신이 되기 때문이다.

반면에 고유약수(proper divisor)는 약수 중에서 자명약수가 아닌 약수를 말한다. 즉, 어떤 수의 약수 중에서 자명 약수인 1과 자기 자신을 빼면 고유약수만 남는다.

그런데 자연수 중에는 자명약수만을 약수로 갖는 수가 있다. 다음은 1부터 12까지의 약수와 고유약수를 구한 표이다. 표에서 보듯이 1, 2, 3, 5, 7, 11 등은 고유약수를 갖지 않는다. 이렇듯 자명약수만을 갖는 수를 소수라고 한다. 현대수학에서 1은 소수의 지위를 잃었는데, 이에 대해서는 뒤에서 다시 논의할 것이다.

자연수	약수	약수의 개수	자명약수	고유약수
1	1	1개	1	—
2	1, 2	2개	1, 2	—
3	1, 3	2개	1. 3	—
4	1, 2, 4	3개	1, 4	2
5	1, 5	2개	1, 5	—
6	1, 2, 3, 6	4개	1, 6	2, 3
7	1, 7	2개	1, 7	—
8	1, 2, 4, 8	4개	1, 8	2, 4
9	1, 3, 9	3개	1, 9	3
10	1, 2, 5, 10	4개	1, 10	2, 5
11	1, 11	2개	1, 11	—
12	1, 2, 3, 4, 6, 12	6개	1, 12	2, 3, 4, 6

완전수, 과잉수, 부족수

피타고라스는 뛰어난 수학자였지만, 그에게 수는 점성술사의 별에 해당하는 것이었다. 그는 숫자로 표시된 수에 특별한 의미를 부여했을 뿐만 아니라 당시에는 알파벳이 곧 숫자이기도 했으므로 이름을 숫자로 풀어내어 궁합을 보거나 운명을 점치곤 했다.

이런 피타고라스에게 어떤 수의 약수는 그 수가 어떤 수인지를 알게 해 주는 특성이었다. 자연스럽게 자기 자신은 약수에서 제외해야 했다. 약수 중에서 자기 자신을 제외한 약수를 진약수라고 한다. 피타고라스는 진약수의 합이 자기 자신과 같으면 완전수, 자기 자신보다 크면 과잉수, 자기 자신보다 작으면 부족수라고 했다. 그에게 완전하다는 것은 넘치지도 모자라지도 않는 상태를 의미했기 때문일 것이다.

대표적인 완전수는 6이다. 6의 진약수인 1, 2, 3을 모두 더하면 6이 되기 때문이다.

$$1+2+3=6$$

피타고라스는 최초의 완전수인 6에 엄청난 의미를 부여했다. 그에게 6은 동, 서, 남, 북, 위, 아래의 여섯 방향을 모두 포함하는 건강과 균형의 수였다.

28 역시 진약수를 모두 더하면, 다음과 같이 자기 자신인 28이 된다.

$$1+2+4+7+14=28$$

6과 28 이외에 496과 8128도 완전수인데, 1부터 10000까지 자연수 중에서 4개밖에 안 될 정도로 완전수는 매우 적게 분포한다.

다음은 1부터 12까지 진약수의 합을 구해서 그 수가 부족수인지 완전수인지 아니면 과잉수인지 판정한 표이다.

자연수	약수	진약수	진약수의 합	분류
1	1	—	—	
2	1, 2	1	1	부족수
3	1, 3	1	1	부족수
4	1, 2, 4	1, 2	3	부족수
5	1, 5	1	1	부족수
6	1, 2, 3, 6	1, 2, 3	6	완전수
7	1, 7	1	1	부족수
8	1, 2, 4, 8	1, 2, 4	7	부족수
9	1, 3, 9	1, 3	4	부족수
10	1, 2, 5, 10	1, 2, 5	8	부족수
11	1, 11	1	1	부족수
12	1, 2, 3, 4, 6, 12	1, 2, 3, 4, 6	16	과잉수

피타고라스는 이름을 숫자로 풀었을 때 220과 284가 되는 사람은 친구로서 궁합이 좋다고 생각했다. 220의 진약수의 합은 284이고 284의 진약수의 합은 220이다. 아마도 220은 과잉수이고 284는 부족수지만, 둘은 서로에게 완전수가 되기 때문이었을 것이다. 친구란 본디 서로를 통해 완전해진다는 뜻을 포함한 것은 아니었을까?

220과 284와 같은 수의 쌍을 친화수(amicable number)라고 한다. 피타고라스가 우연히 찾았을 것으로 보이는 220과 284 이외의 친화수는 거의 2000년 동안 발견되지 않았다. 1636년에 페르마(Pierre de Fermat, 1601~1665)가 17296과 18416을, 곧이어 1638년에 데카르트(René Descartes, 1596~1650)가 9363584와 9437056을 발견했다. 그 이후 오일러는 60쌍이나 되는 친화수를 더 찾아냈다.

약수에서 소수로

피타고라스는 수와 약수에 온갖 의미를 가져다 붙여서 만물의 원리와 관계를 설명하려 했다. 지금의 관점으로는 점성술보다 더 나을 것이 없어 보이지만, 약수를 구하고 분석하는 과정에서 소수를 발견한 것은 위대한 일이 아닐 수 없다.

소수는 1과 자기 자신밖에 약수가 없는 수를 의미한다. 그런데 모든 수는 소수의 곱으로 나타낼 수 있으며, 당연히 약수 역시 소수의 곱으로 나타낼 수 있다. 약수의 본질이 소수에 있다는 것을 깨닫게 된 것이다.

예를 들어 12는 '2×2×3'으로 나타낼 수 있다. 이때 2와 3은 소수이다. 또한 12의 약수는 1, 2, 3, 4, 6, 12인데 4는 '2×2'이고 6은 '2×3'이므로 12의 모든 약수는 소수의 곱으로 나타낼 수 있다.

약수에서 소수로 관심사가 바뀌자 소수와 소수 아닌 수를 구분하는 시도가 이어졌다. 처음에는 다음의 표에서처럼 짝을 맞춰 두 줄 이상으로 줄 세울 수 없으면 소수, 세울 수 있으면 소수가 아닌 것으로 판단했다.

소수가 아닌 수는 합성수라고 한다.

소수		소수 아닌 수(=합성수)	
● ●	2		
● ● ●	3		
		4	● ● ● ●
● ● ● ● ●	5		
		6	● ● ● ● ● ●
● ● ● ● ● ● ●	7		
		8	● ● ● ● ● ● ● ●
		9	● ● ● ● ● ● ● ● ●
		10	● ● ● ● ● ● ● ● ● ●
● ● ● ● ● ● ● ● ● ● ●	11		

그런데 소수를 판정할 때마다 돌을 가져와서 줄을 세워 볼 수는 없는 노릇이다. 그래서 에라토스테네스(Eratosthenes, BC 274~BC 196)는 '배수' 개념을 이용하여 소수를 판정하였다. 이른바 '에라토스테네스의 체'라고 불리는 방식이다. 그는 1부터 100까지의 수를 늘어놓고 2를 제외한 2의 배수를 지우고, 3을 제외한 3의 배수를 지우고, 5를 제외한 5의 배수를 지우는 방식으로 소수만 남겼다. 다음의 그림은 에라토스테네스의 방

1 (2) (3) 4 (5) 6 (7) 8 9 10
(11) 12 (13) 14 15 16 (17) 18 (19) 20
21 22 (23) 24 25 26 27 28 (29) 30
(31) 32 33 34 35 36 (37) 38 39 40
(41) 42 (43) 44 45 46 (47) 48 49 50
51 52 (53) 54 55 56 57 58 (59) 60
(61) 62 63 64 65 66 (67) 68 69 70
(71) 72 (73) 74 75 76 77 78 (79) 80
81 82 (83) 84 85 86 87 88 89 90
91 92 93 94 95 96 (97) 98 99 100

에라토스테네스의 체. 에라토스테네스는 2, 3, 5, 7의 배수를 지워서 소수를 판단했다.

식으로 1부터 100까지 수 중에서 '소수'만 걸러낸 것이다.

이 그림에서 에라토스테네스는 1부터 100까지 수 중에서 소수를 걸러내기 위해 2의 배수, 3의 배수, 5의 배수, 7의 배수까지만 사용했다. 그런데 7보다 큰 11이나 13 등의 배수는 왜 사용하지 않았을까?

이것을 이해하기 위해서는 먼저 '$100 = 10 \times 10$'이라는 등식의 숨겨진 뜻을 알아야 한다. 즉, '$100 = 10 \times 10$'은 만일 100이 10보다 큰 수를 약수로 갖는다면, 반드시 10보다 작은 약수를 짝으로 가져야 한다는 것을 의미한다. 예를 들어 100이 10보다 큰 20이라는 약수를 갖는다면, 10보다 작은 어떤 수(여기서는 5)를 약수로 갖는다는 것을 추론할 수 있다는 뜻이다. 만일 100이 10보다 작은 어떤 수로도 나누어떨어지지 않는다면, 10보다 큰 어떤 수로도 나누어떨어지지 않을 것이다.

그런데 100은 10×10이기 때문에 10이라는 수를 쉽게 구했지만 127과 같은 수는 '10과 같은 역할'을 하는 수를 어떻게 구한다는 말인가? 이

때는 같은 수를 제곱해 보면 된다. 127은 '11×11＝121'보다는 크고 '12×12＝144'보다는 작기 때문에 11과 12 사이의 어떤 수를 제곱하면 127이 나올 것이다. 따라서 127이 소수인지 아닌지를 판정하기 위해서는 11 이하의 소수의 배수인지만 확인하면 된다. 13 이상의 소수의 배수인지 판정할 필요까지는 없다는 뜻이다.

소수의 빈도와 무한성

소수를 판정하여 구간별로 세어 보면, 수가 커질수록 다음과 같이 소수의 출현 빈도가 줄어드는 것을 볼 수 있다.

구간	소수의 개수	퍼센트(%)
1~10	4	40
1~100	25	25
1~1000	168	16.8
1~10000	1229	12.29

당시 수학자들은 이런 식으로 소수가 줄어든다면 언젠가는 소수가 출현하지 않을지도 모른다고 생각했을 수 있다. 소수의 개수가 유한하다고 말이다. 하지만 유클리드는 소수의 개수가 무한하다는 것을 간단하게 증명했다. 유클리드의 책에 그 증명이 다음과 같이 쓰여 있다.

PROP. XX.

A,2. B,3. C,5.　　More prime numbers may be given
D,30. G----　　than any multitude whatsoever of
　　　　　　　prime numbers A, B, C, propounded.
a 38. 7.　　a Let D be the least which A, B, C, measure ; If
b 33. 7.　　D+1 be a prime, the case is plain; if composed,
　　　　　b then some prime number, conceive G, mea-
　　　　　　sures

유클리드 『원론』의 소수의 무한성 증명에 대한 영어 판본. 유클리드는 간결한 수식과 글로
소수가 무한함을 증명했다.[1]

먼저 소수가 A, B, C밖에 없다(유한하다)고 하자.

D=A×B×C라고 하면, D+1도 소수다. 왜냐하면 D+1은 A, B, C 중
어떤 수로 나누어도 나머지가 1이기(나눠떨어지지 않기) 때문이다.

따라서 소수가 A, B, C밖에 없다는 가정과 모순이며, 그러므로 소수는 유
한하지 않다.

유클리드에서 가우스까지 소수에 대한 연구

유클리드가 소수의 무한성을 증명한 지 1500년이 넘는 기간 동안 소수
는 수학자들의 관심사에서 벗어나 있었다. 아마도 규칙성과 쓸모, 두 가
지 이유에서였을 것이다.

수학자들이 처음 소수를 보았을 때, 그 규칙성과 쓸모를 찾으려 했을
것이다. 그런데 소수의 규칙성을 찾는 것은 지금도 요원하고 거의 최초의
쓸모는 1978년에서야 등장했다. 그것은 바로 암호학자 라이베스트(Ron

Rivest)와 샤미르(Adi Shamir), 그리고 애들먼(Leonard Adleman)이 인터넷 정보 통신의 암호화 방식에 소수를 이용한 것이다. 매우 큰 두 소수를 곱하는 것은 쉽지만, 그것을 다시 두 소수의 곱으로 분해하는 것은 어렵다는 데서 착안한 것이다. 이것은 세 사람의 이름의 머리글자를 따서 RSA암호화 방식이라고 부른다.

소수의 빈도와 규칙성에 대한 최고 난제 중 하나인 '리만 가설' 또한 여전히 증명되지 않고 있다. 일반인은 물론이고 같은 수학자끼리도 이해할 수 없는 도구를 사용해서도 소수의 정체성을 밝히지 못하고 있다. 20세기 최고의 수학자 중의 한 명인 힐베르트(David Hilbert, 1862~1943)는 만일 500년 후로 갈 수 있다면 가장 먼저 "리만 가설이 증명되었습니까?"라고 물어보고 싶다고까지 했을 정도다.

따라서 중세 이전 수학자들의 지식과 도구로는 소수의 규칙성을 찾는 것은 요원했을 것이다. 그렇기에 17세기에 들어와서 변호사인 페르마와 성직자인 메르센(Marin Mersenne, 1588~1648) 등 아마추어 수학자들의 손에 다시 소수가 떨어진 것은 우연이 아닐 것이다. 이들은 프로 수학자에 비해 소수에 대한 두려움이 적었기 때문에 무모한 도전을 감행할 수 있었다.

하지만 이들이 규칙이라고 찾아낸 것은 하나도 예외없이 오류로 판명났다. 명백한 실패에도 불구하고 이들의 발견한 규칙을 소개하는 것은 수학의 본질은 진리를 찾아 떠나는 여정에 있는 것이지 진리 그 자체는 아니기 때문이다. 온전한 진리는 사실 그 어디에도 없다. 다만, 수식이 어렵다고 느껴지면 다음에 등장하는 부분은 건너뛰어도 괜찮다.

먼저 성직자인 마랭 메르센은 다음과 같이 '$2^n - 1$' 꼴에서 소수의 규칙

성을 찾고자 했다. 2^n처럼 같은 수를 여러 번 곱한 수를 '거듭제곱수'라고
한다.

$$\underline{2^2 - 1 = 3} \qquad \underline{2^3 - 1 = 7} \qquad 2^4 - 1 = 15 \qquad \underline{2^5 - 1 = 31}$$

$$2^6 - 1 = 63 \qquad \underline{2^7 - 1 = 127} \qquad 2^8 - 1 = 255 \qquad 2^9 - 1 = 511$$

밑줄 친 부분에서처럼 2의 2제곱, 3제곱, 5제곱, 7제곱에서 1을 빼면
소수가 된다. 놀랍게도 2, 3, 5, 7이 모두 소수이다. 따라서 메르센은 n이
소수일 때, '$2^n - 1$' 꼴도 역시 소수일 것이라고 추측했다.

하지만 오래지 않아 메르센은 자신의 추측이 잘못되었다는 것을 알았
다. 다음과 같이 n 자리에 소수인 11을 대입했을 때는 '$2^n - 1$' 꼴이 소수
가 되지 않기 때문이다.

$$2^{11} - 1 = 2047 = 23 \times 89$$

이후 메르센은 n 자리에 2, 3, 5, 7, 13, 17, 19, 31, 67, 127, 257이 올 때
만 '$2^n - 1$' 꼴이 소수가 된다고 자신의 추측을 수정했지만, 메르센 사후에
67과 257은 오류로 판명되었고 89와 107이 새로 추가되었다. 이제 '$2^n - 1$'
꼴을 소수로 만드는 127 이하의 n은 2, 3, 5, 7, 13, 17, 19, 31, 89, 107, 127
뿐이라는 것이 확인되었다. 현대수학에서 '$2^n - 1$' 꼴의 소수를 메르센 소
수라고 한다.

피에르 드 페르마는 메르센과 달리 '$2^n + 1$' 꼴에 관심을 기울였다.

$$\underline{2^1+1=3} \qquad \underline{2^2+1=5} \qquad 2^3+1=10 \qquad \underline{2^4+1=17}$$

$$2^5+1=33 \qquad 2^6+1=65 \qquad 2^7+1=129 \qquad \underline{2^8+1=259}$$

$$2^9+1=257 \qquad \cdots \qquad \underline{2^{16}+1=65537}$$

밑줄 친 부분에서처럼 2의 1제곱, 2제곱, 4제곱, 8제곱, 16제곱에 1을 더하면 소수가 된다. 그런데 2, 4, 8, 16은 모두 2의 거듭제곱수이다.

$$4=2\times2=2^2$$
$$8=2\times2\times2=2^3$$
$$16=2\times2\times2\times2=2^4$$

따라서 페르마는 n 자리에 '2의 거듭제곱수'가 오는 '2^n+1' 꼴이 소수가 될 것이라고 추측했다. 하지만 1732년에 오일러가 다음과 같이 n 자리에 2의 거듭제곱수 중의 하나인 32($=2^5$)를 대입하면 소수가 되지 않는다는 것을 증명했다.

$$2^{32}+1=4294967297=641\times6700417$$

메르센과 마찬가지로 페르마의 추측도 틀린 것으로 판명되었다. 현대 수학에서 n 자리에 '2의 거듭제곱수'를 넣어서 만들어진 '2^n+1' 꼴의 소수를 '페르마 소수'라고 한다. 하지만 아쉽게도 지금까지 페르마가 발견한 페르마 소수 외에 다른 페르마 소수는 발견되지 않고 있다.

오일러는 소수끼리의 간격에 숨은 규칙이 있을지도 모른다고 생각했다.[2] 모든 자연수는 0과의 차이이므로 소수인 2, 3, 5, 7, 11도 의심할 여지 없이 0과의 차이를 의미한다. '0과의 차이'에 착안한 오일러는 시작점을 0이 아닌 다른 수로 삼아서 소수를 나열하여 규칙성을 찾아 보았다.

예를 들어 2, 3, 5, 7, 11을 2와의 차이로 나열하면 0, 1, 3, 5, 9가 되고 3, 5, 7, 11, 13을 3과의 차이로 나열하면 0, 2, 4, 8, 10이 된다. 이렇게 다음과 같이 41과의 차이로 소수를 나열하자 명백한 규칙이 드러났다.

41이상의 소수	41과의 차이
41	0
43	2
47	6
53	12
59	18
61	20
67	26
71	30
73	32
79	38
83	42
87	46
89	48
97	56

오일러는 밑줄친 2, 6, 12, 20, 30, 42, 56이라는 수가 다음과 같이 연속된 두 자연수의 곱이라는 것을 발견했다.

$$2=1\times2 \qquad 6=2\times3 \qquad 12=3\times4 \qquad 20=4\times5$$
$$30=5\times6 \qquad 42=6\times7 \qquad 56=7\times8$$

따라서 오일러는 다음과 같이 41에 '연속한 두 자연수의 곱'을 더하면 소수가 될 것이라고 추측했다.

$$41+(\text{연속한 두 자연수의 곱})$$

다행스럽게 오일러의 추측대로 41에 39×40을 더할 때까지 모두 소수가 되었다.

$$41+8\times9=113=\text{소수}$$
$$41+9\times10=131=\text{소수}$$
$$\vdots$$
$$41+39\times40=1601=\text{소수}$$

하지만 41에 40×41을 더하면 41의 배수가 되어 '$41+40\times41$'은 소수가 아니다. 40×41은 41의 배수인데, 41의 배수끼리 더하면 41의 배수가 되기 때문이다. 이렇게 오일러의 추측은 틀린 것으로 판명되었지만, 소수에 어떤 규칙성이 있을지도 모른다는 기대를 품게 하기에 충분했다.

한편, 오일러와 더불어 역사상 가장 위대한 수학자인 가우스(Carl Fried-rich Gauss, 1777~1855)는 소수의 규칙성 대신 소수의 빈도에 연구의 초점을 맞추었다. 수가 커질수록 소수가 드물게 출현한다는 것은 오래전부터 상식에 가까운 것이었다. 문제는 수가 커질수록 출현 빈도가 얼마나 줄어드는가였다. 어릴 때부터 소수를 찾는 '소수 사냥꾼' 활동을 한 가우스는 십대에 이미 소수 빈도의 규칙성에 대한 나름의 가설을 세웠다. 이번엔 가우스의 생각을 따라가 보자.

다음은 N 이하의 소수의 개수와 빈도를 퍼센트로 나타낸 표이다. N 이하의 소수의 개수를 소수계량함수(prime counting function)라고 하고 $\pi(N)$이라 쓴다.

N	N 이하의 소수의 개수	$\dfrac{(N\ 이하의\ 소수의\ 개수)}{N}$(%)
1,000	168	16.8
1,000,000	78,498	7.8
1,000,000,000	50,847,534	5
1,000,000,000,000	37,607,912,018	3.7
1,000,000,000,000,000	29,844,570,422,669	2.9

표를 보면 수가 커질수록 소수의 빈도가 줄어든다는 것은 알 수 있지만, 일관된 규칙이 보이지는 않는다. 가우스는 $\dfrac{(N\ 이하의\ 소수의\ 개수)}{N}$가 아니라 그 역수인 $\dfrac{N}{(N\ 이하의\ 소수의\ 개수)}$를 구해 보았다. 그랬더니 다음의 표에서처럼 N이 10배씩 증가할수록 $\dfrac{N}{(N\ 이하의\ 소수의\ 개수)}$의 간격

이 대략 7씩 증가하는 규칙을 발견했다. 가우스는 이런 규칙을 수식에 담아 이른바 '가우스 소수 정리'를 만들었다.

N	$\dfrac{N}{(N\ 이하의\ 소수의\ 개수)}$
1,000	5.9524
1,000,000	12.7392
1,000,000,000	19.6666
1,000,000,000,000	26.5901
1,000,000,000,000,000	33.5069
1,000,000,000,000,000,000	40.4204

이후 가우스의 제자인 베른하르트 리만(Bernhard Riemann, 1826~1866)은 '가우스 소수 정리'를 개선한 '리만의 소수 정리'를 만들었다. 그런데 리만의 수식보다 리만의 수식을 성립하게 하는 조건인 '리만 가설'이 더 유명해졌다. 현재까지도 수학자들은 리만 가설을 소수의 규칙성을 푸는 열쇠라고 믿고 있다. 즉, 리만 가설을 증명하면 소수의 규칙성도 알게 되고 그러면 소수를 기반으로 하는 인터넷 암호체계가 바로 무너질 수도 있다는 뜻이다.

지금 리만 가설은 힐베르트가 1900년에 발표한 '20세기 인류가 꼭 해결해야 하는 23가지 난제'와 2000년 5월에 클레이 수학연구소에서 발표한 '밀레미엄 7대 난제'에 모두 포함되었지만, 아직까지 증명되지 않고 있다.

사실 리만 가설은 앨런 튜링(Alan Mathison Turing, 1912~1954)이나 존

내쉬(John Forbes Nash Jr., 1928~2015) 같은 위대한 수학자들도 넘지 못한 벽이었다. 최근에는 영국에서 기사 칭호까지 받은 마이클 아티야 경(Sir Michael Atiyah, 1929~2019)이 리만 가설을 증명했다고 기자회견까지 했지만, 수학계에서는 인정하지 않았다. 그 실패를 노교수의 헛된 도전이라기보다는 진리를 향한 치열한 도전정신으로 보는 것이 맞겠지만, 그만큼 소수는 아직 멀리 있기도 하다.

1의 소수성

마지막으로 1이 왜 소수에서 제외되었는지 살펴보면서 이 장을 마치고자 한다. 현대수학에서 소수는 '1을 제외하고 1과 자기 자신만을 약수로 갖는 수'라고 정의된다. 그런데 시간이 지나서 1이 소수인지 아닌지 물어보면 대부분의 학생들이 소수라고 말한다. 소수가 아닌 이유가 없기 때문이다.

사실 1은 소수가 맞다. 더 정확히 말하면 소수로서의 성질, 즉 소수성(primality)을 가지고 있다. 간혹 소수를 '약수가 2개인 자연수'라고 정의하여 약수가 한 개밖에 없는 1을 원천적으로 배제하기도 하지만, 그렇게 정의한다고 해서 1이 가지고 있는 소수성이 사라지는 것은 아니다. 현대수학에서 1을 굳이 소수에서 제외한 이유는 1이 가진 다음 특성 때문이다.

첫 번째 특성은 '1을 제외한' 소수들의 곱은 언제나 합성수가 되지만, 1과 소수를 곱하면 다시 소수가 된다는 것이다. 즉, 1을 제외한 소수끼리 곱하면, 곱해진 두 수가 아닌 다른 수가 만들어지지만, 1과 소수를 곱하면 원래의 소수가 되기 때문에 1은 다른 소수처럼 새로운 수를 만드는 재료가 될 수 없다.

두 번째 특성은 '1을 제외한' 모든 소수는 자연수 범위에서 더 이상 분해되지 않지만, 1은 다음과 같이 수많은 1의 곱으로 나타낼 수 있다는 것이다.

$$1=1\times 1=1\times 1\times 1=\cdots$$

이런 성질로 인해 1을 소수로 간주하면, 소인수분해의 결과가 여러 개 나올 수 있다. 예를 들어 6을 소인수분해한 결과가 2×3일 수도 있고 $1\times 2\times 3$일 수도 있으며, 심지어 $1\times 1\times 2\times 3$도 가능하다.

$$6=2\times 3=1\times 2\times 3=1\times 1\times 2\times 3$$

하지만, 1을 소수에서 제외하면 모든 자연수는 지문을 가지듯 유일하게

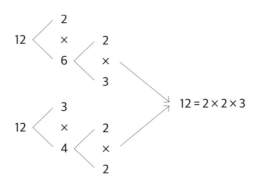

12의 소인수분해. 어떤 방식으로 소인수분해를 하여도 결국 한 가지 결과만을 가지며, 이를 소인수분해의 유일성이라고 한다.

소인수분해가 된다. 예를 들어 12의 경우 인수분해를 12＝2×6로 시작하든지 아니면 12＝3×4로 시작하든지 간에 둘 다 12＝2×2×3으로 마무리된다. 이것을 '소인수분해의 유일성'이라고 한다(앞의 그림 참고).

즉, 1을 소수에서 제외함으로써 소인수분해의 유일성이 확보된 것이다. 이렇듯 1은 한때는 소수였다가 지금은 필요에 의해서 소수의 지위를 빼앗겼다. 무작정 '1을 제외하고'라고 외우는 대신 1이 왜 제외되어야 했는지, 그리고 그것은 정당한 것이었는지 생각해 보는 것이 더 중요할 것이다.

Chapter 9

없음을
보다

본래 숫자는 존재하는 것을 표시하는 수단이다. 따라서 존재하지 않는 양을 표시할 숫자는 필요하지 않다. 그저 표시하지 않는 것만으로도 아무것도 없음을 표시할 수 있기 때문이다. 자리에 따라 그 숫자가 의미하는 양이 달라지는 위치기수법을 사용하는 바빌로니아, 인도, 마야, 중국 문명에서도 아무것도 없는 자리는 그냥 비워 두면 그뿐이었다. 하지만 2□3과 2□□3에서 2와 3 사이에 빈칸이 하나 있는지 2개 있는지, 아니면 3 뒤에 혹시 빈칸이 있는 것은 아닌지 어떻게 알 수 있을까? 이렇듯 빈칸의 위치에 따라 생길 수 있는 문제들을 해결하기 위해 여러 문명에서 독자적으로 '아무것도 없음'을 표시하는 나름의 기호를 만들었다.

　　인도를 제외한 다른 문명에서는 '아무것도 없음'의 기호를 또 하나의 '수'로서 취급하지 않았다. 오직 인도의 수학자들만이 유럽보다 1000년이나 앞선 시기에 '아무것도 없음'의 기호를 '수'로서 간주하고 다른 수와의 사칙연산을 시도했다. 이들의 해법은 대부분 지금과 다르지 않지만, 0으로 나누는 해법에는 오류가 있었다. 사실 실생활에서 0으로 나누는 경우는 존재하지 않음에도 불구하고 굳이 0으로 나누는 해법을 찾으려고 한 것은 이들이 0을 다른 수와 똑같은 자격을 가진 '수'라고 확신했기 때문일 것이다.

유럽에서는 0을 포함한 인도-아라비아 숫자가 셈과 기록에 편리했기 때문에 상인들이 주로 사용했지만, 0을 6이나 9로 변조하기 쉽다는 이유와 아바시스트들의 저항으로 법적으로 금지되어 암호처럼 사용되다가 르네상스 이후에야 본격적으로 받아들여졌다. 영국의 뉴턴과 독일의 라이프니츠는 인도와 아랍 수학자들을 괴롭혔던 0으로 나누는 것을 오히려 이용해서 미분법을 만들었다. 또한 0과 곱하지 않고는 0이 될 수 없는 0의 성질은 데카르트에 의해서 방정식을 푸는 중요한 원리로 자리매김했다. 유명한 수학자 토비아스 단치히(Tobias Dantzig, 1884~1956)는 "0의 발견은 인류의 가장 위대한 업적으로 영원히 남을 것이다."라고 말했을 정도다.

표현하지 않은 '없음'

이집트 기수법은 숫자 자체가 양을 표시하기 때문에 '없음'을 표시할 숫자가 필요하지 않다. 빵이 없으면 없다고 하면 그뿐이다. 예를 들어 가지고 있던 빵 2개를 모두 나눠 주었다면 관리는 다음과 같이 기록했을 것이다. 이때 ||는 수이지만, '없음'은 수도 아니고 기호도 아닌 일상의 단어로 봐야 한다.

$$|| - || = 없음$$

숫자 자체가 양을 표시하는 그리스 문명이나 로마 문명도 사정은 다르지 않았다. 로마식 역법에는 0이 없으며 기원전 1년에서 바로 기원후 1년으로 건너뛴다. 0년도 없으므로 1세기는 기원후 I년부터 C(100)년까지를 의미한다. 당연히 2세기는 CI년부터 CC년까지이다. 이렇게 정해진 역법은 끝자리가 99년일 때마다 세기말이 언제인지에 관한 논란을 불러일으켰고 결국 1999년에 정점을 찍었다.

만일 로마 숫자가 인도-아라비아 숫자의 도전을 이겨 내고 지금까지 세계 표준으로 사용되었다면, MCMXCIX년에 전 세계 사람들을 혼란에 빠뜨리지는 않았을 것이다. 로마 숫자는 작은 수를 큰 수 앞에 사용하면 큰 수에서 작은 수를 빼라는 뜻이므로 MCMXCIX는 다음과 같이 1999를 의미한다.

$$M=1000, \ CM=1000-100=900,$$
$$XC=100-10=90, \ IX=10-1=9$$

이렇게 로마 숫자를 사용하면 20세기의 마지막 해가 MM이므로 혼동할 필요가 전혀 없다.

첫 번째 천년 : I ~ M
두 번째 천년 : MI ~ MM
세 번째 천년 : MMI ~ MMM

하지만 인도-아라비아 숫자가 표준이 되면서 20세기의 마지막 해는 1999년이고 2000년은 21세기의 시작이라고 생각하는 사람들이 많았다. 아마도 천의 자릿수가 1에서 2로 바뀌기 때문에 세기도 바뀌어야 한다고 착각했을 것이다. 1999년 12월 31일, 시간에 관한 거의 모든 것을 결정하는 그리니치 천문대 근처에서 수많은 사람들이 새로운 천년의 시작을 기다리고 있을 정도였다. 하지만 천문대 직원들은 그로부터 1년이 지난 2000년 12월 31일에 조촐하게 새천년의 시작을 자축했을 것이다. 이와 같은 혼란을 없애기 위해, 숫자 자체가 양을 표시하는 것이 아니라 자리에 따라 숫자가 의미하는 양이 달라지는 위치기수법을 사용하는 문명에서는 '없음'을 표시할 필요가 있었다.

없음을 뜻하는 기호

위치기수법을 사용했던 바빌로니아 문명에서는 그릇에 돌이 60개가 차면, 그 그릇을 비우고 바로 왼쪽 그릇에 돌 1개만 넣으면 되었다. 즉, 왼쪽 그릇의 돌 1개는 진짜로 1개가 아니라 바로 오른쪽 그릇의 60개에 해당한다. 문제는 다음과 같이 가운데 그릇이 비어 있을 때이다.

처음에는 'Y 없음 Y'와 같이 가운데 그릇이 비어 있다는 것을 글로 전달했을 가능성이 있다. 물론 'Y   Y'와 같이 가운데에 빈칸을 두었을 수도 있다. 기원전 600년경에 바빌로니아 문명은 숫자에 사용되지 않는 기울어진 쐐기 2개를 붙여 놓은 '⦚' 기호를 만들어서 'Y⦚Y'와 같이 빈칸에 넣었다. 이유는 알 수 없지만, 1의 자리가 비어 있을 때는 '⦚' 기호를 사용하지 않았기 때문에 Y Y이 $60+1$인지 60^2+60인지는 맥락에 의해서만 구분이 가능했을 것이다.

$$Y\ Y = 60+1 \text{ 또는 } 60^2+60$$

역시 위치기수법을 사용하는 마야 문명에서도 빈칸을 의미하는 표식이 필요했을 것이다. 사람 얼굴 모양의 숫자를 사용했던 문명 초기에는 뭔가를 고민하는 듯이 손으로 턱을 괸 모습이 '비어 있음'을 나타냈다.

숫자를 점(●)과 가로 막대기(─)로 표시하면서부터는 다음과 같이 조개껍데기 모양으로 '아무것도 없음'을 표시했다. 조개껍데기가 바빌로니아 문명의 그릇 역할을 한 것으로 추측된다.

마야 문명은 20진법을 사용했지만, 한 달에 20일씩 20개월에 해당하는 400일을 1년으로 삼은 것이 아니라 18개월인 360일을 1년으로 삼았기 때문에 통상의 20진법과는 사용법이 다르다. 즉, ● ● ●은 1년 1개월 1일을 의미하는데, 1개월은 20일이므로 가운데 ●은 20을 의미하지만, 1년은 18개월이므로 맨 앞의 ●은 18×20인 360을 의미한다는 뜻이다. 만일 통상의 20진법이었다면, ● ● ●에서 맨 앞의 ●이 20×20인 400을 의미했을 것이다. 그런데 이런 계산법은 달력뿐만 아니라 일상의 연산에서도 그대로 적용되었다. 예를 들어 ●◁◁◁●은 1년 0개월 1일이라는 기간뿐만 아니라 361이라는 수를 의미하기도 한다.

●◍● ＝1년 0개월 1일＝18×20＋0×20＋1＝361

인도도 문명 초기에는 '없음'을 뜻하는 '순야(shunya 또는 suyna)'라는 말을 사용했다. 이후 '•'을 '빈칸'의 기호로 사용하다가 최종적으로 '0'으로 굳어졌다. 1부터 9까지 숫자에 0이 추가됨으로써 지금 사용하는 인도-아라비아 숫자가 완성되었다.

다음의 표는 여러 문명에서 사용한 '아무것도 없음'을 표시하는 기호들의 초기 모습과 후기 모습을 정리한 것이다.

▲▲	⦚	🦅	◍	•	0
바빌로니아 초기	바빌로니아	마야 초기	마야	인도 초기	인도

없음에서 시작으로

바빌로니아 문명은 1의 자리에는 '⦚' 기호를 사용하지 못할 정도로 0에 대해서 빈칸 이외의 용도를 생각해 내지 못했지만, 마야 문명은 '◍' 기호가 가질 수 있는 다른 가능성을 보았다. 즉, 수가 ●(1)에서 시작하는 것이 아니라 ◍에서 시작한다는 것을 깨달았다. 예를 들어 한 해가 끝나는 시점과 새로운 해가 열리는 시점은 언제나 같다. 그렇게 교차하는 시점의 시간이 1시일 리도, 1분일 리도, 1초일 리도 없다. 이들이 보기에 그 시간은 0시 0분 0초여야 했다. 마야 문명이 바빌로니아 문명처럼 '시, 분, 초'라는 용어를 사용했는지는 분명하지 않지만, 이와 비슷한 개념을 가지고 있었을 것이다.

이와 같은 이유로 마야의 달력은 1월 1일이 아니라 0월 0일부터 시작한다. 마야는 한 달이 20일이고 18개월이 1년이므로 마야 달력은 0월 0일에서 시작하여 17월 19일에 한 해가 마무리된다.

0월 0일 ~ 0월 19일

1월 0일 ~ 1월 19일

⋮

17월 0일 ~ 17월 19일

1부터 시작하는 사례는 지금도 우리 주변에서 쉽게 볼 수 있다. 한국의 건물은 0층이 아니라 1층에서 시작한다. 0층이 없기 때문에 1층에서 지하 1층으로 바로 떨어진다. 또한 스마트폰이나 키보드의 숫자 키패드도 0이 아니라 1부터 시작된다. 0은 마치 버려진 듯이 *와 # 기호 사이에 끼워져 있다. 이처럼 마야가 시작점을 1이 아니라 0으로 잡은 것은 실로 대단한 발상이다.

없음이 아닌 '0개'

인도 문명은 마찬가지로 진법을 사용하는 바빌로니아, 중국, 마야 문명과는 달리 1부터 9까지의 양을 표시하는 숫자를 모두 다르게 만들었다. 바빌로니아는 𒁹과 𒌋, 중국은 l과 ―, 마야는 ●과 ―만을 사용하여 기본이 되는 수, 기수(基數)를 완성했다. 60진법인 바빌로니아는 1부터 59까지, 10진법을 사용하는 중국은 1부터 9까지, 20진법을 사용하는 마야는 1부터 19까지가 기수가 된다. 기수에 사용하는 숫자가 적을수록 외워야 할 양이 줄고 수가 표시하는 양을 직관적으로 알 수 있다는 장점이 있다. 다음의 점은 마야의 숫자로 굳이 배우지 않아도 1, 2, 3, 4를 표시하는 것을 바로 알 수 있을 것이다.

$$•$$
$$• •$$
$$• • •$$
$$• • • •$$

반면 9개의 기수를 모두 다른 숫자로 사용하는 인도의 기수법에서는 1, 2, 3, 4, 5, 6, 7, 8, 9의 순서를 반드시 배워야 한다. 이것을 배우지 못하면 수의 세계에 한 걸음도 나아갈 수 없다. 사실 수많은 문명 중에서 오직 인도 문명만이 왜 9개의 기수를 모두 다른 숫자로 썼는지 알지 못한다. 하지만 바로 이것 때문에 '수'로서의 0의 위치를 정확히 알았을 것으로 보인다.

예를 들어 1, 2, 3으로 •, • •, • • •를 사용하는 마야 숫자에서 '없음'은 당연히 '•'이 하나도 없는 상태이다. 안이 비어 있는 조개껍데기인 ⟨⟨⟨도 이것을 의미한다. 그런데 1, 2, 3으로 시작하는 인도 숫자에서는 숫자 자체가 서열화되어 있기 때문에 1 앞에 0을 넣어서 0, 1, 2, 3이라고 해도 전혀 위화감이 느껴지지 않는다. 마치 처음부터 그 자리에 있었던 것처럼 자연스럽다. 이렇게 해서 인도 문명에서는 인류 최초로 0을 '없음'이 아니라 1개, 2개, 3개와 똑같이 '0개가 있다'고 볼 수 있게 되었다.

0의 계산

인도에서 0을 수로 인식하고 사용하기 시작하면서, '수체계에 들어간 0'을 이용한 연산을 연구하기 시작했다. 628년 브라마굽타(Brahmagupta, 598~668)는 자신의 저서인 『우주의 창조』에서 0을 다음과 같이 정의함으로써 0이 숫자임을 분명히 밝힌다.

"0은 같은 숫자 둘을 빼면 얻어지는 숫자이다."

$$1-1=0$$

그는 0으로 할 수 있는 모든 사칙연산을 다루었다. 대부분의 연산은 옳았지만, $0 \div 0 = 1$은 틀렸고 $1 \div 0$은 제대로 답하지 못했다. 그리고 이때까지도 브라마굽타는 0이 아니라 •으로 표시했다.

"0에 어떤 숫자를 더하거나 빼도 그 수는 변하지 않는다. 하지만 0을 곱하면 어떤 수라도 0이 된다."

$$1+0=1 \qquad 1-0=1 \qquad 1\times 0=0$$

"0을 0이 아닌 수로 나누면 0이 된다. 0을 0으로 나누면 1이 된다. 하지만 1을 0으로 나누면 1이 분자, 0이 분모인 수가 된다."

$$\frac{0}{1}=0 \qquad \frac{0}{0}=1 \qquad \frac{1}{0}=?$$

시간이 흘러 바스카라가 브라마굽타가 답하지 못한 $\frac{1}{0}$의 값에 대해 다음과 같이 말했다.

"어떤 수를 0으로 나누면, 무한량이 된다. 분모를 0으로 하는 양에는 얼마를 더하거나 빼도 변화가 없다. 이것은 마치 어떤 세계가 창조되고 파괴되든 무한하고 불변인 신에게는 아무런 변화도 일어나지 않는 것과 같다."

$$\frac{1}{0}=\infty \qquad \frac{1}{0}+1=\infty \qquad \frac{1}{0}-1=\infty$$

∞ 기호는 무한대를 뜻하며, 존 월리스(John Wallis, 1616~1703)가 최초로 사용한 것으로 알려져 있다. 바스카라는 다음과 같이 추론했을 가능성이 크다.

$$\frac{1}{\frac{1}{10}}=1\div\frac{1}{10}=1\times 10=10$$

$$\frac{1}{\frac{1}{100}}=1\div\frac{1}{100}=1\times 100=100$$

$$\cfrac{1}{\cfrac{1}{1000}}=1\div\frac{1}{1000}=1\times1000=1000$$

$$\vdots$$

앞의 식에서 보듯이 분자가 1이라도 분모가 작아질수록 분수의 값이 커지는 것을 알 수 있다. 따라서 0이 엄청나게 작은 수라면 $\frac{1}{0}$은 무한히 큰 수일 수밖에 없다. 그는 영리하게도 0을 아무것도 '없음'이 아니라 '아주 작음(무한소)'으로 간주해서 이 문제를 해결한 것이다.

하지만 $\frac{1}{0}$의 0은 무한소가 아니라 '아무것도 없음'을 의미하므로 바스카라의 답은 틀렸다. 물론 바스카라를 탓할 수만은 없다. 현대수학에서도 $\frac{1}{0}$이 어떤 수인지, 더 나아가 수인지 아닌지조차 여전히 알지 못하기 때문이다. 지금도 0으로 나누는 것은 금지되어 있으며 $\frac{1}{0}$의 영역으로 들어오는 것을 금지하는 커다란 표지판이 세워져 있을 뿐이다.

더 알아보기

현대수학에서 $\frac{1}{0}$의 해석

현대수학에서는 0으로 나누는 것을 어떻게 설명할까? 나눗셈이 뺄셈의 횟수라는 것을 이용하여 $\frac{1}{0}$이 무엇인지 이해할 수 있다. 예를 들어 $\frac{6}{2}$은 6에서 2를 3번 빼면 0이 되므로 3이다.

$$6-2-2-2=0$$

그런데 $\frac{1}{0}$은 다음과 같이 1에서 0을 아무리 빼도 0이 되지 않기 때문에 무한대라고 생각하기 쉽다. 하지만 $\frac{1}{0}$이 무한대가 되려면 바스카라처럼 0을 무한소로 간주해야 한다. 1에서 무한소를 무한히 빼면 언젠가는 진짜 0이 되기 때문이다.

$$\frac{1}{0}=1-0-0-0-\cdots=0(0\text{이 없음이 아닌 무한소인 경우})$$

그런데 $\frac{1}{0}$의 0이 무한소가 아니라 '아무것도 없음'이다. 1에서 0을 아무리 빼도 조금도 줄어들지 않고 여전히 1로 남아 있다.

$$\frac{1}{0}=1-0-0-0-\cdots=1(0\text{이 없음인 경우})$$

다음과 같이 $\frac{1}{0}$의 존재 자체가 모순임을 증명하는 방법도 있다.

모든 역수는 곱하면 1이 된다. 곱해서 1이 되는 두 수를 역수라고 정의했기 때문이다. 분수 꼴의 역수는 분자와 분모의 위치를 바꾸면 된다.

$$\frac{2}{3}\times\frac{3}{2}=1$$

따라서 $\frac{1}{0}$의 역수는 $\frac{0}{1}$가 되고 역수끼리 곱하면 1이 되므로 $\frac{1}{0}\times\frac{0}{1}=1$이 된다. 이때, $\frac{0}{1}$은 0이므로 $\frac{1}{0}$과 0을 곱하면 1이 된다.

$$\frac{1}{0}\times\frac{0}{1}=\frac{1}{0}\times0=1$$

그런데 모든 수에 0을 곱하면 0이 되므로 $\frac{1}{0}$과 0을 곱하면 0이 된다.

$$\frac{1}{0}\times0=0$$

즉, $\frac{1}{0}$을 수로서 인정하는 순간 $\frac{1}{0}\times0$은 1이 될 수도 있고 0이 될 수도 있다. 모순이다. 이런 모순을 양자역학에서는 다르게 해석한다. 입자가 0 또는 1의 상태를 가진다고 할 때, 그 입자를 관찰하기 전까지는 0인지 1인지 정해진 것이 아니라고 주장한다. 이 주장은 '슈뢰딩거의 고양이'라고 불린다. 상자 속 고양이가 살아 있는지 죽었는지가 상자를 여는 순간 결정된다는 것이다. 고양이가 살아 있는지 죽어 있는지 상자를 열어서 확인하는 것이 아니라 상자를 열기 전까지 고양이의 생사가 아직 결정되지 않았다는 뜻이다. 당연히 현실에서는 관찰할 확률이 희박한 현상이다. 이처럼 $\frac{1}{0}$을 양자역학으로 들어가는 좁은 길의 입구라고 생각하면 억측일까?

아랍과 유럽의 0

알콰리즈미는 0을 포함한 아라비아 숫자와 그 계산법에 대한 책을 썼지만, 현재는 라틴어 번역본만이 남아 있고 아랍어로 쓰인 원본 자료는 존재하지 않는다. 이 라틴어 원고는 제목이 없으나 이탈리아의 수학 역사학자 발다사레 본콤파니(Baldassarre Boncompagni, 1821~1894)에 의해 '인도 수학에 의한 계산법'이라는 제목이 붙었다. 이 책은 인도 숫자를 유럽에 알리는 데 크게 기여했다. 그 결과 지금까지도 인도 숫자가 아니라 아라비아 숫자로 불리고 있다.[1] 이 책에서 알콰리즈미는 0의 역할에 대해 다음과 같이 썼다.

"뺄셈에서 아무것도 남지 않으면 그곳을 비워 두지 않고 작은 원을 넣는다. 이렇게 함으로써 수의 자릿수가 줄어들지 않고 두 번째 숫자를 첫 번째 숫자로 오해하지 않게 된다."[2]

$$
\begin{array}{r} 45 \\ -25 \\ \hline 2 \end{array}
\quad \rightarrow \quad
\begin{array}{r} 45 \\ -25 \\ \hline 20 \end{array}
$$

　　인도-아라비아 숫자를 유럽에 알린 또 한 명의 수학자는 이탈리아의 피보나치이다. 그는 1202년에 출간한 『산술교본』이라는 책에서 인도-아라비아 숫자와 그 계산법을 설명했다. 이 책에서 그는 1, 2, 3, 4, 5, 6, 7, 8, 9는 숫자로 취급했지만, 0은 숫자가 아니라 기호로만 보았기 때문에 인도 문명의 수학자처럼 0으로 나누는 문제로 머리를 쥐어짜지는 않았다.

　　인도-아라비아 숫자의 유용성을 먼저 알아본 사람은 수학자가 아니라 이탈리아 상인과 독일 은행가들이었다. 그러나 당시 정부는 0을 6이나 9로 변조하기 쉽다는 이유로 아라비아 숫자의 사용을 금지했다.[3] 사실 정부가 이런 조치를 내린 데에는 0의 변조 가능성보다는 로마 숫자와 수판(지금의 주판)으로 무장한 아바시스트, 수판 계산 전문가와 같은 기득권층의 견제와 방해가 더 큰 배경으로 작용했을 것이다.

　　오래지 않아 정부는 0을 포함한 인도-아라비아 기수법의 사용을 공인했지만, 수학자들은 여전히 0을 수로 인정하지 않았다. 존 윌리스가 수직선에 0과 음수를 표시하고 데카르트가 다음과 같이 $(0, 0)$을 기준으로 하는 좌표계를 만들고 나서야 서서히 0이 수로서 받아들여졌다.

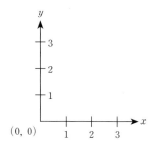

데카르트의 좌표계. 데카르트가 0을 좌표계의 시작점으로 삼으면서 0이 서서히 수로 받아들여졌다.

수학에 들어온 0

데카르트는 0과 곱하지 않고는 0이 될 수 없다는 성질을 이용하여 방정식을 푸는 새로운 해법을 제시했다. 한때 '수'로서도 인정받지 못했던 0이 이제는 등식의 한쪽을 홀로 책임지고 있다.

$$A \times B = 0$$일 때, $$A = 0$$ 또는 $$B = 0$$

이제 방정식의 좌변을 다음과 같이 곱셈으로만 나타낼 수 있다면 해를 구할 수 있게 되었다. 방정식에 대해서는 11장에서 자세히 설명할 것이다.

$$(x-1) \times (x-2) = 0$$일 때, $$x = 1$$ 또는 $$x = 2$$

더 나아가 라이프니츠는 0과 1만으로도 모든 수를 표시할 수 있다는 것을 알았다. 10진법은 0부터 9까지 10개의 숫자가 필요하고 곱셈과 나눗셈을 하기 위해서 구구단을 알아야 하지만, 라이프니츠의 2진법은 0과 1, 단 2개의 숫자만 필요하고 일일단($1 \times 1 = 1$)만 알면 모든 곱셈과 나눗셈을 할 수 있다.

라이프니츠의 아이디어는 300년이 지나 컴퓨터 언어로 재탄생했다. 컴퓨터는 전기가 통하면 1, 통하지 않으면 0으로 간주한다. 컴퓨터는 0과 1만으로 정보를 만들어 내고 이렇게 만들어진 정보를 인터넷을 통해서 다른 사람과 공유할 수 있게 되었다.

컴퓨터가 정보를 저장하고 전달하는 방식. **컴퓨터는 0과 1을 이용해 정보를 다룬다.**

　그저 '자리가 비어 있다'는 기호에 불과하던 0이 당당히 '수'로서 인정받아 0으로 나누는 것을 제외한 연산이 가능해졌다. 이제 0은 등식의 한쪽을 책임질 수도 있고 1과 협력하면 세상의 모든 지식을 담을 수도 있게 되었다. 하지만 여전히 0으로 나누는 것만은 문제가 되고 있다.

Chapter 10

음수를
보다

음수는 자연적으로 존재하는 수가 아니라 추상적으로만 존재한다. 뺄셈의 원리는 '덜어내기'인데 1개에서 2개를 덜어낼 수는 없는 노릇이다. 1개에서 1개를 덜어낸 순간부터 '없음'이 되기 때문에 여기에서 1개를 더 덜어내는 것은 불가능하다. 자연적으로는 '1−2'와 '1−3'의 결과가 0이 되어야 마땅하다.

17세기까지도 음수를 '수'로서 인정하지 않는 수학자들도 많았다. 음수를 '수'로서 인정한 수학자조차 음수를 '빚'이나 '손실' 등과 같이 비유적으로 이해할 뿐이었다.

수를 수직선에 대응시키면서부터 음수가 0을 기준으로 양수의 반대편에 존재한다는 것을 이해하기 시작했다. 사실 음수는 다음과 같이 지금도 피하고 싶은 수이다.

기온 : −2℃ → 영하 2℃
건물 : −1층 → 지하 1층
회계 : −100원 → 100원

해발 : −100m → 수심 100m

기온에서 쓰는 영하는 영(0)의 아래쪽이라는 뜻이다. 이때 0℃는 자연에 존재하는 수가 아니다. 그저 물이 어는 온도를 0℃라고 정의했을 뿐이다. 실제로 절대온도 0K는 섭씨로 −273℃에 해당한다. 건물의 지하 1층 또한 땅 아래쪽의 1층이라는 뜻이다. 수학적으로는 0층이 존재해야 지상 1층과 지하 1층도 존재한다. 음수는 0을 기준으로 양수의 반대편에 놓인 수이기 때문이다. 사업에서 손실을 보면 빨간 글씨로 쓴다. 손실을 의미하는 적자라는 말 자체가 빨간 글씨라는 뜻이기도 하다. 물론 이익을 보면 검은 글씨(흑자)로 쓴다. 손실도 이익도 없으면 당연히 0원이다.

해발의 발(拔)은 '뽑히다'라는 뜻으로 바다에서 빠져나온 높이를 말한다. 해발 100m는 해수면을 기준으로 100m 높이라는 뜻이다. 따라서 해발 −100m는 해수면 아래쪽으로 100m 밑이라는 뜻이고 수심 100m이기도 하다.

음수에 대한 말, 말, 말

"2+□=1과 같은 등식은 터무니없다. 2에다 무엇인가를 더했는데 어떻게 2보다 작은 수가 될 수 있겠는가?"

_디오판토스(Diophantus, 200년경)

"음수는 모순적인 수이다."

_니콜라스 슈케((Nicolas Chuquet, 1445~1488))

"답이 음수로 나올 수는 없다."

_ 지롤라모 카르다노((Girolamo Cardano, 1501~1576))

"음수를 수로서 여겨서는 안된다."

_ 프랑수와 비에트((François Viète, 1540~1603))

"'없음'보다 작은 수는 존재하지 않는다."

_르네 데카르트

"0에서 4를 빼는 것은 말이 안 된다."

_**블레즈 파스칼**(Blaise Pascal, 1623~1662)

음수에 대한 최초의 기록

이처럼 학계에서 열화와 같은 비난을 받은 음수는 언제 최초로 소개되었을까? 음수에 대한 최초의 기록은 중국의 수학 고전인 『구장산술』에서 나타난다. 이 책에서는 양수와 음수를 색으로 구분했다. 예를 들어 구매한 상품의 개수는 빨간색으로, 판매된 상품의 개수는 검은색으로 기록했다. 어떤 상품을 3개 구매하여 2개를 팔았다면, 다음과 같이 기록했다.

$$||| \quad || \quad \rightarrow \quad |$$

당시 중국 문명에서는 '−' 기호가 존재하지 않았기 때문에 지금의 셈법으로는 '3−2＝1'에 해당하므로 이 기록은 뺄셈으로 봐야 하지만 검은색 ||는 '−2'가 의미하는 것은 분명하므로 수학자들은 이것을 음수에 대한 최초의 기록으로 간주한다.

지금의 흑자와 적자를 생각하면, 빨간색과 검은색의 용도를 반대로 사용하는 것이 특이하다. 언제 어떻게 그 의미가 바뀌었는지는 알 수 없지만, 이제 검은색 글자를 뜻하는 흑자가 양수이고 빨간색 글자를 뜻하는 적자가 음수이다. 경제 분야에서도 흑자는 이익, 적자는 손실을 의미한다.

음수를 이해하려고 노력한 수학자들

중국은 음수를 '수'로 이해하지 않았지만, 필요에 의해 도입하고 실용적으로 사용하였다. 그렇다면 다른 문명은 음수를 어떻게 다뤘을까? 0을 최초로 수로서 받아들인 브라마굽타는 양수를 '재산'으로, 음수를 '빚'으로 간주하여 음수의 사칙연산을 이해하려고 했다.

빚에 빚을 더하면 빚이다.

$$(-1) + (-1) = (-2)$$
$$\text{빚} \qquad \text{빚} \qquad \text{빚}$$

0에서 재산을 빼면 빚이다.

$$0 - 2 = (-2)$$
$$\text{재산} \qquad \text{빚}$$

0에서 빚을 빼면 재산이다. 빚을 갚으면 재산이 늘어난 것과 같기 때문이다.

$$0 - (-2) = 2$$
$$\text{빚} \quad \text{재산}$$

빚과 재산을 곱하면 빚이다. 즉, 양수와 음수의 곱은 음수가 된다.

$$(-2) \times 2 = (-4)$$
빚　재산　빚

빚과 빚을 곱하면 재산이다. 즉, 음수끼리 곱하면 양수가 된다.

$$(-2) \times (-2) = 4$$
빚　　빚　재산

브라마굽타가 빚과 재산을 곱하면 빚이 되고 빚과 빚을 곱하면 재산이 된다는 판단은 결과적으로 옳은 계산이었지만, 왜 그렇게 되는지는 오랫동안 설명의 공백으로 남아 있었다. 다만, 음수와 양수, 음수와 음수의 계산 결과가 그렇게 나와야만 논리적으로 모순이 생기지 않는다는 것만은 분명히 알고 있었다.

알 사마왈(Al Samaw'al, 1130~1180)은 재산과 빚 대신에 양수와 음수라는 용어를 사용하였다. 그는 양수는 긍정적인 수(positive number), 음수는 부정적인 수(negative number), 0은 비어 있는 수(empty number)라고 명명했다.

요하네스 비트만(Johannes Widmann, 1462~1498)은 음수를 나타내기 위해 최초로 '−'기호를 사용하였다. 덕분에 음수가 처음으로 수로 표현되었으며, '−'가 연산기호 외의 역할을 갖게 된 순간이다.

브라마굽타가 빚과 재산을 이용하여 음수끼리의 곱이 양수라고 주장한 지 1000년이 지나서야 이 계산을 논리적으로 설명한 수학자가 나타났

다. 존 월리스는 수직선의 0을 기준으로 오른쪽이 양수, 왼쪽이 음수라고 생각했다.[1]

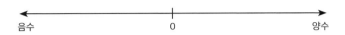

음수　　　　　　　　　0　　　　　　　　　양수

그는 양수와 음수를 다음과 같이 화살표에 대응시켰다. 화살표의 방향이 오른쪽이면 양수, 왼쪽이면 음수이다. 화살표의 길이는 0에서 대응되는 점까지의 거리이다.

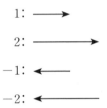

음수의 곱을 이해하기 위해서 먼저 '-1'을 곱하는 것이 무엇을 의미하는지 알아야 한다. 곱셈은 더하는 횟수를 의미하는 기호이므로 '-1'번 더하는 것은 현실에서는 불가능한 일이기 때문이다. 교환법칙이 성립한다는 성질을 이용하여 이를 해결할 수 있다. 다음과 같이 2에 '-1'을 곱하는 것과 '-1'에 2를 곱하는 것은 같다.

$$2 \times (-1) = (-1) \times 2$$

$(-1) \times 2$ 은 '-1'을 2번 더한 것이므로 '-2'가 된다.

$$(-1) \times 2 = (-1) + (-1) = -2$$

결과적으로 2에 '-1'을 곱하면 -2가 되어 화살표의 방향이 반대가 되는 것을 알 수 있다.

$$2 \quad \times \quad (-1) \quad = \quad -2$$

$$\longrightarrow \quad \times \quad (-1) \quad = \quad \longleftarrow$$

[2의 화살표]   [-2의 화살표]

따라서 모든 음수는 '양수$\times (-1)$' 꼴로 변형할 수 있다.

$$-2 = 2 \times (-1) \qquad -3 = 3 \times (-1)$$

$$-4 = 4 \times (-1) \qquad -5 = 5 \times (-1)$$

이제 음수끼리의 곱셈은 다음과 같이 변형되어 '$(-1) \times (-1)$'만 계산하면 그 결과를 알 수 있게 된다.

$$(-2) \times (-3) = 2 \times (-1) \times 3 \times (-1)$$

$$= 2 \times 3 \times (-1) \times (-1)$$

$$= 6 \times (-1) \times (-1)$$

'-1'을 곱하면 화살표의 방향이 반대가 되므로 '-1'을 2번 곱하면 화살표의 방향이 원래대로 돌아온다. 월리스는 이런 방법으로 음수와 음수를 곱하면 양수가 되는 것을 처음으로 논리적으로 설명했다.

그렇다면 '−1'을 3번 곱하면 어떻게 될까? 방향이 3번 바뀌므로 음수가 된다. 또한, '−1'을 4번 곱하면 방향이 4번 바뀌므로 양수가 된다. 음수를 짝수 번 곱하면 양수가 되고 홀수 번 곱하면 음수가 된다는 것도 알수 있다.

$$(-1) \times (-1) \times (-1) = -1$$
$$(-1) \times (-1) \times (-1) \times (-1) = 1$$

음수의 덧셈과 뺄셈

월리스가 양수를 0의 오른쪽 방향 화살표, 음수를 0의 왼쪽 방향 화살표라고 가정하자 음수를 더하고 빼는 것이 무엇을 의미하는지도 명확해졌다.

하지만 음수를 빼는 것이 무엇을 의미하는지는 18세기까지도 명확하게 이해되지 않았다. 1000년 전에 빚을 빼면 재산이 된다는 브라마굽타의 논리에서 크게 벗어나지 못했던 것이다. 오일러는 그의 저서인 『대수학 원론』에서 음수를 빼는 것은 결국 양수를 더하는 것과 같다는 것을 다음과 같은 방식으로 보여주었다.[2]

2에서 2를 빼면 0이 되고 2에서 1을 빼면 1이 되며, 2에서 0을 빼면 2가 된다. 즉, 2에서 빼는 값이 1씩 작아질수록 우변의 값은 1씩 커지고 있다. 만일 이 규칙이 계속 적용된다면 2에서 −1, −2, −3을 빼면 각각 3, 4, 5가 될 것이다.

$$2-2=0 \qquad 2-1=1 \qquad 2-0=2$$
$$2-(-1)=3 \qquad 2-(-2)=4 \qquad 2-(-3)=5$$

그런데 이 계산처럼 되려면 음수를 빼는 것이 다음과 같이 양수를 더하는 것과 같아야만 가능하다는 것을 알 수 있다.

$$2-(-1) \rightarrow 2+1=3$$
$$2-(-2) \rightarrow 2+2=4$$
$$2-(-3) \rightarrow 2+3=5$$

오일러의 생각이 옳다면, 이제 음수의 뺄셈을 다음과 같이 양수의 덧셈으로 바꿔서 계산하면 된다.

$$3-(-2)=3+2=5 \qquad -5-(-3)=-5+3=-2$$

셈돌을 이용한 음수의 덧셈과 뺄셈

20세기 수학자인 가테뇨(Caleb Gattegno, 1911~1988)는 두 종류의 돌(셈돌이라고 한다)을 사용하여 다음과 같이 음수의 덧셈과 뺄셈의 원리를 설명했다. 가테뇨의 셈돌 중에 검은 돌은 양수, 흰 돌은 음수를 표상한다. 셈돌을 사용한다는 것은 '수'를 다시 '양'으로 되돌리는 것을 의미한다. 이는 20세기까지도 음수의 계산을 가르치는 것이 쉽지 않았다는 것을 방증한다.

같은 색깔의 돌끼리 더할 때는 별도의 계산 과정 없이 돌을 나열하기만 하면 된다.

$$1+1=● + ●=●● = 2$$
$$(-1)+(-1)=○ + ○=○○=-2$$

다른 색깔의 돌끼리 더하려면 '같은 개수의 검은 돌과 흰 돌을 더하면 0이 된다'는 성질을 이용한다.[3]

$$● + ○=0$$
$$●● + ○○=0$$

다음의 덧셈에서 검은 공 2개와 흰 공 2개를 더하면 0이 되어 사라지므로 남는 공이 계산의 결과가 된다.

$$3+(-2) → ●●● + ○○=● = 1$$
$$(-4)+2 → ○○○○ + ●●=○○=-2$$

뺄셈은 같은 색깔의 돌끼리 빼 주면 된다. 문제는 빼야 할 돌의 개수가 모자라는 경우이다. 이럴 때는 검은 돌과 흰 돌을 되살리면 된다. 즉, 뺄셈에서 검은 돌이 하나 필요하면 검은 돌 하나와 흰 돌 1개도 함께 되살려야 하고 검은 돌이 2개 필요하면 검은 돌 2개와 흰 돌 2개를 함께 되살려야 한다는 뜻이다.

양수에서 양수를 빼는 예시를 보자. 다음의 뺄셈에서는 검은 돌이 1개 부족하기 때문에 검은 돌 1개와 흰 돌 1개를 함께 되살려야 한다. 그러면 검은 돌은 모두 사라지고 흰 돌 1개만 남는다.

$$2-3 \;\rightarrow\; \bullet\bullet - \bullet\bullet\bullet = \bullet\bullet\bullet\bullet\bigcirc - \bullet\bullet\bullet = \bigcirc = -1$$

양수에서 음수를 빼는 다음 식에서는 검은 돌에서 흰 돌을 빼야 하므로 흰 돌 2개가 부족하다. 흰 돌 2개와 검은 돌 2개를 함께 되살려서 빼면 흰 돌은 모두 사라지고 검은 돌 5개가 남는다.

$$3-(-2) \;\rightarrow\; \bullet\bullet\bullet - \bigcirc\bigcirc = \bullet\bullet\bullet\bullet\bullet\bigcirc\bigcirc - \bigcirc\bigcirc = \bullet\bullet\bullet\bullet\bullet = 5$$

마지막으로 음수에서 음수를 빼는 다음의 뺄셈에서는 흰 돌이 하나 부족하지만, 흰 돌 1개와 검은 돌 1개를 함께 되살려서 빼면 검은 돌은 모두 사라지고 흰 돌 1개만 남는다.

$$(-2)-(-3) \;\rightarrow\; \bigcirc\bigcirc - \bigcirc\bigcirc\bigcirc \;\rightarrow\; \bigcirc\bigcirc\bigcirc\bullet - \bigcirc\bigcirc\bigcirc = \bullet = 1$$

셈돌을 이용한 계산은 뺄셈에 특히 유용하다. 셈돌에서는 양수는 양수끼리 음수는 음수끼리 계산하기 때문에 굳이 뺄셈을 덧셈으로 바꿔 계산하는 번거로운 과정을 거치지 않아도 된다.

존재하지도 않는, 없음보다 작다는 의미를 갖는 수를 수로 인정하고, 수체계 속에서 연산하는 방법까지 알아냈다. 음수의 사칙연산을 통해 음수도 0과 자연수처럼 일반적인 수라는 것을 깨닫고, 수학자들은 자연수 외의 새로운 수체계를 도입하기 시작한다.

정수

자연수 앞에 '−'부호를 붙인 수의 위치가 정해지고 음수의 연산이 가능해지면서 자연수와 0, 그리고 자연수 앞에 '−'부호를 붙인 음수를 포괄하는 수체계가 필요하게 되었다. 수학자들은 이 수체계에 정수(integer)라는 이름을 붙여주었다. '−자연수' 꼴이 음의 정수이므로 자연수는 자연스럽게 양의 정수가 되었다. 이제 자연수 1, 2, 3, 4, …도 음의 정수와 짝을 맞춰 +1, +2, +3, +4, …와 같이 자연수 앞에 '+'부호를 붙여서 음수 반대편에 있는 양수라는 뜻을 강조할 수 있게 되었다.

정수의 '정'은 '가지런하다'라는 뜻인데 수직선 위에 정수를 나열하면 똑같은 간격으로 가지런하게 나열되기 때문에 그런 이름을 얻었을 것이다.

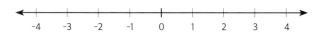

또한, 정수는 영어로 'whole number'라고 한다. 여기서 whole은 '완전한' 또는 '나누어지지 않은'이라는 뜻이다. 이것은 정수가 '깨진 수' 또는 '나누어진 수'라는 뜻의 분수가 아니라는 의미를 강조한 것이다.

자연수에서 자연수를 빼면 반드시 자연수가 되는 것은 아니지만 정수에서 정수를 빼면 항상 정수가 된다.

$$정수 - 정수 = 정수$$

이것을 수학 용어로 뺄셈에 대해 '닫혀 있다(closed)'고 한다. 정수는 덧셈과 곱셈에서도 닫혀 있다. 정수끼리 더하거나 곱하면 반드시 정수가 되기 때문이다.

$$정수 + 정수 = 정수 \qquad 정수 \times 정수 = 정수$$

문제는 '정수÷정수'의 값이 다음과 같이 정수 범위를 벗어날 수도 있다는 것이다. 즉, 정수는 나눗셈에 대하여 닫혀 있지 않다.

$$1 \div 2 = \frac{1}{2} \neq 정수$$

피보나치는 '정수÷정수'를 가로 막대기(—)를 이용하여 '$\frac{정수}{정수}$'와 같은 분수 꼴로 나타냈다. 따라서 정수의 나눗셈을 닫혀 있게 하기 위해서는 '$\frac{정수}{정수}$' 꼴을 포함하는 수체계를 만들 필요가 있다.

유리수

  '정수÷정수' 꼴을 포함하는 수체계를 만들면 그 수체계는 사칙연산에 닫혀 있게 된다. 이렇게 해서 자연수에서 자연수를 빼면 자연수가 아닐 수 있고 정수에서 정수를 나누면 정수가 아닐 수 있다는 문제를 해결하게 되었다.

  현대수학에서는 '$\dfrac{정수}{정수}$' 꼴을 유리수(rational number)라고 한다. rational의 'ratio'는 비 또는 비율이라는 뜻이므로 유리수의 어원 자체가 분수 꼴로 나타낼 수 있다는 뜻이다. 물론 분모에는 0이 올 수 없고 고대 문명에서 사용한 분수와는 달리 음수를 포함한다.

  하지만 분수와 유리수를 혼동해서는 안 된다. 유리수는 분자와 분모에 정수가 오는 분수 꼴로 정의된 것이다. 만일 분자나 분모에 π와 같은 무리수가 오면 유리수가 아니다. 분수는 나눗셈을 다르게 표시하는 방법일 뿐이다.

  또한 '$\dfrac{정수}{정수}$' 꼴에서 분모가 1이 되면 유리수는 정수가 된다. 따라서 유리수는 다음과 같이 '정수인 유리수'와 '정수가 아닌 유리수'로 구분할

$$
유리수 \begin{cases} 정수 \begin{cases} 양의\ 정수(자연수) : 1, 2, 3, \cdots \\ 0 \\ 음의\ 정수 : -1, -2, -2, \cdots \end{cases} \\[2em] 정수가\ 아닌\ 유리수 : \dfrac{1}{2},\ \dfrac{1}{3},\ -\dfrac{3}{2},\ \cdots \end{cases}
$$

수 있다.

유리수는 나눗셈에 대해서도 닫혀 있으므로 이제 유리수는 사칙연산에 대해 닫혀 있다. 물론 0으로 나누는 것은 금지된다.

$$유리수 + 유리수 = 유리수 \qquad 유리수 - 유리수 = 유리수$$
$$유리수 \times 유리수 = 유리수 \qquad 유리수 \div 유리수 = 유리수$$

마지막의 '유리수÷유리수'는 언제나 다음과 같이 '정수÷정수' 꼴로 변형할 수 있으므로 '유리수÷유리수'도 예외 없이 유리수이다.

$$\frac{2}{5} \div \frac{3}{7} = \frac{2}{5} \times \frac{7}{3} = \frac{14}{15}$$

더 알아보기

음의 유리수의 덧셈과 뺄셈

정수가 아닌 음수―음의 유리수―까지 수체계에 포함되면서 음수의 덧셈과 뺄셈을 기존의 화살표나 셈돌을 이용하는 것이 불편하게 되었다. 바이어슈트라스(Karl Wierestrass, 1815~1897)가 만든 절댓값을 이용하면 음수의 덧셈과 뺄셈을 효율적으로 할 수 있다. 물론 바이어슈트라스가 음수의 계산을 위해서 절댓값을 만든 것은 아니다.

여기서 절댓값은 양수와 음수를 따지지 않고 절대적인 양만을 의미한다. 즉, 절댓값은 수직선의 기준점인 0에서 얼마나 떨어져 있는지만을 표시한다. 예를 들어 2의 절댓값과 −2의 절댓값은 같은데, 둘 다 0에서 2만큼 떨어져 있기 때문이다. 절댓값은 다음과 같이 두 세로선(│ │) 사이에 수를 끼워 넣어서 나타낸다.

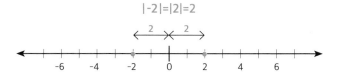

$$|-2|=|2|=2$$

현대수학에서 절댓값을 이용한 음수의 계산은 다음과 같이 알고리즘으로 만들어져 사용되고 있다.

먼저 양수끼리의 덧셈은 각각의 절댓값을 더하면 된다.

$$(+3)+(+2) = |+3| + |+2| = 3+2 = 5$$

음수끼리의 덧셈은 각각의 절댓값을 더한 다음 '−'기호를 붙이면 된다.

$$(-3)+(-2) = -(|-3|+|-2|) = -(3+2) = -5$$

음수와 양수의 덧셈은 조금 까다롭다. 먼저 각각의 절댓값을 구한 다음 절댓값이 큰 수에서 작은 수를 뺀다. 그런 다음 양수의 절댓값이 크면 그대로 두고 음수의 절댓값이 크면 '−'부호를 붙이면 된다.

예를 들어 $(+3)+(-2)$ 의 계산에서 양수인 '+3'의 절댓값 3이 음수인 '2'의 절댓값 2보다 크기 때문에 3에서 2를 빼기만 하면 계산이 마무리된다.

$$(+3)+(-2) = |+3| - |-2| = 3-2 = 1$$

또한, $(-3)+(+2)$ 의 계산에서는 음수인 3의 절댓값인 3이 양수인 +2의 절댓값인 2보다 크므로 3에서 2를 뺀 값에 '−'부호를 붙여야 한다.

$$(-3)+(+2) = -(|-3|-|+2|)=-(3-2)=-1$$

위의 방식을 음의 유리수의 계산에 그대로 적용할 수 있다. 양의 유리수의 절댓값이 음의 유리수의 절댓값보다 크면 절댓값끼리 그냥 빼면 되고, 음의 유리수의 절댓값이 양의 유리수의 절댓값보다 크면 절댓값끼리 뺀 다음에 '−'부호를 붙이면 된다.

예를 들어 $(+\frac{1}{2})+(-\frac{1}{3})$과 같은 양의 유리수와 음의 유리수의 덧셈에서 '$+\frac{1}{2}$'의 절댓값인 $\frac{1}{2}$이 '$-\frac{1}{3}$'의 절댓값인 $\frac{1}{3}$보다 크기 때문에 $\frac{1}{2}$에서 $\frac{1}{3}$을 뺀 값에 '+'부호를 붙이면 된다.

0을 기준점으로 만든 음수

음수가 없어도 0은 존재할 수 있다. 반면에 0이 없으면 음수는 존재할 수 없다. 음수는 0을 기준으로 양수의 반대편에 존재하기 때문이다. 하지만 0도 음수로 인해서 새로운 지위를 얻게 되었다. 음수가 없으면 0은 시작점일 뿐이다. 그 지위조차도 1과 싸우고 있지만 말이다. 음수가 '수'로서 인정받게 되자 0은 시작점에서 기준점으로 그 지위가 바뀌었다. 이제 무엇이든 기준점을 0으로 두면 그보다 작은 값은 음수가 되고 그보다 큰 값은 양수가 된다.

예를 들어 섭씨(이것을 고안한 Celcius의 중국식 발음을 한자어로 표기하면 섭위평이므로 섭씨가 되었다) 0도는 절대적인 기준이 아니다. 그저 물이 어

화씨와 섭씨가 함께 표시된 온도
계. 물이 어는 온도인 0℃는 화씨로
표현하면 32℉가 된다.

는 온도를 기준점으로 삼았을 뿐이다. 섭씨
0도는 미국에서 주로 사용하는 화씨(고안자
Fahrenheit의 중국식 발음을 한자어로 표기하면 화륜
해특이므로 화씨가 되었다)로 바꾸면 화씨 32도
가 된다.

　육상이나 수영 경기에서 세계기록보다 빠
르면 그 차이만큼의 음수로, 느리면 그 차이
만큼의 양수로 표기된다. 당연히 세계기록과
같으면 0으로 표기된다. 세계기록이 기준점
인 것이다.

　주식시장에서도 주가는 전날과 같으면 0,
전날보다 오르면 양수로, 내리면 음수로 표기
된다. 전날의 주가가 기준점이 되는 것이다.

Chapter 11

미지수를
보다

돌 하나의 무게를 알면 돌 2개의 무게는 덧셈만으로 계산할 수 있다. 하지만 돌 1개 반의 무게를 알고 있을 때 돌 1개의 무게를 구하는 것은 단순한 사칙연산의 문제가 아니다. 주어진 단서를 이용하여 무엇인가를 구해야 하는 이런 유형의 질문을 현대수학에서는 '방정식'이라고 한다. 이때, 주어진 돌 1개 반의 무게를 '기지수', 구해야 하는 돌 1개의 무게를 '미지수', 구해야 할 돌의 무게를 '해'라고 한다. 이런 질문은 매우 오래전부터 존재했지만, 답을 찾는 과정은 쉽지 않았다. 자연수가 수의 전부일 때는 그나마 적당한 수를 대입해서라도 답을 찾을 수 있었지만, 분수를 사용하면서부터는 대입할 수 있는 수의 범위가 사실상 무한대로 늘어났기 때문에 해를 찾는 새로운 방법이 요구되었다.

　　이를 해결하기 위해 수학자들은 두 가지 방향으로 나아갔다. 하나는 방정식을 푸는 일반적인 해법을 찾는 것이고, 다른 하나는 미지수와 기지수를 문자화하여 공식을 만들어 내는 것이다. 사차방정식까지는 근의 공식이 구해졌지만, 5차 방정식의 근의 공식은 오랫동안 구해지지 않았다. 아벨(Niels Henrik Abel, 1802~1829)과 갈루아(Evariste Galois, 1811~1832)는 5차 이상의 방정식은 근의 공식이 구조적으로 존재할 수 없다는 것을 증명함으로써 수학자들이 더 이상 5차 방정식의 근의 공식을 구하려는 무모한 시도를 하지 않을 수 있게 되었다. 근의 공식을 구할 수 없게 되면서 수학자들은 근이 존재하는지의 여부와 근의 참값 대신 근삿값을 구할 수 있는 방법을 찾아냈다.

　이렇게 보면 수학은 마치 물처럼 한쪽이 막히면 멈추는 것이 아니라 다른 쪽으로 우회해서 흘러가는 성질이 있다.

문자 없이 미지수 구하기

대부분의 고대 문명에서 지금의 방정식은 '퀴즈'와 비슷한 형식이었다. 조건에 부합하는 답을 추론하는 방식이었다. 미지수라는 개념은 없었고 적당한 값을 조건에 대입한 다음 오차를 수정하면 되었다.

다음은 중국의 수학 고전인 『구장산술』에 실려 있는 학구산(학과 거북이를 활용한 계산) 문제이다.

'학과 거북이가 모두 20마리 있다. 다리가 모두 50개라면 학과 거북이는
각각 몇 마리일까?'

20마리가 모두 학이라면 다리는 40개 있을 것이고, 모두 거북이라면 다리는 80개 있으므로 학과 거북이가 섞여 있는 것은 분명하다. 학과 거북이의 수를 0과 20 사이의 어떤 수로 가정해도 틀리지 않지만, 책에서는 각각 10마리씩 있다고 가정한다. 그러면 학 다리는 모두 20개이고 거북이 다리는 모두 40개이므로 둘을 합하면 60개의 다리가 있게 되어 문제에서 주어진 50개보다 10개 더 많다. 주어진 조건보다 다리의 수가 많다

는 것은 거북이의 수를 실제보다 더 많이 가정했기 때문이므로 거북이의 수를 줄여야 한다.

거북이 한 마리를 학으로 교체하면 다리가 2개씩 줄어들기 때문에 다리를 10개 줄이려면 거북이 5마리를 학과 바꾸면 된다. 따라서 학 15마리, 거북이 5마리가 주어진 문제의 정답이다.

명나라의 수학자 정대위(程大位, 1533~1592)의 『직지산법통종(直指算法統宗)』에는 스님과 만두 문제도 이와 비슷하다. 이 문제는 조선 후기 실학자인 황윤석(1729~1791)이 1774년에 펴낸 『이수신편(理藪新編)』이라는 책에 '난법가'라는 제목으로 소개되어 있기도 하다.

'만두 100개와 스님 100명이 있다. 큰스님에게는 만두 3개, 작은스님에게는 3명당 만두 1개씩 나누어 주니 남는 만두가 없었다. 큰스님은 몇 명이고 작은스님은 몇 명인가?'

먼저 큰스님이 40명, 작은스님이 60명 있다고 가정해 보자. 이때 큰스님과 작은스님이 각각 50명씩 있다고 가정하지 않고 작은스님이 60명 있다고 가정한 것은 작은스님은 3명당 만두 하나씩 받는데 남는 만두가 없으므로 작은스님의 수는 3의 배수일 것이 확실하기 때문이다.

40명의 큰스님들에게는 모두 $120(=3 \times 40)$개의 만두를, 60명의 작은스님들에게는 모두 $20(=\frac{1}{3} \times 60)$개의 만두를 나누어 주어야 하므로 140개의 만두가 필요하다. 만두가 모자라게 된 것은 큰스님의 수를 실제보다 많다고 가정했기 때문이다. 작은스님은 3명당 만두 1개씩 받기 때문에 큰스님과 작은스님을 1명씩 바꾸는 것보다 큰스님 3명을 작은스님 3명과 바꾸는 것이 낫다. 큰스님 3명의 만두는 9개이고 작은스님 3명의 만두는 1개이므로 3명씩 바꾸면 만두가 8개씩 줄어든다. 따라서 만두를 40개 줄이려면 이런 교체를 5회 해야 한다.

큰스님 15명을 작은스님 15명으로 바꾸면, 최종적으로 큰스님은 40명에서 15명이 줄어든 25명이 되고 작은스님은 60명에서 15명이 늘어난 75명이 된다.

위의 풀이는 학구산 문제처럼 풀어 본 것이고, 실제 해답은 이 방식과 다르다. 책의 저자는 위 문제의 초점을 스님에서 만두로 이동했다. 큰스님 1명과 작은스님 3명이 만두 4개를 가져간다. 따라서 큰스님 1명과 작은스님 3명을 하나의 그룹으로 묶으면, 만두 100개는 25개의 그룹에 나누어 줄 수 있다. 따라서 큰스님은 25명, 작은스님은 75명이다.

최초의 미지수, 아하

헨리 린드가 발견한 이집트 문명의 파피루스(기원전 1700년 경에 이집트 서기인 아메스가 기록했기 때문에 아메스 파피루스라고도 한다)에는 다음과 같은 문제가 쓰여 있다.

"아하(Aha), 그 전체와 $\frac{1}{7}$로써 19가 된다."

첫머리에 나온 '아하'라는 말은 감탄사처럼 보이지만 미지수를 뜻하는 용어로서 어떤 수와 그 수의 $\frac{1}{7}$을 더하면 19가 된다는 말이다. 지금의 표기 방식으로는 $x+\dfrac{1}{7}x=19$가 된다. 앞의 학구산이나 스님과 만두 문제와 달리 분수를 처리해야 했기 때문에 이런 형식이 필요했을 것이다. 하지만 해법은 학구산 문제와 마찬가지로 '아하'를 7로 가정하는 것에서 시작한다. 문제에 $\dfrac{1}{7}$이 있기 때문에 분수를 피하기 위해서 그렇게 한 것으로 보인다. 하지만 7과 7의 $\dfrac{1}{7}$을 더하면 다음과 같이 19가 아니라 8이 된다.

$$7+7\times\dfrac{1}{7}=8$$

19가 되려면 다음과 같이 8에 $\dfrac{19}{8}$를 곱해야 한다. 물론 이집트 문명은 분자가 1인 단위분수만을 사용했기 때문에 실제 파피루스의 해설은 다음과 다르다.

$$8\times\dfrac{19}{8}=19$$

따라서, '아하'는 처음에 가정한 7에 $\dfrac{19}{8}$를 곱한 $\dfrac{133}{8}$이다.

$$아하=7\times\dfrac{19}{8}=\dfrac{133}{8}$$

미지수의 일반적인 해법을 선보인 알콰리즈미

중국의 학구산 문제나 이집트의 아하 문제의 해법은 적당한 해를 대입하여 조건에 맞춰 가는 방식이므로 조건이 복잡해지면 해를 구하기 어려운 것이 당연하다. 수학자들은 조금 더 복잡하고 난해한 문제들을 풀기 위해 새로운 방법을 도입했다.

9세기경에 아랍의 알콰리즈미는 다음과 같은 왕의 명령에 따라서 『알자브르, 왈무카발라』라는 책을 썼는데, 그 안에 방정식을 푸는 일반적인 해법이 실려 있다.

"책의 내용은 가장 쉽고 유용한 산술, 예를 들어 상속, 유산 배분, 법률 소송, 교역, 개인 간의 거래, 토지 측량, 수로를 파거나 도형을 계산하는 경우처럼 끊임없이 요구되는 목적들에 국한한다."

이 책은 『알게브라와 알무카발라의 서(Liber algebrae et almucabala)』라는 제목의 라틴어로 번역되어 유럽 대학의 수학 교재로 사용되었다. 책 제목의 일부인 '알게브라'는 대수학을 뜻하는 '알지브라(algebra)'의 어원이 되었고 저자의 이름인 '알콰리즈미'는 해법을 뜻하는 '알고리즘(algorithm)'의 어원이 되었다.

책 제목 중에서 '알자브르'는 '복원'이라는 뜻으로 등식의 한쪽 변에서 사라진 양이 다른 변에서 부호가 바뀌어 복원되는 것을 의미한다. '왈무카발라'는 '상쇄'라는 뜻으로 등식의 양변에서 같은 양을 뺄 수 있다는 것을 의미한다.

알콰리즈미는 책에서 미지수를 뜻하는 문자와 사칙연산 기호를 전혀 사용하지 않았지만, 그 원리는 지금과 조금도 다르지 않다. 그는 지금의 등식을 저울로 대신했다. 즉, 양팔저울의 평형을 유지하면서 한쪽 팔에 미지수만 남게 하면 남은 팔에 남겨진 값이 방정식의 해인 것이다. 한쪽 팔에 뭔가를 더하거나 빼면 다른 쪽에서도 그만큼 더하거나 빼야 양팔 저울의 평형이 유지된다. 또한, 한쪽을 어떤 수로 곱하거나 나누면 다른 쪽도 같은 수로 곱하거나 나누어야 한다. 다음의 문제를 풀면서 알콰리즈미의 생각을 따라가 보자.

'근을 2배 하고 3을 더하면 21이 된다. 근은 무엇인가?'

알콰리즈미는 미지수를 동전, 물건, 뿌리 등으로 불렀다. 이것은 지금의 x 보다 이집트의 '아하'에 가깝다. 이 중에서 뿌리를 뜻하는 '근(根)'은 지금까지 살아남아 방정식의 해를 일컫는 말이 되었다.

알콰리즈미는 다음과 같이 저울의 한쪽에는 근 2개와 3을 놓고 다른 쪽에는 21을 놓았다.

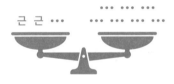

'왈무카발라'에 의해 왼쪽에서 3을 덜어내면, 오른쪽도 3만큼 덜어내야 한다.

양쪽에서 반씩 덜어내면, 왼쪽에는 미지수인 '근'만 남고 오른쪽에는

9가 남는다. 따라서 구하려는 근은 9이다.

하지만 근에서 무엇인가를 빼야 하는 문제는 문제 그대로를 양팔 저울에 반영할 수 없다. 근이 무엇인지 몰라서 문제를 푸는 상황에서 어떻게 2를 뺄 수 있을까?

'근을 3배 하고 2를 빼면 16이 된다. 근은 무엇인가?'

알콰리즈미는 다음과 같이 한쪽 팔에서 2를 빼는 대신에 다른쪽 팔에 2를 더하는 것으로 문제 자체를 바꿨다. 이것이 '알지브라'이다.

'근을 3배 하면 18이 된다. 근은 무엇인가?'

이 원리는 간단한 사례만으로 이해할 수 있다. 예를 들어 8에서 2를 빼면 6이 된다.

$$8-2=6$$

이때, 좌변의 '−2'를 없애면 다음과 같이 우변에 부호가 바뀌어 '+2'로 복원된다. 지금은 이런 방식을 '이항'이라고 한다. 좌변에서 우변으로,

우변에서 좌변으로 항을 이사시킬 때 부호가 바뀐다는 뜻이다.

$$8 = 6 + 2$$

이제 저울을 이용하여 근을 구할 수 있다. 왼쪽에는 근 3개를, 오른쪽에는 18개를 올려놓는다.

양쪽을 3으로 나누면, 왼쪽에는 미지수인 '근'만 남고 오른쪽에는 6이 남는다. 따라서 근은 6이다.

연산의 기호화와 미지수의 문자화

디오판토스는 미지수와 연산을 뜻하는 단어를 그대로 사용하지 않고 축약해서 사용했다. 같은 뜻을 가지는 단어 전체를 굳이 써야 할 필요가 없다는 것을 깨달았기 때문일 것이다. 하지만 당시에는 복잡한 계산이 많지 않았기 때문에 굳이 약자를 사용해서 얻는 편익이 크지 않았을 수도 있다. 그래서인지 디오판토스보다 더 약자를 사용하는 수학자가 오랫동안 등장하지 않았다. 디오판토스의 깨달음은 대항해시대의 수학자들에게 이어졌다. 이 시대에는 천문학과 항해술에서 이전에는 상상하지도 못했던 복잡하고 난해한 계산이 요구되었다. 그런데 문제가 복잡할수록 불필요한 말을 제거하고 본질만 남겨야만 했다. 애매모호한 표현에서 벗어나기 위해서도 간단명료한 표기법이 필요했다. 이처럼 연산을 기호화하고 미지수를 문자화하는 것은 단순히 보기에 좋아서가 아니라 계산의 속도와 정확성에 직결되는 문제였다. 당시 이런 계산을 할 수 있었던 대부분의 수학자들이 독자적으로 기호와 문자를 만든 이유이기도 하다.

다음의 문제를 이용하여 연산과 미지수를 뜻하는 단어가 어떻게 기호화, 문자화되었는지 알아보자.

'근을 2배 하고 3을 더하면 21이 된다. 근은 무엇인가?'

원래는 라틴어였지만, 한국어로 진행되었다면 다음과 같았을 것이다.

근의 2배에 3을 더하면 21이다.
→ 근의 2배 더하기 3 같다 21
→ 근 곱하기 2 더하기 3 같다 21
→ 근 곱 2 더 3 같 21
→ 근 ㄱ 2 ㄷ 3 ㅌ 21

실제로는 '더하기', '빼기', '같음'이라는 뜻의 라틴어인 piu, meno, aequalia가 다음과 같이 말 줄임과 생략을 거쳐 '$+, -, =$'와 같은 기호가 되었다.

덧셈 기호 : piu $\rightarrow$ pi $\rightarrow$ p: $\rightarrow \tilde{p} \rightarrow$ p $\rightarrow +$

뺄셈 기호 : meno $\rightarrow$ m: $\rightarrow \tilde{m} \rightarrow$ m $\rightarrow -$

등호 기호 : aequalia $\rightarrow \begin{cases} \overset{\sim}{\propto} \\ \underset{=}{=} \end{cases} \rightarrow === \rightarrow =$

다음은 대수학의 각종 기호를 누가 언제 처음 사용했는지 정리한 표이다.

기호	수학자	최초 사용년도
$+$	요한네스 비드만	15세기
$-$	루카 파치올리	15세기
$\times$	윌리엄 오트레드	17세기
$\div$	요한 란	17세기
$=$	로버트 레코드	16세기

연산의 기호화와 함께 미지수의 문자화도 진행되었다. 미지수도 단어에서 시작하여 말줄임을 거쳐 알파벳 철자로 굳어졌다. 이집트 문명의 Aha에서 시작하여 디오판토스의 ς(수를 나타내는 arithmos의 처음 두 철자인 a와 r을 결합한 모양), 알콰리즈미의 root, 파치올리의 res, 니콜라스 슈케의 premier, 지롤라모 카르다노의 pos 등을 거쳐 프랑수아 비에트의 A와 데

카르트의 x로 굳어졌다.

$$\text{Aha} \rightarrow \varsigma \rightarrow \text{root} \rightarrow \begin{cases} \text{res} \\ \text{cosa} \\ \text{co} \\ \text{premier} \\ \text{pos} \\ \text{rebus} \end{cases} \rightarrow \text{A} \rightarrow x$$

미지수의 제곱을 뜻하는 문자도 디오판토스의 ΔY에서 시작하여 알콰리즈미의 square, 니콜라스 슈케의 chmaps, 지롤라모 카르다노의 qdratu를 거쳐 프랑수아 비에트의 Aq와 데카르트 xx로 문자화되었다. 데카르트는 x^2만은 xx로 표기했다.

$$\Delta Y \rightarrow \text{square} \rightarrow \begin{cases} \text{champs} \\ \text{qdratu} \end{cases} \rightarrow \text{Aq} \rightarrow xx \rightarrow x^2$$

미지수의 세제곱을 뜻하는 문자 역시 디오판토스 $K Y$에서 시작하여 지롤라모 카르다노의 cubiez를 거쳐 프랑수아 비에트의 Ac, 데카르트의 x^3으로 문자화되었다.

$$K Y \rightarrow \text{cubiez} \rightarrow \text{Ac} \rightarrow x^3$$

연산이 기호화되고 미지수가 문자화되는 과정은 마치 그림이 추상화되는 과정을 떠올리게 한다. 피카소가 그린 소의 연작 그림을 떠올려 보자. 처음에는 소를 사실적으로 그렸지만, 뒤로 갈수록 다른 동물과 다른 소의 본질적인 특징만을 남겼다. 이처럼 수학은 본질을 단순하게 표현한다. 그리고 이런 특징은 이미 알고 있는 수(기지수)까지 단순하게 표현하는 데에 영향을 주었다.

비에트, 기지수를 문자화하다

달걀 2판과 바늘 3쌈을 사 오라는 심부름을 할 때 우리는 달걀 1판이 몇 개인지 바늘 1쌈이 몇 개인지 몰라도 된다. 1판에 담겨 있는 달걀 2판과 1쌈씩 묶여져 있는 바늘 3쌈을 사 오면 그뿐이다. 만일 판이나 쌈이라는 단위가 없었다면, 달걀 60개와 바늘 72개를 하나하나 헤아려야 했을 것이다.

판이나 쌈과 같은 단위의 역할을 수학에서는 문자가 한다. 판을 a라고 하면, 세 판은 $3 \times a$가 된다. 세 판을 '삼 곱하기 판'이라고 하지 않는 것과 똑같이 $3 \times a$는 '삼 에이'라고 읽고 심지어 곱하기 기호까지 생략하여 $3a$라고 쓴다. $3a$에서 a는 30이라는 수를 의미하므로 미지수가 아니라 기지수이다. 즉, 미지수뿐만 아니라 기지수 또한 문자로 쓸 수 있다는 뜻이다. 미지수이든 기지수이든 문자로 표기되면 그것은 분명히 어떤 '수'를 의미한다. 그래서 문자를 수를 대신하는 수를 뜻하는 '대수'라고도 한다.

누구나 쉽게 생각해 냈을 것 같은 기지수의 문자화는 프랑수아 비에트 이전에 거의 아무도 생각하지 못한 영역이었다. 문자는 모르는 수를 위한 것이지 이미 알고 있는 수를 위한 것이 아니라는 생각의 장벽이 생각보다 높았기 때문일 것이다.

비에트는 미지수는 모음(A, E, I)으로, 기지수는 자음(B, C, D)으로 표기함으로써 기지수 문자와 미지수 문자를 구분했지만, 그의 표기법은 단명했다. 미지수를 x, y, z 로, 기지수를 a, b, c 라고 표기하는 데카르트의 방식을 수학자들이 더 선호했기 때문이다. 이 표기법은 데카르트가 1637년 익명으로 출간한 『방법서설』의 '기하학(La Geometri)'에서 처음 사용되었다.

기지수와 미지수를 모두 문자로 놓고 미지수를 구하면 문자로 이루어진 근이 구해진다. 이른바 '공식(formula)'의 탄생이다. 이로써 인류는 똑같은 풀이 과정을 계속 반복해야 하는 개미지옥에서 해방되었다. 공식의 기지수 문자 자리에 숫자를 대입하기만 하면 바로 근이 구해지기 때문이다. 심지어 풀이 과정을 전혀 모르는 사람도 공식에 숫자를 대입해서 근을 구할 수 있었다.

만일 $ax+b=c$의 근의 공식이 $x=\dfrac{c-b}{a}$라는 것을 알면 이런 형태의 모든 방정식의 근을 구할 수 있다. 예를 들어 $2x+3=21$ 식에서 $a=2$, $b=3$, $c=21$이므로 이것을 $x=\dfrac{c-b}{a}$ 식의 a, b, c 자리에 다음과 같이 대입하면 누구나 9라는 근을 얻을 수 있다.

$$x=\frac{21-3}{2}=\frac{18}{2}=9$$

기지수를 뜻하는 문자는 냉장고에 반찬통을 넣을 때 나중에 무엇이 들어있는지 일일이 확인하지 않아도 알 수 있게 미리 붙여 두는 이름표 같은 것이었다. 하지만 지식이라는 눈덩이는 눈길이 약간이라도 경사지면, 스스로 굴러가서 엄청나게 커지는 경향이 있다. 수학자들은 곧 숫자가 할 수 있는 모든 것을 문자도 할 수 있다는 것을 깨닫게 되었다. 사실 고대 그리스 문명에서는 숫자가 곧 문자이기도 하지 않았던가. 이처럼 숫자와 문자의 경계가 무너지자 숫자와 문자, 문자와 문자끼리 얼마든지 더하고 빼고 곱하고 나눌 수 있게 되었다.

그렇다면, $2a$와 $3a$를 더할 수 있을까? 만일 a가 1판에 가득 들어 있는 달걀의 개수라고 하면, $2a$는 2판에 들어 있는 달걀의 개수이고 $3a$는 3판에 들어 있는 달걀의 개수이다. 달걀 2판과 달걀 3판을 더하면 당연히 달걀 5판이 되므로 $2a+3a=5a$가 성립한다. 이처럼 같은 문자끼리는 더할 수 있다. 물론 $3a-2a=a$와 같이 뺄셈도 가능하다. 달걀 3판에서 2판을 빼면 1판이 남는 것 역시 당연하기 때문이다. $2a$와 $3a$와 같이 문자 부분이 같으면 동류항(like terms)이라고 하며, 동류항끼리는 더하거나 뺄 수 있다.

$$2a+3a=5a \qquad 3a-2a=a$$

이때, b를 마늘 1접에 들어 있는 마늘의 개수라고 하면, 다음과 같은 계산이 성립한다. 동류항끼리만 더하거나 뺄 수 있다는 것에 주의해야 한다.

$$(2a+b)+(4a+2b)=(2a+4a)+(b+2b)=6a+3b$$

문자의 곱과 나눗셈은 다음과 같이 같은 문자끼리는 가능하다.

$$a \times a = a^2$$
$$a^3 \div a = \frac{a \times a \times a}{a} = a \times a = a^2$$

이렇듯 문자도 숫자처럼 더하거나 빼거나 곱하거나 나눌 수 있다는 성질을 이용하면, 말로 했을 때 혼란스럽게 여겨졌던 여러 가지 수학 개념이 명료하게 설명되었다. 등식의 성질과 교환법칙, 결합법칙 등이 그렇다.

등식의 성질

알콰리즈미의 양팔 저울은 지금의 등식과 같다. 현대수학은 등식의 언어라고 해도 과언이 아니다. 수학은 식이나 문장을 등식으로 놓고 등식의 성질을 이용하여 등식을 다양하게 변형해서 원하는 결과를 얻는 과정이다. 결국 수학은 동어반복의 마법이다. 같은 말을 반복해서 할 뿐인데도 뭔가 새로운 것이 만들어지니 신비하다고도 할 수 있다.

수학이 등식의 언어라면 등식의 성질은 수학의 문법이다. 등식의 성질은 등식의 양변에 같은 수를 더하거나 빼거나 곱하거나 0이 아닌 수로 나누어도 등식이 성립한다는 것이다. 그런데 기지수를 문자화하면 다음과 같이 등식의 성질을 명료하게 나타낼 수 있다.

$a=b$가 성립하면,

$$a+c=b+c$$

$$a-c=b-c$$

$$a \times c = b \times c$$

$$\frac{a}{c} = \frac{b}{c} (단, c \neq 0)$$

도 성립한다.

일단 $a=b$라는 등식을 가지고 있으면, 기본적으로 네 방향(더하고 빼고 곱하고 나눔)으로 갈 수 있는 교차로를 확보한 것으로 보면 된다.

등식의 성질을 이용해서 알콰리즈미의 문제인 $2x+3=21$을 풀어보자.

먼저 등식의 양변에 3을 빼서 좌변에 $2x$만 남긴다.

$$2x+3-3=21-3$$
$$\rightarrow 2x=18$$

등식의 양변을 모두 2로 나누면 좌변에 x만 남는다. 이때 우변에 남은 9가 주어진 문제의 답이다.

$$\frac{2x}{2}=\frac{18}{3}$$
$$\rightarrow x=9$$

더 알아보기

교환법칙과 결합법칙

어떤 두 수를 더하거나 곱할 때 자리를 바꿔 더하거나 곱해도 그 값이 같으면 교환법칙이 성립한다고 한다. 이것 또한 이렇게 말로 하는 것보다 다음과 같이 문자를 이용하면 그 의미가 확실히 명료해진다.

$$a+b=b+a$$

$$a \times b = b \times a$$

결합법칙은 말로 하기조차 어렵다. 3개의 수를 더하거나 곱할 때, 어떤 수를 먼저 더하거나 곱해도 그 값이 달라지지 않을 때 결합법칙이 성립한다고 한다.

$$a+b+c=(a+b)+c=a+(b+c)$$
$$a \times b \times c=(a \times b) \times c=a \times (b \times c)$$

위와 같이 문자를 이용하여 결합법칙을 나타내면 중요한 사실을 발견할 수 있다. 여러 개의 수를 더하거나 곱해야 할 때, 반드시 한 번에 2개의 수만 더하거나 곱할 수 있다는 것이다. 여러 개의 수를 동시에 계산한 것처럼 느껴지더라도 찰나의 시간으로 쪼개 보면 2개씩 계산했다는 것이 드러날 것이다. 이것을 '이항연산의 법칙'이라고 한다. 여기서 이항은 항이 2개라는 뜻이다. 예를 들어 '2+3+5'의 답이 10이라는 것은 순식간에 계산했을 것이다. 하지만 어느 누구도 세 수를 동시에 계산한 것이 아니다. 대부분 2+3을 먼저 계산하고 남은 5와 더해서 10이라는 결과를 얻었을 것이다. 3+5를 먼저 계산하고 남은 2와 더한 사람이 있을지는 모르겠지만 결과는 같다.

결합법칙이 성립한다는 것은 여러 수를 더하거나 곱할 때 어떤 두 수를 먼저 더하거나 곱해도 결과가 달라지지 않으므로 여러 수 중에서 계산하기 쉬운 두 수부터 먼저 계산해도 된다는 것을 의미한다. 반면 뺄셈과 나눗셈은 결합법칙이 성립하지 않으므로 순서대로 계산해야 한다.

사실 여러 수를 더하거나 곱할 때는 교환법칙과 결합법칙을 함께 사용하는 경우가 많다. 예를 들어 2+5+3을 계산할 때, 2+3을 먼저 계산했다면 다음과 같이 교환법칙과 결합법칙을 거의 동시에 사용한 것이다.

$$2+(5+3)=2+(3+5)=(2+3)+5$$

방정과 방정식

기지수를 이용하여 미지수를 구하는 것을 '방정'이라고 한다. '방정'이란 말은 1859년에 중국의 수학자 이선란(李善蘭, 1810~1882. 함수뿐만 아니라 대수, 상수, 변수, 미지수, 계수, 지수, 미분, 다항식, 직교좌표계 등의 용어를 번역했다)이 번역한 것이다.[1] 『구장산술』의 '제8장. 방정(方程)'에서 따온 말이다. '방정'의 방은 '네모', 정은 '정돈하다'는 뜻이다. 당시 중국에서는 바닥에 정사각형 모양을 그린 다음 그 안에 산가지로 수를 표시했다. 산가지를 더하거나 빼서 근을 구했다. 사실 『구장산술』의 '방정'은 방정식이 아니라 연립방정식의 해법이다.

방정식은 '방정'을 하기 위해서 등식으로 표현한 것을 의미한다. 예를 들어 $x+2=4$는 방정식이다. 미지수 x에 2를 대입하면 등식이 성립하기 때문이다. 현대수학에서 방정식은 특정 값을 대입하면 성립하는 등식을 말한다. 반면에 $x+x=2x$와 같이 좌변과 우변의 식이 같아서 미지수 x에 모든 값을 대입해도 성립하는 등식을 '항등식'이라고 하다. 다음은 수학자 화이트헤드가 방정식과 항등식을 정의한 것이다.

"어떤 x에 대해 성립하는 등식은 방정식이고 모든 x에 대해 성립하는 등식은 항등식이다."

수식에서 문자가 곱해진 개수를 차수(degree)라고 한다. 즉, x^2은 $x \times x$와 같이 x가 2개 곱해져 있으므로 이차식이고 x^3은 $x \times x \times x$와 같이 x가 3개 곱해져 있으므로 삼차식이다. 따라서, $x+2=4$는 일차방정식, $x^2=4$는 이차방정식, $x^3 = 3x - 2$은 삼차방정식이다.

알콰리즈마에 의해 일차방정식과 이차방정식의 해법은 알려져 있었지만, 삼차방정식과 사차방정식의 해법은 16세기에야 비로소 발견되었다. 일차방정식은 알콰리즈미의 양팔 저울 방식과 지금의 등식의 성질을 이용하여 풀 수 있다. 이차방정식의 해법은 바빌로니아 시대로 거슬러 올라간다.

정사각형의 면적을 이용한 이차방정식의 해법

바빌로니아 문명에서도 이차방정식의 해법을 알고 있었다. 하지만 해법을 말로 장황하게 설명했을 뿐 그 원리는 설명하지 않았다. 그 원리는 알콰리즈미가 정사각형의 면적을 이용하여 설명했다. 예를 들어 $x^2 + 10x = 39$의 근은 다음과 같이 구할 수 있다. 알콰리즈미 역시 연산 기호와 문자는 사용하지 않고 말과 그림으로 설명했다.

면적이 x^2인 정사각형을 그린다. 한 변의 길이는 x이다.

면적이 $5x$인 직사각형을 다음과 같이 그린다. 이때, $5x$는 $10x$의 반이다.

$$x = x^2 + 5x$$

면적이 $5x$ 인 직사각형을 다음과 같이 그린다.

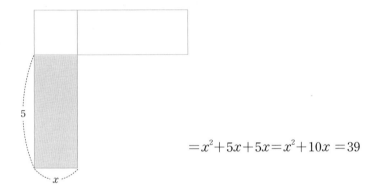

$$= x^2 + 5x + 5x = x^2 + 10x = 39$$

정사각형을 만들려면 면적이 25인 정사각형을 다음과 같이 붙인다.

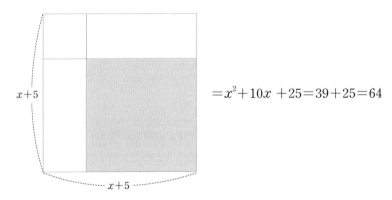

$$= x^2 + 10x + 25 = 39 + 25 = 64$$

한 변의 길이가 $(x+5)$인 정사각형의 면적이 64이므로 $x=3$이어야 한다. x는 변의 길이이므로 음수가 될 순 없기 때문이다.

알콰리즈미는 이차방정식의 꼴을 여러 가지로 나눠서 각각의 해법을 설명했다. 위에서 설명한 이차방정식은 $x^2+bx=c$ 꼴의 해법이다. 이 방정식에서 b와 c는 양수여야 한다. 면적을 이용하여 풀어야 하기 때문이다.

현대수학에서는 이차방정식을 $ax^2+bx+c=0$ 꼴로 통일하여 다음과 같은 근의 공식을 구해 놓았다. 두말할 필요 없이 수학에서 가장 중요한 공식 중의 하나이다.

$$x=\frac{-b\pm\sqrt{b^2-4ac}}{2a}$$

근의 공식에서 보듯이 모든 이차방정식의 근에는 $\sqrt{b^2-4ac}$ 꼴이 포함되어 있다. 루트($\sqrt{}$)는 제곱해서 루트 안의 수가 되는 수를 의미한다. 예를 들어 $\sqrt{4}=2$이고 $\sqrt{9}=3$이다. 그런데 $\sqrt{2}$나 $\sqrt{3}$의 정확한 값은 알 수 없다. 더 나아가 루트 안에 음수가 들어가는 $\sqrt{-1}$이나 $\sqrt{-2}$는 그 값이 문제가 아니라 그 정체를 알 수 없다. $\sqrt{2}$나 $\sqrt{3}$는 무리수, $\sqrt{-1}$이나 $\sqrt{-2}$는 허수에서 다룰 것이다.

인수분해를 이용한 이차방정식의 해법

바빌로니아 문명에서 알콰리즈미까지 이차방정식의 우변에는 항상 양수가 있어야 했다. 이차방정식의 해법 자체가 좌변과 우변의 면적을 같게 유지하면서 미지수를 구하는 방식이므로 우변에 0이 올 수는 없었다. 면적이 0인 도형이 존재하지 않기 때문이다.

하지만, 0과 곱하지 않고는 0이 될 수 없는 0의 성질을 이용하여 데카르트는 면적을 이용하지 않고도 이차방정식의 해를 구하는 새로운 방법을 찾아냈다. 다음과 같이 이차방정식의 우변에는 0만 남기고 좌변을 두 일차식의 곱으로 인수분해하는 방식이다. 문자끼리의 곱셈에서 '×' 기호를 생략할 수 있는 것과 마찬가지로 식의 곱셈에서도 '×' 기호를 생략할 수 있다.

$$x^2 + 10x = 39$$
$$\rightarrow x^2 + 10x - 39 = 0$$
$$\rightarrow (x-3) \times (x+13) = 0$$
$$\rightarrow (x-3)(x+13) = 0$$

$(x-3)(x+13)=0$이 성립하려면, $x-3=0$이거나 $x+13=0$이어야 한다. 따라서, 주어진 이차방정식의 근은 $x=3$이거나 $x=-13$이다. 앞서 알콰리즈미는 x를 길이로 간주했기 때문에 3이라는 근만 구했지만, 음수를 허용하면 13도 근이 된다는 것을 알 수 있다.

문제는 이 방식을 사용하기 위해서는 좌변의 식 $x^2 + 10x - 39$를 $(x-3)(x+13)$으로 인수분해할 수 있어야 한다는 것이다. 인수분해하기 위해서는 $(x-3)(x+13)$과 $x^2 + 10x - 39$가 같다는 것을 알 필요가 있다. $(x-3)(x+13)$은 포일(FOIL) 분배법칙을 이용하여 풀어낼 수 있다. FOIL의 F는 Firsts(앞항들), O는 Outers(바깥쪽 항들), I는 Inners(안쪽 항들), L은 Lasts(뒷항들)을 뜻한다.

다음과 같이 문자를 사용하면 그 과정과 원리를 명료하게 알 수 있다.

$$\underset{\substack{\text{Firsts} \quad \text{Lasts} \\ \text{Outers} \quad \text{Inners}}}{(a+b)(c+d)} = ac+ad+bc+bd$$

포일 분배법칙이 성립한다는 것을 다음과 같이 직사각형의 면적으로도 확인할 수 있다.

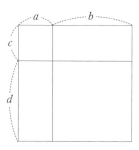

→ 직사각형의 넓이$=(a+b)\times(c+d)=ac+ad+bc+bd$

이제 $(x+a)(x+b)$를 포일 분배법칙을 이용하여 전개하면 다음과 같다.

$$(x+a)(x+b)=x^2+ax+bx+a\times b=x^2+(a+b)x+ab$$

위의 식을 분석하면 다음과 같이 인수분해 방법을 추출할 수 있다.

$$x^2+\underset{\text{합}}{(a+b)}x+\underset{\text{곱}}{ab} \longrightarrow (x+a)(x+b)$$

예를 들어 x^2+3x+2 식이 $(x+a)(x+b)$로 인수분해된다면 $a+b=3$, $ab=2$이어야 한다. 더해서 3이 되고 곱해서 2가 되는 두 수는 1과 2이므로 x^2+3x+2은 다음과 같이 인수분해될 수밖에 없다.

$$x^2+3x+2=(x+1)(x+2)$$

다시 처음으로 돌아와서 $x^2+10x-39$식을 인수분해해 보자. 더해서 10, 곱해서 39가 되는 두 수를 찾으면 된다. 그 수는 다음과 같이 13과 3일 수밖에 없다.

$$13+(-3)=10$$
$$13\times(-3)=-39$$

따라서 $x^2+10x-39$식은 다음과 같이 인수분해된다.

$$x^2+10x-39=(x-3)(x+13)$$

다만 모든 이차방정식을 이렇게 인수분해해서 풀 수 있다고 생각해서는 안 된다. 인수분해되는 이차방정식은 아주 특이한 경우이고 대부분의 이차방정식은 근의 공식을 이용하여 풀어야 한다. 이차방정식의 근의 공식은 모든 이차방정식을 풀 수 있는 도구이다.

삼차방정식과 사차방정식

삼차방정식과 사차방정식의 해법은 16세기에 이탈리아 사람들에 의해서 발견되었다. 그들 대부분은 독학자였다. 이들은 어려운 수학 문제를 푸는 시합을 통해서 자기 솜씨를 과시하였다. 시합에서 이기면 명성뿐만 아니라 돈도 벌 수 있었기 때문에 경쟁은 치열했다.

이와 같은 투쟁적인 분위기 속에서 삼차방정식에 대한 격론이 전개되었다. 그 격론에 먼저 불을 지른 사람은 프란체스코파의 수도승인 루카 파치올리였다. 그는 1494년에 초심자용 대수학 교과서 『산술, 기하, 비율 및 비례총람(Summa de arithmetica, geometria, Proportioni et proportionalita)』이라는 자신의 책 말미에 삼차방정식의 해법을 구하지 못했으며, 아마도 그 방법은 존재하지 않을 것이라고 썼다.

파치올리의 도발에 맨 먼저 응한 사람은 스키피오네 델 페로(Scipione del Ferro, 1465~1526)였다. 그는 이차항이 없는 삼차방정식 $x^3+px=q$의 해법만을 제자인 안토니오 피오레(Antonio Maria Fiore, 1506~?)에게 전수했다.

타르탈리아(Tartaglia, 1500~1557)가 자신도 삼차방정식의 해법을 찾았다고 떠들어 대자 그것이 거짓이라고 판단한 피오레가 결투를 신청했다. 각자 30문제를 냈고 50일의 기간이 주어졌다. 이 대결에서 타르탈리아가 완승했다. 타르탈리아는 거의 마지막 날에서야 그 해법을 발견했다고 전해진다.

사실 타르탈리아는 이름이 아니라 '말더듬이'라는 뜻으로 그의 본명은 니콜로 폰타나(Nicolo Fontana)이다. 프랑스가 1512년 이탈리아 북부 브레시아를 약탈할 때, 어린 그는 병사들에 의해서 아버지를 잃고 그 자신도 턱과 입에 치명상을 입어 거의 죽다가 살아났다. 그 이후 수염을 길게 길러 흉터는 감출 수 있었지만, 말을 더듬는 것은 결국 극복하지 못했다.

타르탈리아가 페로와의 대결에서 완승했다는 소식은 의사이자 프로 도박사이자 아마추어 수학자인 카르다노의 귀에도 들어갔다. 그는 순진한 타르탈리아를 설득하여 삼차방정식의 해법을 얻어내는 데 성공했다. 타르탈리아는 카르다노가 다음과 같이 맹세하자 자신의 해법을 알려 주었다.

"나는 명예를 가진 사람으로서 신에게 맹세합니다. 당신의 발견을 절대로 사람들에게 공개하지 않는다고. 만일 당신이 삼차방정식의 해법을 나에게 가르쳐 준다면, 나는 신의 이름으로 당신에게 약속합니다. 그 해법을 나만 아는 암호로 기록해서 내가 죽은 뒤에는 그 누구도 그것을 이해할 수 없게 하겠습니다."

하지만 카르다노는 델 페로가 자신의 제자인 피오레에게 유산으로 남긴 논문에서 타르탈리아와 거의 똑같은 해법을 발견하고 나서는 타르탈리아와의 약속을 지킬 필요가 없다고 판단했다. 그는 1545년에 삼차방정식과 사차방정식의 해법이 포함된 『아르스 마그나(Ars Magna, 쇠를 금으로 만드는 위대한 비법인 연금술을 의미한다)』라는 제목의 책을 출간했다. 이 책은 유클리드의 『원론』 이후 역사적으로 가장 의미가 있는 책으로 평가받는다. 카르다노는 이 책에서 삼차방정식의 해법을 타르탈리아에게서 배운 것을 인정했다. 하지만 타르탈리아는 카르다노를 거세게 비난하면서 결국 소송까지 갔다.[2] 이 소송에서 지고 카르다노의 제자이자 사차방정식의 해법을 찾아낸 페라리와의 대결에서도 참패한 타르탈리아는 명예와 교수직을 모두 잃고 비참하게 생을 마감했다고 알려져 있다.

삼차방정식과 사차방정식의 근의 공식이 존재한다면, 오차 이상의 방정식의 근의 공식도 있을 것으로 추측할 수 있다. 당시 수학자들도 그랬다. 하지만 200년 이상 오차방정식의 근의 공식은 발견되지 않았다. 아벨과 갈루아는 역발상으로 이 문제를 해결했다. 존재하지 않기 때문에 구할 수 없는 것은 아닌가 하는 생각 말이다. 결국 이들은 오차 이상의 방정식의 근의 공식이 '구조적으로' 존재할 수 없음을 증명해 냈다. 아벨은 병으로, 갈루아는 결투로 요절했다. 하지만 이들이 발견한 구조는 '군이론'으로 발전하여 현대수학의 중요한 분야로 자리매김했다.[3]

근의 공식이 존재하지 않는 방정식이라고 해서 근을 구하는 것 자체를 포기하지는 않았다. 참값은 영원히 구하지 못하겠지만, 다음 그래프에 그려진 방법으로 근사값을 구할 수 있다. 이것을 '사이값의 정리'라고 하며, 컴퓨터가 근을 구하는 알고리즘이기도 하다.

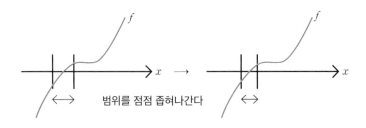

방정식의 근은 함수의 그래프가 x 축과 만나는 점이기도 하다. 서로 다른 두 수를 함수에 대입했을 때 하나는 음수가 나오고 다른 하나는 양수

가 나왔다면 근은 그 두 수 사이에 존재한다. 두 수의 범위를 좁혀 나가면 원하는 만큼 정확하게 근의 근삿값을 구할 수 있다. 방정식이 한계에 부딪히자 방정식과 함수의 콜라보레이션이 시작된 것이다.

더
알아보기

삼차방정식의 해법

삼차방정식의 해법에 사용되는 도구는 다음과 같다.

$$(a+b)^3 = a^3 + 3a^2b + 3ab^2 + b^3$$
$$= a^3 + b^3 + 3ab(a+b)$$

위 식에서 $a+b=x$라고 하면, 다음과 같이 변형된다.

$$x^3 = 3abx + a^3 + b^3$$

이때, $3ab=f$, $a^3+b^3=g$라고 하면, 이차항 없는 삼차방정식이 된다.

$$x^3 = fx + g$$

예를 들어 이차항이 없는 삼차방정식 $x^3 = 18x + 35$에서 18을 $3ab$, 35를 a^3+b^3으로 놓고 a와 b를 구하기만 하면 삼차방정식의 해를 구할 수 있다. $a+b$가 삼차방정식의 해이기 때문이다. $18 = 3 \times 2 \times 3$이고 $35 = 2^3 + 3^3$이므로 $a=2$, $b=3$이 되어 $5(=2+3)$가 주어진 삼차방정식의 해 중의 하나이다. 이제 이차항 없는 삼차방정식 $x^3 = fx + g$의 해를 구해 보자. 여기서 f와 g는 기지수이다.

$a^3=p$, $b^3=q$라고 하면, $a=\sqrt[3]{p}$, $b=\sqrt[3]{q}$이므로 $3ab=f$, $a^3+b^3=g$가 다음과 같이 변형되고 삼차방정식의 근은 $a+b=\sqrt[3]{p}+\sqrt[3]{q}$가 된다. (단, $p>q$라고 가정하자.)

$$f=3ab=3\sqrt[3]{pq},\ g=a^3+b^3=p+q$$

이제 연립방정식 $\begin{cases} 3\sqrt[3]{pq}=f \\ p+q=g \end{cases}$ 을 풀면 된다.

$3\sqrt[3]{pq}=f$의 양변을 세제곱하면 다음과 같이 pq로 된 식을 구할 수 있다.

$$27pq=f^3 \rightarrow pq=\frac{f^3}{27}$$

곱셈공식의 변형식인 $(a-b)^2=(a+b)^2-4ab$를 이용하여 다음과 같이 $p-q$를 구한다.

$$(p-q)^2=(p+q)^2-4pq$$
$$=g^2-\frac{4f^3}{27}$$
$$\rightarrow p-q=\sqrt{g^2-\frac{4f^3}{27}}\ (p>q\ \text{이므로})$$

이제 $p+q=g$와 $p-q=\sqrt{g^2-\dfrac{4f^3}{27}}$ 을 연립하면 된다.

두 식을 더하면, 다음과 같이 p를 구할 수 있다.

$$2p=g+\sqrt{g^2-\frac{4f^3}{27}} \rightarrow p=\frac{g+\sqrt{g^2-\dfrac{4f^3}{27}}}{2}$$

두 식을 빼면 다음과 같이 q를 구할 수 있다.

$$2q = g - \sqrt{g^2 - \frac{4f^3}{27}} \rightarrow p = \frac{g - \sqrt{g^2 - \frac{4f^3}{27}}}{2}$$

$a = \sqrt[3]{p}$, $b = \sqrt[3]{q}$이므로 위에서 구한 p, q를 대입하여 a와 b를 구할 수 있다.

$$a = \sqrt[3]{p} = \sqrt[3]{\frac{g + \sqrt{g^2 - \frac{4f^3}{27}}}{2}}, \quad b = \sqrt[3]{q} = \sqrt[3]{\frac{g - \sqrt{g^2 - \frac{4f^3}{27}}}{2}}$$

$x = a + b$이므로 다음의 값이 삼차방정식 $x^3 = fx + g$의 해 중의 하나이다. 나머지 두 근은 ω(오메가)를 이용하여 구할 수 있다.

$$x = \sqrt[3]{\frac{g + \sqrt{g^2 - \frac{4f^3}{27}}}{2}} + \sqrt[3]{\frac{g - \sqrt{g^2 - \frac{4f^3}{27}}}{2}}$$
$$= \sqrt[3]{\frac{g}{2} + \sqrt{\left(\frac{g}{2}\right)^2 - \left(\frac{f}{3}\right)^3}} + \sqrt[3]{\frac{g}{2} - \sqrt{\left(\frac{g}{2}\right)^2 - \left(\frac{f}{3}\right)^3}}$$

이 공식은 이차항이 없는 삼차방정식의 해법이다. 그렇다면 이차항이 존재하는 삼차방정식은 어떻게 풀까? 다음과 같이 '치환'을 이용하여 이차항을 제거하면 된다.

삼차방정식 $x^3 + ax^2 + bx + c = 0$의 해를 구해 보자.
먼저 $x = t + k$라고 치환한 다음 다음과 같이 x^3과 x^2을 t의 식으로 변형한다.

$$x^3 = (t + k)^3 = t^3 + 3kt^2 + 3k^2t + k^3$$
$$x^2 = (t + k)^2 = t^2 + 2kt + k^2$$
$$x = t + k$$

위 식을 삼차방정식 $x^3 + ax^2 + bx + c = 0$에 대입한다.

$$t^3 + 3kt^2 + 3k^2t + k^3 + a(t^2 + 2kt + k^2) + b(t + k) + c = 0$$

t에 대한 내림차순으로 정리하면 다음과 같다.

$$t^3+(3k+a)t^2+(3k^2+2ak+b)t+k^3+ak^2+bk+c=0$$

위 식에서 이차항을 제거하려면 그 계수인 $3k+a=0$ 이어야 한다.

$$3k+a=0 \rightarrow k=-\frac{a}{3}$$

$k=-\frac{a}{3}$을 삼차방정식에 대입하면, 다음과 같이 이차항이 제거된 삼차방정식이 만들어진다. 이차항 없는 삼차방정식의 해법을 적용하면 해를 구할 수 있다.

$$t^3-(\frac{a^2}{3}-b)t+\frac{2a^3}{27}-\frac{ab}{3}+c=0$$

더 알아보기

사차방정식의 해법

삼차방정식에서 이차항을 제거하는 것이 중요한 과정인 것처럼 사차방정식에서는 삼차항을 제거하는 것이 해법의 시작이다.

사차방정식 $x^4+ax^3+bx^2+cx+d=0$에 $x=y-\frac{a}{4}$를 대입하면, 다음과 같이 삼차항이 제거된 사차방정식 꼴이 만들어진다. 그런 다음 일차항과 상수항을 우변으로 이항한다.

$$y^4 + py^2 + qy + r = 0$$
$$\rightarrow y^4 + py^2 = -qy - r$$

양변에 $py^2 + p^2$을 더하면 좌변이 완전제곱식으로 바뀐다.

$$y^4 + 2py^2 + p^2 = py^2 - qy + p^2 - r$$
$$\rightarrow (y^2 + p)^2 = py^2 - qy + p^2 - r$$

양변에 $2(y^2 + p)z + z^2$을 더하면 다음과 같이 좌변을 또다시 완전제곱식으로 만들 수 있다.

$$(y^2 + p)^2 + 2(y^2 + p) + z^2 = py^2 - qy + p^2 - r + 2z(y^2 + p) + z^2$$
$$\rightarrow (y^2 + p + z)^2 = py^2 - qy + p^2 - r + 2z(y^2 + p) + z^2$$
$$= (p + 2z)y^2 - qy + (p^2 - r + 2pz + z^2)$$

위 등식에서 좌변이 완전제곱 꼴이므로 우변도 완전제곱 꼴이어야 한다. 즉, 판별식이 0이어야 한다.

$$D = q^2 - 4(p + 2z)(p^2 - r + 2pz + z^2) = 0$$
$$\rightarrow 8z^3 + 20pz^2 + (16p^2 - 8r)z + (4p^3 - 4pr - q^2) = 0$$

이렇게 해서 x에 대한 사차방정식이 z에 대한 삼차방정식으로 변형되었다. 다시 말해, 모든 사차방정식을 삼차방정식으로 바꿔 풀 수 있게 된 것이다. 삼차방정식의 해법으로 구한 z값을 다음의 식에 대입해서 y값을 구하면 된다. 애당초 우변을 완전제곱 꼴로 만들 수 있는 z값을 구한 것이기 때문에 다음과 같이 좌변과 우변 모두 완전제곱 꼴이 된다.

$$(y^2+p+z)^2=(p+2z)y^2-qy+(p^2-r+2pz+z^2)=(p+2z)(y-s)^2$$

$a^2=b^2$는 $a=\pm b$이므로 위의 식을 다음과 같이 변형할 수 있다.

$$y^2+p+z=\pm\sqrt{p+2z}\,(y-s)$$

이제 이차방정식을 2번 풀면 사차방정식의 해를 구할 수 있다. 물론 이렇게 구한 y값을 $x=y-\dfrac{a}{4}$식에 대입하여 x값을 구해야 마무리된다.

Chapter 12

유리수의
빈틈을 보다

피타고라스는 모든 수를 자연수의 비로 나타낼 수 있다고 믿었다. 자연수의 비는 자연수 또는 분자와 분모가 모두 자연수인 분수로 표시할 수 있다. 피타고라스가 말한 자연수의 비는 현대 수학에서 유리수에 포함된다. 유리수는 정수의 비를 의미한다.

그런데 바빌로니아 문명에서부터 그리스 문명에 이르기까지 자연수의 비로 나타내지 못하는 수가 계속 모습을 드러냈다. 그 수들이 원래 자연수의 비로 나타낼 수 없는 수라는 것을 알지 못한 채, 자연수의 비로 나타낼 수는 있지만 자신들이 구하지 못하는 것뿐이라고 생각했다.

한 변의 길이가 1인 정사각형의 대각선의 길이가 대표적인 사례이다. 쉽게 구할 수 있을 것으로 생각했지만, 그 길이를 자연수의 비로 나타내는 데 실패했다. 그리스 문명에서는 자연수의 비로 나타내지 못하는 수가 존재한다는 것을 증명했지만, 그렇게 되면 모든 수를 자연수의 비로 나타낼 수 있다는 수학의 기반을 포기해야 했다. 그리스 문명은 지금 생각하면 실망스

러운 방법으로 이 문제를 해결했다. 길이나 넓이 등을
'수'가 아니라 셀 수 없는 '양'으로 간주했던 것이다.

하지만 16세기 이후 셀 수 없는 양은 무리수라는 이
름으로 다시 수의 지위를 회복했고 19세기에 들어와
서는 사실 수의 대부분이 무리수라는 사실도 증명되
었다.

정사각형의 대각선의 길이를 구한 바빌로니아 문명

기원전 1700년쯤에 만들어진 것으로 추정되는 바빌로니아 점토판에는 한 변의 길이가 Y인 정사각형의 대각선의 길이와 한 변의 길이가 ⟨⟨⟨인 정사각형의 대각선의 길이가 새겨져 있다.

점토판의 대각선 위에 새겨져 있는 바빌로니아 숫자는 다음과 같다. 물론 바빌로니아 문명에는 소수점이 없었지만, 맥락에 의해서 1과 42 뒤에 소수점이 찍혀 있다는 것을 알 수 있다.

예일 대학에 보관되어 있는 바빌로니아 점토판(YBC 7289). **점토판에 쐐기로 숫자가 새겨져 있다.**

1.   24   51   10   42.   25   35

바빌로니아 문명은 60진법을 사용했기 때문에 위의 점토판에 새겨진 수를 지금의 방식으로 나타내면 다음과 같다. 10진법에서는 분모가 10의 거듭제곱 꼴이지만, 60진법에서의 분모는 60의 거듭제곱 꼴이 된다.

$$1.24\ 51\ 10 = 1 + \frac{24}{60} + \frac{51}{60^2} + \frac{10}{60^3} = 1.4141666666881$$

$$42.25\ 35 = 42 + \frac{25}{60} + \frac{35}{60^2} = 42.42684$$

바빌로니아 문명에서 구한 1.4141666666881을 제곱하면 대략 1.9999가 되어 오차가 매우 적다. 그렇다면 이들은 길이가 1인 정사각형의 대각선의 길이를 어떻게 구했을까? 정사각형의 면적을 이용해서 구한 것이 점토판 유물에 새겨져 있다.

한 변의 길이가 2인 정사각형의 넓이는 4이고 안쪽 정사각형의 넓이는 4의 절반인 2이다. 즉, 어떤 수를 제곱해서 2보다 크면 그 수를 조금 줄이

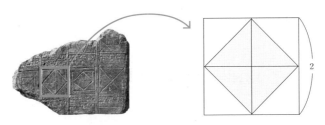

기원전 1000년경 바빌로니아 문명의 점토판. **바빌로니아인들은 길이가 2인 정사각형 안쪽의 마름모의 넓이가 2인 것을 이용해 길이 1인 정사각형의 대각선의 길이를 구했다.**

고 어떤 수를 제곱해서 2보다 작으면 그 수를 조금 늘리는 방식을 거듭해서이 값을 구했을 것으로 추측된다. 다음의 방식은 이 과정을 10진법을 이용해 구한 것이다. 물론 바빌로니아 문명에서는 같은 방식을 60진법에 적용하여 위의 점토판에 기록된 $1+\dfrac{24}{60}+\dfrac{51}{60^2}+\dfrac{10}{60^3}$값을 구했을 것이다. 비록 다른 위치기수법을 사용하지만, 사고의 과정을 따라가 보도록 하자.

1.4의 제곱은 2보다 작고 1.5의 제곱은 2보다 크므로 제곱해서 2가 되는 수는 1.4와 1.5의 사이에 있다.

$$1.4^2=1.96,\ 1.5^2=2.25$$

1.41의 제곱은 2보다 작고 1.42의 제곱은 2보다 크므로 제곱해서 2가 되는 수는 1.41과 1.42의 사이에 있다.

$$1.41^2=1.9881,\ 1.42^2=2.0164$$

1.414의 제곱은 2보다 작고 1.415의 제곱은 2보다 크므로 제곱해서 2가 되는 수는 1.414와 1.415의 사이에 있다.

$$1.414^2=1.999396,\ 1.415^2=2.002225$$

바빌로니아 문명의 수학자들은 위 과정을 거듭하면 언젠가는 제곱해서 2가 되는 수가 반드시 구해질 것이라고 생각했을 것이다. 오차는 단위의 문제이기 때문에 단위를 더 작게 하면 오차를 0으로 만들 수 있다고 여겼을 것이다. 실용적으로는 '1.24 51 10' 정도의 근삿값도 충분했을 것이다.

그런데 점토판의 1.24 51 10 아래에 42. 25 35를 써 놓은 이유는 무엇일까? 이것은 길이가 30인 정사각형의 대각선의 길이이다. 이 점토판은 다음 문제에 대한 해답을 기록한 수학 교재의 일부였을 수도 있다.

[문] 한 변의 길이가 **⟨⟨⟨**인 정사각형의 대각선의 길이를 구하라.

60진법에서는 1.24 51 10에 60을 곱하면 그 숫자는 그대로 둔 채 자리만 왼쪽으로 한 칸씩 이동하여 1 24. 51 10이 되므로 한 변의 길이가 60인 정사각형의 대각선의 길이를 구하는 것은 문제로서의 가치가 없다.

$$1.24\ 51\ 10 \times 60 = 1\ 24.\ 51\ 10$$

그런데 1. 24 51 10에 30을 곱하는 것은 쉽지 않은 문제이다. 점토판에 풀이 과정이 나와 있지는 않지만, 당시 교사는 30을 직접 곱하지 않고 다음과 같이 60을 먼저 곱한 다음 반으로 나누는 계산법을 알려 주었을 것이다.

$$1.24\ 51\ 10 \times\ ⟨⟨⟨ = 1.24\ 51\ 10 \times 60 \div 2 = 1\ 24.\ 51\ 10 \div 2$$

1 24. 51 10은 $60 + 24 + \dfrac{51}{60} + \dfrac{10}{60^2}$ 을 의미한다. 이때, 60의 반은 30이고

24의 반은 12이므로 둘을 더하면 42가 되어 소수점 왼쪽 자리의 수가 된다.

$$60 \div 2 + 24 \div 2 = 30 + 12 = 42$$

소숫점 바로 아래의 51은 2로 나누어떨어지지 않으므로 50과 1을 따로 계산해야 한다. 50의 반은 25가 되고 1은 2로 나누어지지 않으므로 그 오른쪽 자리의 60으로 보내면 된다.

$$50 \div 2 = 25$$

왼쪽 자리에서 넘어온 60의 반인 30과 10의 반인 5를 더하면 35가 된다.

$$60 \div 2 + 10 \div 2 = 30 + 5 = 35$$

앞의 풀이 과정을 정리하면 다음과 같이 점토판에 새겨져 있는 수를 구할 수 있다.

$$1\ 24,\ 51\ 10 \div 2 = 42,\ 25\ 35$$

바빌로니아 문명의 발견과 피타고라스 정리

정사각형의 대각선을 구하는 과정에서 바빌로니아 문명은 우리가 피타고라스 정리라고 알고 있는 '직각삼각형에서 빗변이 아닌 두 변의 제곱의 합은 빗변의 제곱의 합과 같다.'는 것을 발견했다. 이때 당시 어떤 수의 제곱은 그 수를 한 변으로 하는 정사각형의 넓이를 의미하므로 피타고라스 정리는 다음과 같이 그려질 수 있다.

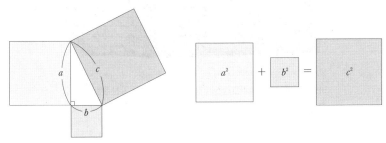

정사각형의 넓이를 이용한 피타고라스 정리의 증명. 직각삼각형의 각 변을 한 변으로 하는 정사각형의 넓이의 관계를 이용해 피타고라스 정리를 증명할 수 있다.

바빌로니아 문명은 직각삼각형의 세 변의 길이가 모두 자연수가 되는 수의 조합(이를 피타고라스 수라고 한다)을 찾아서 점토판에 기록하기까지 했다.

플림톤 점토판에 새겨진 수를 지금의 수로 나타내면 다음의 표와 같다. 점토판에는 빗변과 한 변의 길이가 새겨져 있는데, 이 두 수를 피타고라스 정리에 대입하면 나머지 한 변의 길이도 자연수가 된다는 것을 알 수 있다.

점토판에 찍혀 있는 수		피타고라스 정리
⋮	⋮	⋮
45	75	$75^2 - 45^2 = 60^2$

콜롬비아 대학에 보관되어 있는 바빌로니아 점토판 Plimpton 322.
바빌로니아인들은 피타고라스의 정리를 수학적으로 알진 못했지만, 경험적으로는 이미 점토판에 정리할 정도로 많은 것을 알고 있었다.

65	97	$97^2 - 65^2 = 72^2$
119	169	$169^2 - 119^2 = 120^2$
$\vdots$	$\vdots$	$\vdots$

바빌로니아 문명은 피타고라스가 태어나기도 훨씬 전부터 피타고라스 정리를 사용하였지만, 지금 우리는 이것을 바빌로니아 정리라고 하지 않고 피타고라스 정리라고 한다. 아마도 피타고라스가 이 등식이 옳다는 것을 증명했기 때문일 것이다. 바빌로니아와 이집트의 수학은 실용적인 성격이 강했다. 왜 옳은지보다 그것을 어디에 사용할 수 있는지를 먼저 생각했다. 하지만 고대 그리스 문명은 인류 역사상 거의 최초로 수학을 실용에서 분리했다. 철학과 토론에 능했던 그리스 사람들은 현상보다 현상 이면의 본질과 진리에 관심을 기울였다.

바빌로니아에서 12년, 이집트에서 22년 동안 살면서 그들의 문명과 수학을 공부한 피타고라스가 56세의 늦은 나이에 자신의 고향인 사모스에 '세미키르클레'라는 학당을 세울 수 있었던 것도 이런 사회 문화적 분위기가 한몫했을 것이다.

피타고라스는 제자들과 함께 '피타고라스 정리'를 증명했다. 바빌로니아 문명과 마찬가지로 a^2, b^2, c^2은 각각 한 변의 길이가 a, b, c인 정사각형의 넓이를 의미했으므로 다음과 같이 증명하는 것은 자연스러운 접근이었다. 왼쪽 그림의 4개의 직각삼각형을 오른쪽 그림처럼 배치하면, $a^2+b^2=c^2$이 성립하는 것을 볼 수 있다.

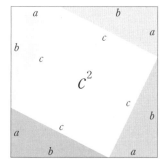 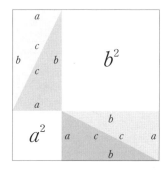

피타고라스가 증명한 피타고라스 정리. 같은 크기의 정사각형 안에 있는 직각삼각형을 이용해 피타고라스 정리를 증명할 수 있다.

문제는 피타고라스 정리가 정작 피타고라스 자신의 생각에 반한다는 것이었다. 바빌로니아에서 수학을 배운 피타고라스 역시 모든 수는 다른 어떤 수의 배수라고 확신했다. 단위를 작게 하면 어떤 수라도 그 단위의 몇 배라고 할 수 있어야 했기 때문이다. 즉, 모든 수는 자연수 또는 자연수의 비로 나타낼 수 있다. 자연수의 비를 음수까지 포함하는 '정수의 비'로 확대하면 지금의 '유리수'가 된다. 즉, 피타고라스가 생각한 수는 유리수였던 것이다.

그런데 피타고라스 정리를 이용하여 빗변을 구하면, 자연수나 자연수의 비로 나타내기 어려운 값이 다음과 같이 계속 만들어진다. 제곱해서 2가 되는 수, 제곱해서 5가 되는 수, 제곱해서 10이 되는 수 모두 자연수의 비로 나타낼 수 없었던 것이다.

직각삼각형	피타고라스 정리
	$1^2+1^2=x^2$ $\rightarrow x^2=2$
	$1^2+2^2=x^2$ $\rightarrow x^2=5$
	$1^2+3^2=x^2$ $\rightarrow x^2=10$

처음에는 어려운 것인지 불가능한 것인지 피타고라스 자신도 알 수 없었을 것이다. 하지만 '왜'를 추구하는 그리스 문명에서 그 해답이 밝혀지는 것은 시간문제였다.

당대 최고의 수학자 중의 하나인 피타고라스가 제곱해서 2가 되는 수 (이때 수는 유리수)가 존재하지 않을 가능성이 있다는 것을 몰랐을 리가 없다. 아마도 그는 다음과 같이 추론했을 것이다.

모든 자연수의 비는 기약분수인 $\dfrac{b}{a}$ 꼴로 나타낼 수 있다. 그런데 자연수 a와 b 둘 다 짝수일 수는 없다. a와 b가 모두 짝수이면 다음과 같이 2로 약분할 수 있기 때문에 기약분수가 아니다. 따라서 기약분수의 분자와 분모는 모두 홀수이거나 둘 중의 하나는 홀수여야 한다.

$\dfrac{b}{a}$의 제곱인 $\dfrac{b^2}{a^2}$이 2라면, '$b^2 = 2 \times a^2$'이므로 b^2은 반드시 짝수여야 한다. b^2이 짝수이면 b도 짝수다. 짝수를 제곱하면 짝수, 홀수를 제곱하면 홀수이기 때문이다. 하지만 기약분수에서 분자와 분모가 모두 짝수일 수는 없기 때문에 a는 반드시 홀수여야 한다.

$$a = 2m+1, \, b = 2n \, (m, n\text{은 자연수})$$

그런데 짝수의 제곱은 4의 배수이므로 b가 짝수이면 b^2은 4의 배수이다.

$$b^2 = 4n^2$$

참고로, 짝수의 제곱이 4의 배수가 되는 것을 다음 식을 통해서도 확인할 수 있다.

$$2^2 = 4 \qquad 4^2 = 16 \qquad 6^2 = 36$$
$$8^2 = 64 \qquad 16^2 = 256 \qquad \cdots$$

b^2이 4의 배수이므로 $\dfrac{b^2}{a^2}$가 2가 되려면 a^2은 4의 배수인 b^2을 2로 나눈 값이어야 한다. 4의 배수를 2로 나누면 2의 배수가 되기 때문이다. 2의 배수는 짝수이므로 a^2은 짝수이다. a^2이 짝수이면 a도 짝수이다.

위의 논증에 의해서 a는 홀수이면서도 동시에 짝수여야 하므로 모순이다. 따라서 제곱해서 2가 되는 자연수의 비는 존재하지 않는다고 결론을 내릴 수 있다.

피타고라스는 이런 추론을 통해 '수(유리수)가 아닌 수'를 보았을 것이다. 하지만 그 스스로 그렇다고 인정할 수는 없었다. 이것을 인정하면 자신이 그동안 공들여 세웠던 세계관이 뿌리째 뽑히기 때문이다. 그러나 손바닥으로 하늘을 가릴 수는 없는 법이다. 다른 누구도 아닌 그의 제자인 히파수스(Hippasus, BC 530~BC 450)가 '제곱해서 2가 되는 수'는 자연수의 비로 나타낼 수 없음을 수학적으로 증명했다. 이 사실은 피타고라스를 따르는 무리들에 의해서 은폐된다. 그가 파문당했다는 말도 있고 살해당했다는 말도 있으나 어느 것도 확실하지는 않다. 이 증명은 훗날 유클리드의 저서인 『원론』에 자세하게 소개되어 있다. 하지만 이것 또한 히파수스의 증명이 전해진 것인지 아니면 유클리드 자신이 증명한 것인지 확실하지 않다.

'수'의 자격을 잃은 셀 수 없는 양

제곱해서 2가 되는 수(유리수)가 존재하지 않는다는 것이 증명되었기 때문에 수학자들은 이것의 정체에 대해서 어떻게든 설명해야 했다. 이들은 수와 크기를 분리하는 것으로 이 문제를 해결하고자 했다. 셀 수 있는 양은 수(number)이고 셀 수 없는 양은 크기(magnitude)라고 말이다. 오래전에 하나로 통합되었던 셀 수 있는 양과 셀 수 없는 양은 다시 분리되었다. 원래 셀 수 없는 양은 기준이 되는 단위의 몇 배로 표시할 수 있다고 믿었기 때문에 '수'에 편입되었지만, 그런 식으로 표시할 수 없는 양이 존재한다는 것이 밝혀진 이상 셀 수 없는 양의 '수'의 자격을 박탈해야 한다는 논리였다. 그리고는 자연수의 비로 나타낼 수 없는 양을 제곱근($\sqrt{}$, 루트)에 가둬 버렸다. 이제 제곱해서 2가 되는 '수'는 넓이가 2인 정사각형의 한 변의 '길이', 즉 $\sqrt{2}$가 되었다. $\sqrt{2}$라는 개념이 정립되면서부터 제곱해서 2가 되는 수가 사실은 '1.414…'라는 양을 표시한다는 것을 생각할 필요조차 없게 되었다.

한편, 제곱해서 2가 되는 수를 표시하는 제곱근 기호는 다음과 같은 과정을 거쳐 $\sqrt{2}$로 굳어졌다. Radix는 라틴어로 제곱근을 의미한다.

$$제곱해서 2가 되는 수 \rightarrow Radix2 \rightarrow Rx2 \rightarrow r2 \rightarrow \sqrt{}\,2 \rightarrow \sqrt{2}$$

만일 한국어였다면 다음과 같이 변형되었을 것이다. 공교롭게도 컴퓨터의 쿼티 방식 키보드에는 r과 ㄱ이 같은 키에 새겨져 있다.

제곱해서 2가 되는 수 → 제곱근2 → 근2 → ㄱ2 → $\sqrt{2}$

사실 $\sqrt{2}$의 왼쪽 어깨에는 다음과 같이 2가 생략되어 있다. 따라서, $\sqrt{2}$는 '루트 2'가 아니라 제곱근을 의미하는 '스퀘어 루트(square root) 2'이다. 그리고 당연히 왼쪽 어깨에는 2뿐만 아니라 2 이상의 모든 자연수를 쓸 수 있다. 다만, 압도적으로 많이 사용되는 수를 생략하는 수학적 관행으로 인해 2가 생략된 것으로 보면 된다.

$$\sqrt{2} = \sqrt[2]{2}$$

처음에는 루트를 제곱근에서만 사용했기 때문에 $\sqrt{2}$가 제곱근 2를 의미했지만, 이제는 루트 기호를 세제곱근이나 네제곱근에서도 사용하기 때문에 $\sqrt{2}$를 '스퀘어 루트' 또는 '제곱근'이라고 말하는 것이 정확한 표현이지만, 실제로는 '루트 2'라고 말해도 무방하다.

$\sqrt[2]{4}$가 제곱해서 4가 되는 수를 의미하는 것과 마찬가지 이유로 $\sqrt[3]{8}$은 세제곱해서 8이 되는 수를 말하며, $\sqrt[4]{16}$은 네제곱해서 16이 되는 수를 뜻한다. 이들의 값은 다음과 같이 모두 2이다.

$$2 \times 2 = 4 \;\rightarrow\; \sqrt[2]{4} = 2$$
$$2 \times 2 \times 2 = 8 \;\rightarrow\; \sqrt[3]{8} = 2$$
$$2 \times 2 \times 2 \times 2 = 16 \;\rightarrow\; \sqrt[4]{16} = 2$$

고대 문명에서는 음수를 수로서 인정하지 않았기 때문에 문제 될 것이 없지만, 지금은 −2를 제곱해도 4가 된다는 것을 알기 때문에 $\sqrt{4}$를 '제곱해서 4가 되는 수'가 아니라 '제곱해서 4가 되는 양수'로 정의해야 한다. −2를 네제곱해도 16이 되기 때문에 $\sqrt[4]{16}$ 또한 네제곱해서 16이 되는 '양수'라고 정의해야 한다.

$$\sqrt[2]{4}=2$$
$$\sqrt[4]{16}=2$$

하지만 세제곱해서 8이 되는 수는 '2' 하나밖에 없기 때문에 굳이 세제곱근을 양수라고 정의할 필요는 없다(뒤에서 다룰 허수까지 포함하면 세제곱해서 8이 되는 수는 사실 2 이외에도 2개가 더 있다). 또한, 제곱근이나 네제곱근과는 달리 음수를 세제곱하면 음수가 되기 때문에 세제곱근 기호 안에 음수를 넣을 수 있다. 예를 들어 $\sqrt[3]{-8}$은 −2이고 $\sqrt[5]{-32}$도 −2이다.

$$(-2)\times(-2)\times(-2)=-8 \rightarrow \sqrt[3]{-8}=-2$$
$$(-2)\times(-2)\times(-2)\times(-2)\times(-2)=-32 \rightarrow \sqrt[5]{-32}=-2$$

셀 수 있는 양과 셀 수 없는 양을 수와 크기로 분리하면서 탄생한 루트는 당연히 수로 인정받지 않았다. 단지 넓이를 알고 있는 정사각형의 한 변의 길이나 부피를 알고 있는 정육면체의 한 변의 길이를 의미하게 되었다. $\sqrt{4}$는 명백히 2와 같지만, $\sqrt{4}$는 '수'가 아니라 넓이가 4인 정사각형의 한 변의 길이를 표시하며, $\sqrt[3]{8}$도 명백히 2이지만, $\sqrt[3]{8}$은 '수'가 아니라 부피가 8인 정육면체의 한 변의 길이를 의미한다. $\sqrt{4}$나 $\sqrt[3]{8}$은 셀 수 없는 양을 표시하는 기하학적인 기호였다.

다시 수가 된 셀 수 없는 양

셀 수 없는 양이 수의 자격을 박탈당한 것은 단지 양을 자연수의 비로 나타낼 수 없다는 것 때문이었다. 하지만 16세기에 시몬 스테빈(Simon Stevin, 1548~1620)이 분수 꼴을 소수 꼴로 전개하면서 새로운 사실이 밝혀졌다. 여기서 소수는 2, 3, 5, 7과 같은 소수(prime number)가 아니라 1보다 작은 수를 소수점 뒤에 표시하는 방식을 말한다. 시몬 스테빈의 소수는 14장에서 다룰 것이다.

자연수의 비로 나타낼 수 있는 수를 소수 꼴로 바꾸자 $\frac{1}{2}$이나 $\frac{1}{5}$처럼 끝이 있는 소수도 있고 $\frac{1}{3}$이나 $\frac{1}{7}$처럼 끝이 없는 소수도 있었다. 이때 끝이 있는 소수를 유한소수, 끝이 없는 소수를 무한소수라고 한다.

$$\frac{1}{2}=0.5 \qquad \frac{1}{5}=0.2$$

$$\frac{1}{3}=0.333 \cdots \qquad \frac{1}{7}=0.142857142857 \cdots$$

돌이켜보면, $\sqrt{2}$의 수의 자격을 박탈한 이유가 '제곱해서 2가 되는 수'가 구해지지 않았기 때문이다. 구해지지 않는 이유로는 $\sqrt{2}$를 자연수의 비로 나타낼 수 없기 때문이라고 증명까지 했다. 그런데 무한소수를 보니 자연수의 비로 나타낼 수 있는 수조차 소수로 전개하면 그 수가 무엇인지 알 수 없었다.

이전까지는 자연수의 비로 나타낼 수 있는 수는 유한소수로 나타낼 수 있다고 생각했었다. 따라서 자연수의 비로 나타나는 분수조차 유한소수로 표현할 수 없다는 것이 밝혀진 이상, $\sqrt{2}$의 수의 자격을 박탈한 이유 자체가 사라진 것이나 다름없었다. 즉, 셀 수 없는 양을 더 이상 수가 아니라고 주장할 수 없게 된 것이다.

셀 수 없는 양의 수의 자격을 되살리면서 수학자들은 셀 수 있는 양과 셀 수 없는 양의 차이를 설명해야 했다. 그 차이를 발견하는 것은 어렵지 않았다. 셀 수 있는 양을 소수로 전개하면 같은 수가 반복되는 패턴이 있지만, 셀 수 없는 양을 소수로 전개하면 그런 패턴이 보이지 않았기 때문이다. 반복되는 패턴이 있는 무한소수를 순환소수, 패턴이 없는 무한소수를 비순환소수라고 한다.

$$\frac{1}{3} = 0.333 \cdots \quad \rightarrow 3이 \ 반복된다.$$
$$\frac{1}{7} = 0.142857142857 \cdots \quad \rightarrow 142857이 \ 반복된다.$$
$$\sqrt{2} = 1.414213562373 \cdots \quad \rightarrow 반복되는 \ 패턴이 \ 없다.$$

유리수와 무리수의 농도 차이

억울하게 수의 자리를 빼앗긴 셀 수 없는 양이 다시 자신의 자리로 돌아왔지만, 여전히 '무리수'라고 불리고 있다. 무리수(irrational number)에는 두 가지 의미가 들어 있다. 하나는 '이해할 수 없는'이라는 뜻이고 다른 하나는 '유리수처럼 정수의 비로 나타낼 수 없는'이라는 뜻이다. 둘 다 사실 '모른다'는 뜻에 다름 아니다.

그런데 무한소수가 순환되는 것이 특이하다는 생각을 지울 수 없다. 그야말로 무한히 계속되는 소수의 자릿수가 일정한 규칙으로 전개되는 것 자체가 신기한 일이 아닐 수 없다. 조금만 생각해 봐도 규칙이 없는 것이 더 자연스럽다. 무한소수까지 갈 필요도 없다. 소수점 아래 열 자리에 0부터 9까지 숫자를 중복해서 아무렇게나 나열했는데 그렇게 나열된 숫자들이 일정한 간격으로 반복될 확률이 얼마나 될까? 거의 0에 가까울 것이다.

$$0.\square\square\square\square\square\square\square\square\square\square$$

이 의문에 대해서 칸토어(Georg Cantor, 1845~1918)가 대답했다. 칸토어는 유리수는 자연수보다 더 많지 않으며 무리수는 유리수와 비교할 수 없을 정도로 더 많이 존재한다는 것을 증명했다. 만일 자연수를 남자, 유리수를 여자라고 간주하면 남녀가 한 명도 빠짐없이 짝을 가지지만, 유리수를 여자, 무리수를 남자라고 간주하면 대부분의 남자가 짝이 없다는 것이다.

사실 유리수가 자연수와 일대일로 대응된다는 것도 기이하다. 유리수는 자연수와 0, 음의 정수에 더해 분수 꼴까지 포함하는데도 자신의 부분집합인 자연수와 어떻게 일대일로 대응이 된다는 말인가? 이상하지만 간단하게 증명된다. 다음은 칸토어의 설명이다.

그는 먼저 자연수와 자연수의 부분집합인 짝수가 일대일로 대응하는 것을 보여 주었다. 자연수와 짝수가 모두 무한히 있으므로 다음과 같은 대응은 빠짐없이 가능하다.

자연수		짝수
1		2
2	↔	4
3		6
4		8
⋮		

이 역설적인 상황을 힐베르트는 무한 호텔의 비유로 설명한다. 자연수 번호로 매겨져 있는 호텔 객실에 손님이 꽉 차서 빈방이 하나도 없어도 그만큼의 손님을 또 받을 수 있다는 것이다. 방법은 간단하다. 기존 손님을 자신의 객실 번호의 2배가 되는 객실로 옮기면 된다. 이제 빈방이 생겼고 무한의 손님을 받으면 된다.

정수와 정수의 부분집합인 자연수 역시 다음과 같이 일대일로 대응한다. 정수를 0부터 1, −1, 2, −2의 순서로 나열하면 자연수와 빠짐없이 무한히 대응한다.

정수		자연수
0		1
1		2
−1	↔	3
2		4
−2		5
⋮		

유리수와 정수, 유리수와 자연수, 심지어 유리수와 짝수도 일대일로 대응한다. 칸토어는 모든 유리수가 $\dfrac{\text{정수}}{\text{정수}}$ 꼴의 기약분수로 나타낼 수 있는 것을 이용했다. 유리수의 부분집합인 정수도 사실 기약분수의 분모가 1인 분수 꼴에 지나지 않는다.

그렇다면 모든 양의 유리수는 '분자＋분모'의 합이 2 이상인 자연수이며, 다음과 같이 '분자＋분모'의 합이 같은 유리수를 구하는 방식을 이용하면 모든 유리수를 새로운 방식으로 분류할 수 있다.

'분자＋분모＝2'인 유리수는 $\dfrac{1}{1}$ 하나밖에 없다.

'분자＋분모＝3'인 유리수는 $\dfrac{1}{2}$과 $\dfrac{2}{1}$밖에 없다.

'분자＋분모＝4'인 유리수는 $\dfrac{1}{3}, \dfrac{1}{2}, \dfrac{3}{1}$밖에 없다.

'분자＋분모＝5'인 유리수는 $\dfrac{1}{4}, \dfrac{2}{3}, \dfrac{3}{2}, \dfrac{4}{1}$밖에 없다.

앞에서 구한 유리수를 순서대로 나열하면 다음과 같다. 이런 방식으로 계속 진행하면 모든 유리수를 빠짐없이 나열할 수 있다.

$$\dfrac{1}{1}, \dfrac{1}{2}, \dfrac{2}{1}, \dfrac{1}{3}, \dfrac{2}{2}, \dfrac{3}{1}, \dfrac{1}{4}, \dfrac{2}{3}, \dfrac{3}{2}, \dfrac{4}{1} \cdots$$

문제는 $\dfrac{2}{2}$처럼 앞에서 이미 한번 대응한 수가 다시 나타나는 경우인데, 이럴 때는 다음과 같이 자연수와의 대응을 건너뛰는 것만으로도 바로 문제가 해결된다. 참고로 $\dfrac{2}{2}$는 $\dfrac{1}{1}$과 같다.

유리수		자연수
$\dfrac{1}{1}$		1
$\dfrac{1}{2}$		2
$\dfrac{2}{1}$		3
$\dfrac{1}{3}$	↔	4
$\dfrac{2}{2}$		
$\dfrac{3}{1}$		5
$\dfrac{1}{4}$		6
⋮		

양의 유리수를 자연수와 일대일로 대응시킬 수 있다면, 음의 유리수 역시 음의 정수와 일대일로 대응한다. 정수는 자연수와 일대일로 대응하므로 유리수와 자연수도 일대일로 대응한다.

그렇다면 무리수도 유리수처럼 자연수나 정수와 일대일로 대응할 수 있을까? 무리수는 비순환 무한소수이므로 만일 자연수와 무리수를 일대일대응할 수 있다면 다음과 같이 될 것이다. 이때 1에 대응하는 무리수의 소수점 아래 첫 번째 자릿수는 a_1, 2에 대응하는 무리수의 소수점 아래 두 번째 자릿수는 a_2, 3에 대응하는 무리수의 소수점 아래 세 번째 자릿수는 a_3, 4에 대응하는 무리수의 소수점 아래 네 번째 자릿수는 a_4라고 가정하자. 물론 자연수 n과 대응하는 무리수의 소수점 아래 n번째 자리에는 a_n이 위치할 것이다.

자연수		무리수
1		$0.a_1$＿＿＿＿
2	↔	$0.\_a_2$＿＿＿
3		$0.\_\_a_3$＿＿
4		$0.\_\_\_a_4$＿
⋮		⋮
n	↔	$0.\_\_\_\_a_n\_\_$
⋮		⋮

　이렇게 모든 자연수를 무리수와 일대일대응한 후에 소수점 아래 첫 번째 자릿수가 a_1이 아니고 두 번째 자릿수가 a_2가 아니고 세 번째 자릿수가 a_3가 아니고 네 번째 자릿수가 a_4가 아니고 더 나아가 모든 n번째 자릿수가 a_n이 아닌 수를 만들면, 이 수는 자연수와 일대일대응된 어떤 무리수와도 같을 수가 없다. 1과는 소수점 아래 첫 번째 자릿수가 다르고 2와는 소수점 아래 두 번째 자릿수가 다르고 3과는 소수점 아래 세 번째 자릿수가 다르고 4와는 소수점 아래 네 번째 자릿수가 다르고 같은 이유로 자연수 n과는 소수점 아래 n번째 자릿수가 다르기 때문이다.

　따라서 자연수와 무리수는 일대일대응하지 않는다. 같은 무한이지만 차원이 다른 무한이라는 뜻이다. 칸토어는 많고 적음이라는 말 대신에 '농도'라는 용어를 사용해서 '무리수의 농도가 자연수와 정수, 유리수의 농도보다 짙다.'라고 말했다.

　이로써 무한소수가 순환되는 것이 특이하다는 직감은 옳았다. 무한소수의 대부분은 비순환소수였다. 수직선(number line)은 유리수와 무리수로 빈틈없이 채울 수 있다. 수직선을 해체하여 유리수와 무리수를 모두 꺼내서 유리수에 빨간색을 칠하고 무리수에 파란색을 칠한 다음 바닥에 깔면 온통 파란색 바탕에 빨간색 점이 간혹 보이는 그림이 그려질 것이다.

무리수는 수였다가 수가 아니었다가 다시 수가 되는 등 우여곡절이 많이 겪은 수이다. 더욱이 이제는 유리수가 특이한 수이고 무리수가 실수의 거의 대부분이라는 것까지 알게 되었다. 그런데 놀라기에는 아직 이르다. 우리가 수의 전부라고 알고 있는 실수마저 수의 아주 작은 일부에 불과했기 때문이다. 이른바 허수라고 불리는 차원수는 실수와 다른 차원의 수이다. 다음 장에서 다룰 것이다.

히파수스 증명

이 증명법을 만든 사람의 명단에는 히파수스와 플라톤(Plato, BC 4세기), 플라톤의 제자인 테이아테투스(Theaetetus, BC 4세기) 그리고 유클리드까지 들어 있다. 하지만 누가 최초로 만들었는지는 논외로 하고 그 증명법만 다루고자 한다. 이들이 사용한 증명법은 귀류법이다. 귀류법은 원래 증명하려던 것과 반대로 가정하여 논리를 펴는 과정에서 오류나 모순이 발생하면, 그 원인을 잘못된 가정에 돌리는 증명법이다.

귀류법 중에서 갈릴레오(Galileo Galilei, 1564~1642)의 귀류법이 유명하다. 당시 사람들은 '무거운 물체가 가벼운 물체보다 빨리 떨어진다'고 믿고 있었다. 갈릴레오는 만약 그 믿음이 옳다면 다음과 같이 모순이 발생하므로 결과적으로 그 믿음은 옳지 않다고 주장했다.

"가벼운 물체와 무거운 물체를 묶어서 높은 곳에서 떨어뜨려 보자. 이것은 무거운 물체보다 더 무거우므로 더 빨리 떨어질 것이다. 한편 가벼운 물체는 느리게 떨어지려 하고 무거운 물체는 빨리 떨어지려 하므로 둘을 묶어 놓으면 무거운 물체보다는 느리게, 가벼운 물체보다는 빨리 떨어져야 한다. 이는 무거운 물체보다 더 빨리 떨어져야 한다는 앞의 주장과 모순이다. 따라서 모든 물체는 똑같은 속도로 떨어진다."

귀류법은 '제곱해서 2가 되는 수'를 자연수의 비로 나타낼 수 없다는 것을 증명하기 위해서 다음과 같이 반대로 자연수의 비로 나타낼 수 있다고 가정하는 것으로 시작한다. 먼저 제곱해서 2가 되는 수를 자연수의 비($=\dfrac{b}{a}$)로 나타낼 수 있다고 가정하자. 모든 분수는 기약분수로 나타낼 수 있으므로 $\dfrac{b}{a}$에서 a와 b는 서로소이다. 즉, 공약수가 1밖에 없다는 뜻이다.

$$(\frac{b}{a})^2 = 2$$

$(\dfrac{b}{a})^2 = \dfrac{b^2}{a^2} = 2$의 양변에 a^2를 곱하면, $b^2 = 2a^2$가 된다.

$b^2 = 2a^2$에서 b^2은 2의 배수이므로 짝수이다.

b^2이 짝수이면, b도 짝수이다.

이제 $b = 2k$라고 놓고 $b^2 = 2a^2$식을 대입하면, $4k^2 = 2a^2$가 된다.

$a^2 = 2k^2$에서 a^2은 2의 배수이므로 짝수이고 a도 짝수이다.

a도 짝수이고 b도 짝수이므로 a와 b는 서로소라는 처음 가정에 위배된다. 이것은 제곱해서 2가 되는 자연수의 비가 존재한다고 잘못 가정한 데서 나온 오류이다. 따라서 제곱해서 2가 되는 수는 자연수의 비가 될 수 없다.

다음은 제곱해서 3이 되는 수와 5가 되는 수 또한 자연수의 비로 나타낼 수 없다는 것을 증명한 것이다.

제곱해서 3이 되는 수	제곱해서 5가 되는 수
$(\dfrac{b}{a})^2=3 \rightarrow b^2=3a^2$	$(\dfrac{b}{a})^2=5 \rightarrow b^2=5a^2$
b^2이 3의 배수이면, b도 3의 배수이다.	b^2이 5의 배수이면, b도 5의 배수이다.
$b=3k$라고 놓고 $b^2=3a^2$식에 대입하면, $9k^2=3a^2$가 된다.	$b=5k$라고 놓고 $b^2=5a^2$식에 대입하면, $25k^2=5a^2$가 된다.
$9k^2=3a^2 \rightarrow a^2=3k^2$	$25k^2=5a^2 \rightarrow a^2=5k^2$
a^2은 3의 배수이므로 a도 3의 배수이다.	a^2은 5의 배수이므로 a도 5의 배수이다.
a와 b가 모두 3의 배수이므로 둘이 서로소라는 가정에 위배된다.	a와 b가 모두 5의 배수이므로 둘이 서로소라는 가정에 위배된다.
따라서 제곱해서 3이 되는 수는 자연수의 비로 나타낼 수 없다.	따라서 제곱해서 3이 되는 수는 자연수의 비로 나타낼 수 없다.

더 알아보기

디오판토스 증명[1]

디오판토스는 다음의 표와 같이 자연수의 제곱수를 4로 나눈 나머지가 0과 1밖에 나오지 않는다는 것을 발견했다. 즉, 홀수의 제곱수를 4로 나눈 나머지는 1, 짝수의 제곱수를 4로 나눈 나머지는 0이 된다.

홀수 $2n+1$을 제곱하면, $(2n+1)^2=4n^2+4n+1$이 되어 4로 나누면 나머지가 1이 된다. 반면에 짝수 $2n$을 제곱하면, $(2n)^2=4n^2$이 되어 4의 배수이므로 4로 나누면 나머지가 0이 된다.

자연수	제곱수	4로 나눈 나머지
1	1	1
2	4	0
3	9	1
4	16	0
5	25	1
6	36	0
7	49	1
8	64	0
9	81	1
10	100	0

히파수스 증명에서처럼 제곱해서 2가 되는 수를 $\dfrac{b}{a}$라고 하자. 물론 a와 b는 서로소이다.

$$\frac{b^2}{a^2}=2$$
$$\rightarrow b^2=2a^2$$

위의 식에서 좌변의 b^2은 항상 짝수이므로 디오판토스의 발견에 따라서 4로 나눈 나머지가 0이다. 만일 a^2이 홀수이면 4로 나눈 나머지가 1이 되어 $2a^2$을 4로 나눈 나머지는 다음과 같이 2가 된다.

$$a^2=4n+1 \rightarrow 2a^2=8n+2=4\times 2n+2$$

$b^2=2a^2$ 식에서 좌변을 4로 나눈 나머지는 0이고 우변을 4로 나눈 나머지는 2이므로 등식이 성립하지 않는다. 따라서 a^2은 짝수일 수밖에 없다. 그런데 a^2이 짝수이면 a도 짝수이므로 a와 b가 서로소라는 가정에 위배된다. 결국 a는 홀수일 수도 짝수일 수도 없다. 모순이다.

더 알아보기

라카코비치(Lacakovich) 증명[2]

제곱해서 2가 되는 수를 자연수의 비$(=\dfrac{b}{a})$로 나타낼 수 있다고 가정하자.

$$(\frac{b}{a})^2=2$$

$(\dfrac{b}{a})^2=\dfrac{b^2}{a^2}=2$의 양변에 a^2를 곱하면. $b^2=2a^2$가 된다. 이때, a와 b가 다음과 같이 소인수분해된다고 하자.

$$a=2^k \times 3^l \times \cdots$$
$$b=2^p \times 3^q \times \cdots$$

그러면 a^2과 b^2은 다음과 같다.

$$a^2=2^{2k} \times 3^{2l} \times \cdots$$
$$b^2=2^{2p} \times 3^{2q} \times \cdots$$

위의 두 식을 $b^2=2a^2$식에 대입해 보자.

$$2^{2p} \times 3^{2q} \times \cdots = 2 \times 2^{2k} \times 3^{2l} \times \cdots = 2^{2k+1} \times 3^{2l} \times \cdots$$

좌변의 2의 지수는 짝수($2p$)이고 우변의 2의 지수는 홀수($2k+1$)이므로 등식이 성립하지 않는다.

이것은 제곱해서 2가 되는 자연수의 비가 있다고 잘못 가정했기 때문에 발생한 모순이므로 제곱해서 2가 되는 자연수의 비는 존재하지 않는다.

Chapter 13

수의 차원을 넓히다

수를 수직선에 나타낼 수 있게 되자 자연수와 0, 음수, 유리수, 무리수 등이 수직선 위에 자리를 잡았다. 수직선은 모든 수를 담을 수 있는 그릇처럼 보였다. 그런데 수직선 위에 존재하지 않는 수, 당시에는 수인지도 확신하지 못했을 이 수를 수학자들은 세상에 없는 '상상의 수'라고 간주하고 애써 외면하고 있었다. 다음과 같이 제곱해서 음수가 되는 수가 도대체 어디에 있다는 말인가?

$$x^2 = -1$$

하지만 카르다노는 제곱해서 음수가 되는 수를 나타내기 위해서 $\sqrt{-1}$과 같이 과감하게 루트 안에 음수를 넣었고, 봄벨리(Rafael Bombelli, 1523~1573)와 오일러는 제곱해서 음수가 되는 수도 실수처럼 사칙연산이 가능하다는 것을 보여주었다.

베셀(Caspar Wessel, 1745~1818)과 가우스가 상상의 수가 수직선 바깥에 존재한다는 것을 증명함으로써 수직선 위의 수와 수직선의 바깥의 수의 관계가 양수와 음수의 관계와 별로 다르지 않다는 것을 알게 되었다. 수직선 바깥의 수는 상상의 수가 아니라 단지 실수라는 1차원(직선)의 수를 2차원(평면)의 수로 확대한 것이기 때문이다. 지금은 과학 분야에서 허수의 활용 가치가 점점 커지고 있다는 것이 신기할 따름이다.

모든 수가 상상의 수다

　자연수를 제외하면 모두 상상의 수이다. 어쩌면 자연수조차 상상의 수일지도 모른다. 1과 1을 더해서 2가 된다는 것은 오직 2개의 1이 완벽하게 같아야만 나올 수 있는 결과이다. 그러나 눈에 보이는 물질 가운데 완벽하게 같은 물질은 없다. 따라서 자연수는 자연스럽지 않으며, 상상의 수로 볼 수 있다. 이처럼 다음의 논리로 보면 사실 모든 수가 다 '상상의 수'이다.

　자연수의 세계에서 '1−2'와 같은 뺄셈은 불가능하다. 빵이 1개밖에 없는데 2개를 먹을 수는 없기 때문이다. '1−2=−1'이라고 답한다 해도 '−1'이 눈에 보이는 것은 아니다. 그저 0을 기준으로 '1'의 반대 방향에 존재할 뿐이다. 세상 어디에서도 '−1'을 볼 수는 없다. 상상의 수이다.

　마찬가지로 정수의 세계에서 '1÷2'와 같은 나눗셈은 불가능하다. 쪼개지지 않는 빵 1개를 두 사람에게 공평하게 나눠 줄 방법은 없다. 설령 빵 1개를 반으로 쪼갠다고 해서 '$\frac{1}{2}$'이라는 수가 만들어지는 것이 아니다.

단지 잘린 빵 '2'개가 보일 뿐이다. 세상 어디에서도 $\frac{1}{2}$을 볼 수는 없다. 상상의 수이다.

넓이가 2인 정사각형의 한 변의 길이는 '유리수'가 아니다. '$\sqrt{2} \times \sqrt{2}$ =2'이므로 한 변의 길이가 $\sqrt{2}$라고 말해도 $\sqrt{2}$에서 루트 기호 안의 2는 정사각형의 넓이를 의미하는 수일 뿐이다. $\sqrt{2}$에 해당하는 길이는 현실 세계에서 존재하지만, $\sqrt{2}$라는 '수' 자체는 볼 수 없다. 상상의 수이다.

하지만 수학에서 '상상의 수(imaginary number)'라고 불리는 것은 '제곱하면 음수가 되는 수'뿐이다. 유리수와 무리수를 제곱하면 항상 0보다 크거나 같다. 양수를 제곱하면 당연히 양수이고 음수를 제곱해도 양수가 되기 때문이다. 따라서 제곱해서 음수가 되는 수는 실수가 아니다.

실수는 수직선을 빈틈없이 채우므로 어떤 수가 실수가 아니라는 것은 그 수가 수직선 바깥에 존재한다는 것을 의미한다. 수직선 바깥에 존재한다고 해서 제곱해서 음수가 되는 수만을 '상상의 수'라고 말하는 것은 공평하지 않다. 앞에서 설명한 대로 모든 수가 상상의 수이기 때문이다. 다

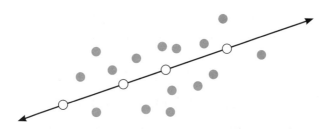

실수와 상상의 수. 수직선 위에 실수를 표현할 수 있는 것을 이용해 상상의 수는 수직선 바깥에 있다고 추론할 수 있다.

음의 그림에서 보듯이 유리수와 무리수는 수직선 위의 1차원의 수(흰 점)이고 제곱해서 음수가 되는 수(검은 점)는 수직선 바깥에 존재하는 2차원의 수이므로 상상의 수보다는 '차원수'라는 이름이 적합해 보인다.

모든 수가 상상의 수임에도 불구하고 유독 제곱해서 음수가 되는 수만을 '상상의 수'라고 명명하게 된 데에는 수학자이자 철학자인 데카르트의 책임이 크다. 그는 제곱해서 음수가 되는 수는 오직 '상상 속에서만 가능한 수'일 뿐이고 현실에서는 존재하지 않는다고 주장했다.

그런데 역사상 가장 위대한 수학자 중의 한 명인 레온하르트 오일러가 제곱해서 음수가 되는 수의 기호로 데카르트가 말한 imaginary의 'i'를 사용함으로써 데카르트의 말이 지금까지 살아남는 데 절대적으로 기여했다. 역사상 가장 위대한 또 한 명의 수학자인 가우스는 사람들이 허수를 제대로 이해하지 못하게 된 데에는 '상상의 수'라는 이름도 한몫했다고 말할 정도로 '상상의 수'라는 이름을 못마땅해했다. 가우스는 '상상의 수' 대신에 '측면수(lateral number)'라고 불렀지만, 가우스의 명성조차도 이미 오래전부터 관행으로 굳어진 상상의 수라는 이름을 바꾸지는 못했다.[1]

제곱해서 음수가 되는 수를 최초로 인정한 카르다노

실수의 세계에서는 제곱해서 음수가 되는 수를 만날 수 없으며, 수학자들은 오랫동안 다음과 같은 방정식의 해는 존재하지 않는다고 여겼다. 해가 존재하지 않는다는 것에서 더 나아가 다음과 같은 방정식 꼴 자체를 인정하지 않았다. 제곱 꼴은 정사각형의 넓이를 의미하는데 넓이가 −2가 될 수는 없기 때문이다.

$$x^2 = -2$$

그런데 제곱해서 −2가 되는 방정식의 해를 $\pm\sqrt{-2}$이라고 쓴 수학자가 있었다. 삼차방정식과 사차방정식의 해법을 소개한 『아르스 마그나』의 저자인 지롤라모 카르다노였다. 그는 제곱해서 2가 되는 되는 수를 $\pm\sqrt{2}$라고 할 수 있다면, 제곱해서 −2가 되는 수를 $\pm\sqrt{-2}$라고 하지 못할 이유가 없다고 생각했다. 그는 자신의 책에 다음과 같은 문제를 실었다. 해답에 제곱하면 음수가 등장하는 문제를 상상해서 만든 것으로 보인다.

"더하면 10이 되고 곱하면 40이 되는 두 수를 구하라"

그는 이 문제를 푸는 과정에서 제곱하면 −15가 되는 수를 구해야 했다.[2]

$$x^2 = -15$$

그는 주저하지 않고 $x = \pm\sqrt{-15}$라고 써서 문제의 해답을 구했다. 그에게 $\sqrt{-15}$는 제곱해서 15가 되는 수를 의미하는 기호에 불과했다.

그가 구한 더하면 10이 되고 곱하면 40이 되는 두 수는 다음과 같다.

$$5 + \sqrt{-15} \text{와} 5 - \sqrt{-15}$$

카르다노의 표기법으로 하면 다음과 같다. 지금의 표기법과 비교하면 확실히 장황하기는 하다. 여기서 p:는 '$+$', m:는 '$-$', Rx는 'Radix(제곱근)'를 의미한다.[3]

$$5 \; p: \text{R}x \; m: 15 \quad \text{와} \quad 5 \; m: \text{R}x \; m: 15$$

다음과 같이 카르다노가 구한 두 수를 더하면 10이 되고 곱하면 40이 된다는 것은 분명하지만, 이것이 무엇을 의미하는지 카르다노 자신은 이해하지 못했다. 사실 큰 의미를 부여하지도 않았다.

$$(5+\sqrt{-15})+(5-\sqrt{-15})=10$$
$$(5+\sqrt{-15})\times(5-\sqrt{-15})=40$$

카르다노는 처음으로 음수를 제곱근 안에 넣어 '존재하지 않는 수'를 '존재하는 수'로 표현했고, 그가 의미도 모른 채 한 이 시도는 수학사에 한 획을 그었다. 사람들은 보이지 않을 때는 애써 외면하지만, 일단 눈에 띄기 시작하면 무시하지 못하는 성향이 있다. 이탈리아의 수학자 봄벨리도 그랬다.

최초로 음수의 제곱근을 계산한 봄벨리

봄벨리는 삼차방정식의 해를 구하는 과정에서 직접 수를 대입해서 구하면 실수해가 나오지만, 카르다노의 방식대로 해를 구하면 '$\sqrt{음수}$' 꼴이 나오는 것에 의구심을 품었다. 카르다노의 방식에 의해서 구해진 $\sqrt{음수}$ 꼴을 포함한 해를 주어진 삼차방정식에 대입하면 등식이 성립해야 했다. 그러려면 $\sqrt{음수}$ 꼴도 $\sqrt{양수}$ 꼴과 마찬가지로 계산이 가능해야 한다고 생각했다.

봄벨리는 다음과 같이 $\sqrt{음수}$ 꼴의 연산에 $\sqrt{양수}$ 꼴의 연산법칙을 적용해 보았다. 그의 예상대로 대부분의 경우에는 문제가 생기지 않았다.

$\sqrt{양수}$ 꼴의 연산	$\sqrt{음수}$ 꼴의 연산
$\sqrt{2}+\sqrt{2}=2\sqrt{2}$	$\sqrt{-1}+\sqrt{-1}=2\sqrt{-1}$
$2\sqrt{2}-\sqrt{2}=\sqrt{2}$	$2\sqrt{-1}-\sqrt{-1}=\sqrt{-1}$
$\sqrt{2\times3}=\sqrt{2}\times\sqrt{3}$	$\sqrt{-2}=\sqrt{2\times(-1)}=\sqrt{2}\times\sqrt{-1}$

하지만, $\sqrt{-1}\times\sqrt{-1}$와 같이 '$\sqrt{음수}\times\sqrt{음수}$' 꼴의 계산은 $\sqrt{양수}$ 꼴의 연산법칙을 따르지 않았다. 즉, $\sqrt{양수}\times\sqrt{양수}=\sqrt{양수\times양수}$ 가 성립하는데 $\sqrt{음수}\times\sqrt{음수}=\sqrt{음수\times음수}$ 가 성립하지 않아야 한다는 것을 알았다. 만일 이것이 성립하면 카르다노의 방식대로 구한 해를 삼차방정식에 넣었을 때, 등식이 성립하지 않기 때문이다.

$\sqrt{양수}$ 꼴의 연산	$\sqrt{음수}$ 꼴의 연산
$\sqrt{2}\times\sqrt{2}=\sqrt{2\times2}=\sqrt{4}=2$	$\sqrt{-1}\times\sqrt{-1}\neq\sqrt{(-1)\times(-1)}=\sqrt{1}=1$

봄벨리는 $\sqrt{-1}\times\sqrt{-1}$의 값이 1이 아니라 '−1'이어야만 등식이 성립

한다는 것까지 알아냈다.

그는 자신의 저서인 『대수학(Algebra)』에서 다음과 같이 소감을 밝혔다.

"많은 사람들에게 그것은 무모한 생각이었다. 나 자신도 오랫동안 같은 생각이었다. 진리를 추구하는 과정이 아니라 헛된 도전을 하는 것 같았다. 그럼에도 불구하고 나는 오랫동안 탐구하였고 결국 나의 생각이 옳았다는 것을 실제로 증명할 수 있었다."

봄벨리의 증명

$x^3 = 15x + 4$의 해를 카르다노 공식에 의해서 구하면 다음과 같다.

$$x = \sqrt[3]{2 + \sqrt{-121}} + \sqrt[3]{2 - \sqrt{-121}}$$

카르다노의 공식
$x^3 = fx + g$의 해는
$x = \sqrt[3]{\dfrac{g}{2} + \sqrt{\left(\dfrac{g}{2}\right)^2 - \left(\dfrac{f}{3}\right)^3}} + \sqrt[3]{\dfrac{g}{2} - \sqrt{\left(\dfrac{g}{2}\right)^2 - \left(\dfrac{f}{3}\right)^3}}$

그런데 $x^3 = 15x + 4$식에 $x = 4$를 대입하면 다음과 같이 등식이 성립한다.

$$4^3 = 15 \times 4 + 4 = 64$$

봄벨리는 시행착오 끝에 다음의 등식이 성립한다는 것을 알아냈다.

$$\sqrt[3]{2+\sqrt{-121}}=2+\sqrt{-1}$$

$$\sqrt[3]{2-\sqrt{-121}}=2-\sqrt{-1}$$

위 등식의 양변을 세제곱하면 다음과 같이 등식이 성립하는 것을 알 수 있다.

$$(\sqrt[3]{2+\sqrt{-121}})^3=(2-\sqrt{-1})^3$$
$$=8+12\sqrt{-1}+6(\sqrt{-1})^2+(\sqrt{-1})^3$$
$$=2+11\sqrt{-1}$$
$$=2+\sqrt{121}\times\sqrt{-1}$$
$$=2+\sqrt{-121}$$

위의 결과를 $x=\sqrt[3]{2+\sqrt{-121}}+\sqrt[3]{2-\sqrt{-121}}$에 대입하면 다음과 같이 $x=4$ 라는 근이 유도된다.

$$x=\sqrt[3]{2+\sqrt{-121}}+\sqrt[3]{2-\sqrt{-121}}=2+\sqrt{-1}+2-\sqrt{-1}=4$$

음수의 제곱근을 기호화한 오일러

봄벨리가 $\sqrt{\text{음수}}$의 정체성에 대한 실마리를 찾은 뒤에도 대부분의 수학자들은 여전히 $\sqrt{\text{음수}}$를 하나의 '수'로서 받아들이지 않았다. 200년이 지나서야 봄벨리의 발견이 레온하르트 오일러의 눈에 들어왔다.

오일러는 봄벨리의 증명 과정에 있는 $\sqrt{-121}=\sqrt{121}\sqrt{-1}=11\sqrt{-1}$ 식

에 주목했다. 그는 봄벨리가 루트 안에 음수를 $\sqrt{-1}$로 빼내는 조작 과정을 다음과 같이 모든 $\sqrt{\text{음수}}$ 꼴에 적용시켜 보았다.

$$\sqrt{-2}=\sqrt{2}\sqrt{-1}$$
$$\sqrt{-3}=\sqrt{3}\sqrt{-1}$$
$$\sqrt{-4}=\sqrt{4}\sqrt{-1}$$

오일러는 이렇게 $\sqrt{\text{음수}}$ 를 '$\sqrt{\text{양수}}\sqrt{-1}$' 꼴로 변형하고 $\sqrt{-1}$을 문자 취급하면, $\sqrt{\text{음수}}$ 를 대수처럼 다룰 수 있다고 생각했다. 그는 $\sqrt{-1}$에 해당하는 문자로 데카르트가 말한 상상의 수(imaginary number)의 머릿글자인 i를 선택했다. 오일러에 의해서 $\sqrt{\text{음수}}$ 는 상상의 수, 즉 허수로 굳어졌다.

$$\sqrt{-1}=i$$

$\sqrt{\text{음수}}$ 를 오일러의 방식대로 변형하면 다음의 허수들은 허수처럼 보이지도 않는다.

$$\sqrt{-4}=\sqrt{4}\sqrt{-1}=2i$$
$$\sqrt{-9}=\sqrt{9}\sqrt{-1}=3i$$

$\sqrt{-1}=i$는 제곱해서 -1이 되는 수가 i라는 뜻이므로 $i^2=-1$이 성립하며, 봄벨리의 발견이 간단히 증명된다.

$$\sqrt{-1} \times \sqrt{-1} = i \times i = i^2 = -1$$

더 알아보기

허수의 사칙연산과 오일러 방정식

$\sqrt{\text{음수}}$ 꼴을 i 꼴로 바꾸면 허수의 사칙연산에 무리수의 사칙연산을 그대로 적용할 수 있다. 봄벨리에서 시작된 허수의 연산이 오일러에 의해서 마무리 된 것이다.

오일러도 허수의 정체를 완전하게 이해하지는 못했지만, 제곱하면 음수가 되는 허수의 성질을 마음껏 이용하였다. 다음의 오일러 방정식도 삼각함수 와 지수함수를 $i^2 = -1$을 이용하여 연결한 것이다. 물론 삼각함수, 지수함수 의 미분과 테일러급수 등의 개념이 함께 활용되기는 한다.

이 식은 수학에서 가장 중요한 다섯 가지 상수인 $e, i, \pi, 1, 0$이 하나의 방정식 에 모두 들어 있다는 점에서 수학 역사상 가장 아름다운 방정식으로 불린다.

$$e^{i\pi} + 1 = 0$$

i는 정말 실수가 아닐까?

모든 실수는 수직선 위에 존재한다. 제곱해서 음수가 되는 수는 과연 수직선 위에 존재할까? 애초에 실수이긴 할까? 이에 대해 오일러는 "허 수는 0도 아니고 0보다 크지도 않으며 또 0보다 작지도 않다. 그러므로 허수는 필연적으로 상상의 수이거나 불가능한 수이다.”라고 말했다. 다음은 i를 실수라고 가정하고, i가 0도 아니고 양수도 아니고 음수도 아니라는 것, 즉 실수가 아니라는 것을 증명한 것이다.

i가 양수라고 가정하면, $i>0$가 된다. $i>0$의 양변에 i를 곱하면 다음과 같이 부호의 방향이 바뀌지 않는다.

$$i>0$$
$$\rightarrow i \times i > 0 \times i$$
$$\rightarrow i^2 > 0$$

그런데 $i^2=-1$이므로 $i^2>0$는 $-1>0$이 되어 모순이다. 따라서 i는 양수가 아니다.

이제 i가 음수라고 가정하면, $i<0$가 된다. $i<0$의 양변에 음수인 i를 곱하면 다음과 같이 부호의 방향이 바뀐다.

$$i<0$$
$$\rightarrow i \times i > 0 \times i$$
$$\rightarrow i^2 > 0$$

그런데 $i^2=-1$이므로 $i^2>0$식은 $-1>0$이 되어 모순이다. 따라서 i는 음수도 아니다.

마지막으로 $i=0$이라고 가정하자. 양변에 i를 곱하면, 다음과 같이 i^2이 0이 된다.

$$i^2 = i \times 0 = 0$$
$$\rightarrow i^2 = 0$$

그런데 $i^2 = -1$이므로 $i^2 = 0$ 식은 $-1 = 0$이 되어 모순이다. 따라서 i는 0도 아니다.

따라서 i는 양수도 음수도 0도 아니다. 즉, 수직선 어디에도 i는 없다.

허수는 어디에 있을까?

카르다노가 도입해서 봄벨리가 연구하고, 오일러가 정리하여 마침내 허수가 받아들여졌다. 허수가 본격적으로 수로서 받아들여지기 시작하면서 허수의 정체성에 대한 연구가 시작되었다. 허수가 0도 양수도 음수도 아니라면 도대체 어디에 위치한다는 말인가? 이 질문에 대한 답을 월리스가 처음 내놓았고 베셀, 아르노(Arnaud Denjoy, 1884~1974), 가우스가 뒤를 이었다.

월리스는 최초로 허수의 위치를 찾아냈다. 과정이 복잡하고 일부 오류도 있었지만, 허수가 실수와 달리 수직선 바깥에 존재한다는 것을 기하적으로 증명했다.

측량사인 베셀은 1799년에 발표한 「동경(화살표)의 해석적 표현에 대하여(On the analytical representation of direction)」라는 논문에서 화살표를 이용하여 허수의 위치를 찾아냈다.

베셀은 이 논문에서 i가 수직선의 원점에서 수직 방향으로 1만큼 떨어진 위치에 존재한다는 것을 증명했다. 그는 허수를 뜻하는 기호로 i 대신 ε을 사용하였지만, 여기에서는 혼란을 피하기 위해서 i를 계속 사용할 것이다.

베셀은 모든 수를 수직선의 원점을 시작점으로 하고 그 수를 끝점으로 하는 화살표라고 가정했다. 그리고 수직선에서 0을 시작점으로 하는 오른쪽 방향의 반직선을 기준선(initial line)으로 잡았다. 그러면 모든 화살표는 다음과 같이 '길이'와 '각도'라는 두 변수로 위치를 특정할 수 있다.

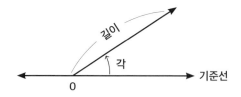

베셀은 두 화살표의 곱셈이 각은 더하고 길이는 곱하는 것임을 증명해 냈다. 예를 들어 두 화살표 A, B의 곱셈은 다음과 같이 화살표 OA의 길이와 화살표 OB의 길이는 곱하고, 두 화살표의 각은 더한 위치에 새로운 화살표를 그림으로써 마무리된다.

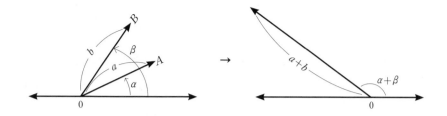

베셀의 곱셈 원리에 따르면, '$i \times i = -1$'이라는 곱셈은 i라는 화살표를 2번 곱하면 길이가 1이고 각도는 180도인 화살표가 된다는 것을 의미했다. 이것이 성립하려면, i는 다음과 같이 수직선의 원점에서 수직 방향으로 길이가 1인 화살표일 수밖에 없었다. $1 \times 1 = 1$이고 $90° + 90° = 180°$이기 때문이다. 이로써 인류 역사상 처음으로 허수의 위치가 수학적으로 특정되었다.

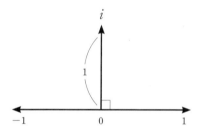

허수뿐만 아니라 실수끼리의 곱셈과 실수와 허수의 곱셈까지도 예외 없이 베셀의 곱셈 원리를 적용할 수 있다. 예를 들어 '2×3'에서 2는 길이가 2이고 각도가 0도인 화살표이고 3은 길이가 3이고 각도가 0도인 화살표이므로 길이는 $2 \times 3 = 6$이고 각도가 $0 + 0 = 0$인 화살표이다. 즉, 실수는 기준선과의 각도가 0이거나 180도이므로 실수끼리 곱하면 수직선 바깥으로 나가지 않고 여전히 수직선 위에 위치한다는 것을 알 수 있다.

베셀이 i의 위치를 특정하기는 했지만, i를 포함한 수체계를 정립한 것은 가우스의 몫이었다. 가우스는 1831년 논문에서 실수와 허수를 포함하는 수체계에 복소수(complex number)라는 이름을 붙여 주었다. 그는 복소수를 $a+bi$ 꼴로 표기하고 다음과 같이 복소평면 위의 한 점으로 나타냈다. 이로써 베셀의 화살표는 복소평면 위의 점이 되었다.

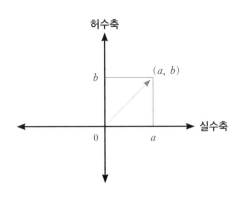

⬤ **더 알아보기** ┈┈┈┈┈┈┈┈┈┈┈┈┈┈┈┈┈┈┈┈┈┈┈┈┈ **베셀의 기하적 해석**

베셀은 "두 화살표를 곱하면, 길이는 두 화살표의 길이를 곱한 값이 되고 각은 두 화살표가 기준선과 이루는 두 각을 더한 만큼 된다."는 원리를 발견했다.

화살표 OB가 기준선과 이루는 각은 α이고 화살표 OC가 기준선과 이루는 각은 β라고 하자. 그리고 수직선 위의 점 A(1)에 대응하는 화살표를 OA라고 하자. 그리고 삼각형 COD가 삼각형 AOB와 닮음이 되도록 D의 위치를 정한다. 이때, 각COD와 각AOB가 같은 α이므로 화살표 OD가 기준선과 이루는 각은 $\alpha+\beta$이다.

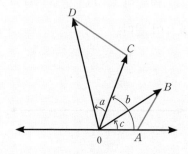

닮은 삼각형은 대응변의 길이의 비가 같으므로 다음의 비례식이 성립한다.

OA의 길이 : OB의 길이＝OC의 길이 : OD의 길이

→ OA의 길이×OD의 길이＝OB의 길이×OC의 길이

이때 OA의 길이가 1이므로 OD의 길이는 다음과 같이 OB의 길이와 OC의 길이의 곱과 같다.

OD의 길이＝OB의 길이×OC의 길이

따라서 베셀의 발견이 옳다는 것을 알 수 있다.

베셀의 곱셈 원리의 적용

베셀의 곱셈 원리를 적용하면 대수학의 여러 가지 질문에 쉽게 답할 수 있다. 먼저 $(-1)×(-1)＝1$이 성립하는 것을 베셀의 곱셈 원리로 증명해 보자.

'-1'은 길이가 1이고 기준선과의 각도 180도인 화살표이다. 따라서

1을 2번 곱하면 길이는 여전히 $(-1) \times (-1) = 1$이고 각도는 $180+180$ $=360$도에 위치하므로 1이 된다.

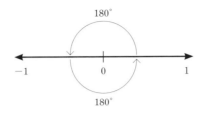

이차방정식인 $x^2 = 1$의 근도 베셀의 곱셈 원리를 이용하여 구할 수 있다. 주어진 방정식의 근을 구하는 것은 x의 길이와 기준선과의 각도를 구하는 것과 같다. x를 2번 곱해서 1이 되어야 하므로 화살표로 나타낸 x의 길이는 반드시 1일 수밖에 없다. 또한 같은 각도를 두 번 더해서 0도(또는 360도 또는 720도 등)가 되어야 하므로 화살표 x가 기준선과 이루는 각도는 0도이 거나 180도이어야 한다. $0+0=0$이고 $180+180=360$이기 때문이다.

길이가 1이고 각도가 0인 화살표는 1에 해당하고 길이가 1이고 각도가 180도인 화살표는 1에 해당하므로 $x^2 = 1$의 근은 1 또는 1이다.

삼차방정식인 $x^3 = 1$의 근도 $x^2 = 1$과 같이 구할 수 있다. x를 3번 곱해서 1이 되어야 하므로 화살표 x의 길이는 1이어야 한다. 또한 같은 각도를 3번 더해서 0도(또는 360도 또는 720도 등)가 되어야 하므로 화살표 x가 기준선과 이루는 각도는 0도이거나 120도이거나 240도이어야 한다. $0+0+0=0$이고 $120+120+120=360$이고 $240+240+240=720$이기 때문이다. 즉, $x^3 = 1$의 근 중에서 1개만 실수이고 나머지 2개는 수직선 바깥에 있으므로 허수임을 알 수 있다.

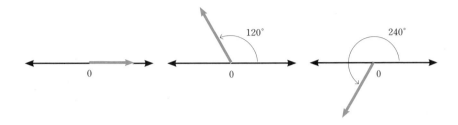

실수 함수와 복소 함수

가우스가 허수와 실수를 한데 묶어 복소수로 정립하여 수체계를 완성했지만, 수백 년이 지난 아직도 허수는 그 이름 탓에 사람들에게 '현실에서 어디에 쓰이냐'는 말을 듣고 있다. 하지만 현대수학에서 허수와 복소수는 책 속에 묻혀 있는 상상의 수가 아니라 실제 세계를 움직이는 살아 움직이는 수이다.

특히 복소수가 함수와 만나서 펼쳐지는 복소 함수는 물리나 전자공학에서 자주 보게 될 것이다. 함수는 뒤에서 다룰 내용이지만 복소수의 가장 중요한 활용이 복소 함수라서 간단하게 소개하고 넘어가려고 한다.

실수 함수부터 살펴보자. 실수 함수는 두 변수 x, y가 모두 실수이므로 x축(수직선)의 위의 한 점과 y축(수직선) 위의 한 점이 다음의 왼쪽 그림과 같이 평면좌표 위에 대응한다. 반면, 복소 함수에서는 두 변수가 모두 복소수이므로 두 변수 x, y는 수직선이 아니라 각각 평면 위의 한 점이며, 다음의 오른쪽 그림과 같이 공간에서 대응한다.

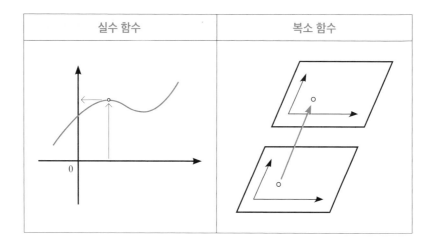

실수 함수	복소 함수

다음의 왼쪽과 오른쪽 그림 모두 $y=x^2+1$이라는 이차함수인데 x와 y를 모두 실수로 하면 왼쪽 그림이 되고 복소수로 하면 오른쪽 그림이 된다.

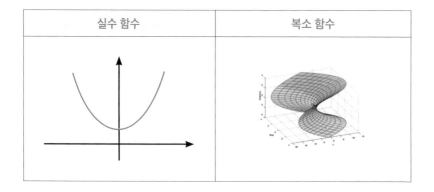

실수 함수	복소 함수

전자공학에서 다루는 전압과 전류는 동떨어진 개념이 아니라 서로에게 영향을 미치는 변수이므로 시간에 따라서 두 변수가 어떻게 변하는지 하나의 식으로 나타낼 수 있다면 도움이 될 것이다. 다음 왼쪽 그림의 z 평면의 x, y를 전압과 전류라고 하면 오른쪽 그림처럼 화살표가 회전하

는 원이 된다. 이제 원을 용수철이 뭉쳐져 있는 것으로 간주하고 잡아당기면 시간에 따라서 전압과 전류가 어떻게 바뀌는지 한눈에 알 수 있다.

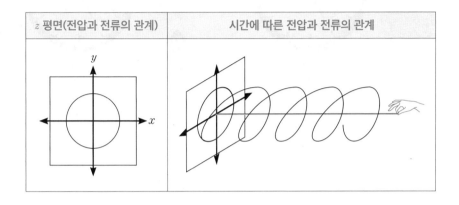

z 평면(전압과 전류의 관계)	시간에 따른 전압과 전류의 관계

허수 시간

공학뿐만 아니라 현대물리학에서도 허수는 중요한 역할을 한다. 뉴턴역학에서 거리를 시간으로 한 번 나누면 속도가 되고 두 번 나누면 가속도가 된다. 그런데 시간이 만일 허수라면 거리를 시간으로 두 번 나눈 값은 음수가 된다. 실수 시간에서 중력가속도는 양수이다. 중력가속도가 음수인 것은 허수 시간이 흐른다는 뜻이며, 중력의 방향이 반대가 된다는 뜻이다. 즉, 허수 시간이 흐르는 세계에서는 사과가 아래로 떨어지지 않고 위로 떨어진다.

실수 시간. 사과가 아래로 떨어진다.　　　　　　허수 시간. 사과가 위로 떨어진다.

스티븐 호킹(Stephen William Hawking, 1942~2018)은 빅뱅 이전에는 허수 시간이 흐르다가 비로소 실수 시간으로 바뀌면서 빅뱅이 시작되었다는 가설을 세웠다. 실제로 허수 시간이 흘렀는지는 알 수 없지만, 그렇다고 가정하면 아인슈타인(Albert Einstein, 1879~1955)의 일반상대성이론의 틀 안에서 우주의 기원을 설명할 수 있다. 중요한 것은 허수 시간이 존재한다고 가정하면 실수 시간에서는 풀지 못하는 문제의 답이 나온다는 것이다.

이처럼 수학자들이 오랜 세월에 걸쳐 개념화하고 그 위치까지 특정한 허수는 물리학과 전자공학에서 대활약하고 있다. 어쩌면 피타고라스의 말처럼 만물은 수이지만, 그 수는 피타고라스의 생각과는 달리 유리수가 아니라 복소수였을지도 모른다.

Chapter 14

소수를
보다

분수는 오랫동안 1보다 작은 양을 표시하는 '방식'
이었다. 실제로 이집트 분수는 1을 몇 개로 쪼갠 양인
지를 나타내기 위해서 분자에 1만을 넣을 수 있었다.
$\frac{2}{3}$만을 예외적으로 분자에 2를 사용했을 뿐이다.

　그런데 바빌로니아 문명은 1보다 작은 양을 표시하
기 위해서 분수와 다른 방식을 사용했다. 바빌로니아
문명은 60진법을 사용했기 때문에 𒁹𒁹은 60＋1을 의
미한다. 즉, 왼쪽의 숫자는 바로 오른쪽 숫자의 60배에
해당한다. 따라서 𒁹. 𒁹이 $1+\frac{1}{60}$을 의미하지 못할 이
유는 없었다. 물론 𒁹과 𒁹사이의 소수점은 내가 찍은
것으로 실제로는 아무것도 없었다. 당시에는 문맥으
로 소수점이 존재하는지의 여부를 판단한 것으로 보
인다.

　시몬 스테빈은 분수로 표시된 이자율에 따라 이자
를 계산하는 불편함을 해소하기 위한 실용적인 목적으
로 10진법을 이용한 소수 표기법을 고안했다. 즉, 10진
법에서 11은 10＋1이므로, 1.1은 $1+\frac{1}{10}$을 의미할 수 있
다고 생각한 것이다. 따라서 다음과 같이 분모가 10의

거듭제곱 꼴인 분수는 소수로 나타낼 수 있다. 물론 바빌로니아 문명과 마찬가지로 처음부터 소수점을 사용한 것은 아니다. 많은 수학자들이 단순하고 편리한 방법을 위해 다양하게 시도한 끝에 네이피어에 의해 소수점으로 굳어졌다.

$$1+\frac{2}{10}+\frac{3}{100}=1.23$$

1보다 작은 양을 표시하는 바빌로니아의 방식이 오랫동안 땅에 묻혀 있다가 중세 수학자들에 의해서 발굴되고 이후 독자적인 수체계로 발전한 것이 놀라울 뿐이다.

한편, 분수를 소수로 표시할 수 있게 되자 $\frac{1}{3}$과 같은 유리수와 $\sqrt{2}$와 같은 무리수가 똑같이 무한소수로 전개되었기 때문에 무리수 역시 유리수와 마찬가지로 일종의 '수'로 간주하게 되었다.

바빌로니아 문명의 소수표기법

이전 장에서 무리수를 설명할 때 언급한 대로 바빌로니아 문명에서는 제곱하면 2가 되는 $\sqrt{2}$의 값을 다음과 같이 점토판에 새겼다. 물론 𒁹 뒤의 소수점은 당시에 없었다.

𒁹	𒌋𒌋𒐏	𒐏𒁹	𒌋
1.	24	51	10

바빌로니아 문명은 60진법을 사용하였기 때문에 앞의 수를 지금의 분수표기법으로 쓰면 다음과 같다.

$$1+\frac{24}{60}+\frac{51}{60^2}+\frac{10}{60^3}$$

바빌로니아 문명은 지금의 소수표기법과 완전히 같은 방식으로 분모를 제거하고 분자만으로 1보다 작은 수를 표시했다.

이 같은 바빌로니아의 소수표기법은 10진법을 사용하던 중세의 유럽에서도 여전히 사용되었다. 즉, 계산을 10진법으로 하고 그 결과는 60진법으로 표시했던 것이다. 다음은 14세기에 실제로 행해진 $\sqrt{2}$의 계산법과 표기법이다.

$$\sqrt{2} = \sqrt{\frac{2000000}{1000000}} = \frac{\sqrt{2000000}}{1000}$$
$$= \frac{1414}{1000}$$
$$= 1 + \frac{24}{60} + \frac{50}{60^2}$$
$$= 1° \, 24' \, 50''$$

이러한 바빌로니아의 60진법은 각도를 재는 단위로 사용되면서 중세 천문학자들이 도(°), 분(′), 초(″) 기호에 사용하였다. 그리고 이 중에서 분과 초는 현대 문명에서도 시간의 단위로도 사용되고 있다.

하지만 10진법의 세례를 받은 현대 사람들은 $\frac{1414}{1000}$을 굳이 60진법의 분수 꼴로 바꾸는 것이 이해되지 않을 것이다. 다음과 같이 쓰는 것이 당연하게 느껴지기 때문이다.

$$\frac{1414}{1000} = 1 + \frac{4}{10} + \frac{1}{100} + \frac{4}{1000} = 1.414$$

10진법으로 생각하는 건 당연하지만, 어떤 방식을 아주 오랫동안 사용하면 다른 방식을 사용할 수 있다는 발상 자체가 쉽지 않다. 성능이 안 좋은 타자기를 사용하던 시기에 고장이 잦다는 이유로 느리게 치도록 배열한 쿼티 자판을 지금도 사용하는 것과 같은 맥락이다. 이것을 심리학에서는 경로의존성(Path dependency)이라고 한다. 60진법과 10진법의 관계도 마찬가지였다.

10진소수법을 만든 시몬 스테빈

이미 오백 년 넘게 인도-아라비아 숫자와 10진법을 사용했지만, 1보다 작은 숫자에 10진법을 적용하는 것은 여전히 쉽지 않았다. 시몬 스테빈이 지금과 전혀 다른 방식으로 1보다 작은 수에 10진법을 적용했지만, 일반인들의 눈높이와는 다르게 수학자들은 이것을 수학사에서 가장 중요한 사건 중의 하나로 간주한다. 쉽지 않은 발상이었다는 뜻이다.

당시 분수를 10진소수로 나타내지 못했던 것은 분모가 10의 거듭제곱 꼴이 아닌 분수 때문이었다. 예를 들어 $\frac{1}{7}$을 $\frac{\square}{10}$ 꼴로 어떻게 나타낼 수 있다는 말인가? 사실 분수를 굳이 그런 꼴로 변형할 필요도 없었다. $\sqrt{2}$와 같은 무리수는 본래 분수 꼴로 나타낼 수 없기도 하고 오랫동안 바빌로니아의 표기법을 준용해 왔기 때문에 60진 소수로의 변형이 나름의 의미를 갖지만, 분수는 그럴 만한 가치가 없다고 여겨졌다. 스테빈을 만나기 전까지는.

젊은 스테빈은 분모가 10의 거듭제곱 꼴이 아닌 분수를 10의 거듭제곱 꼴로 바꾸는 것이 실생활에 도움이 된다는 것을 알았다. 이 생각이 10진소수 표기법으로 가는 첫걸음이었다. 당시 스테빈은 이자를 계산하는 일을 하였다. 당시 모든 이자율을 단위분수분자가 1인 분수로 사용했는데 분모가 10인 아닌 단위분수는 계산이 복잡하고 불편하였다. 그는 분모가

10의 거듭제곱 꼴이 아닌 분수의 분모를 10의 거듭제곱 꼴로 변형해서 사용했다. 예를 들어 $\dfrac{1}{11}$은 $\dfrac{9}{100}$로, $\dfrac{1}{12}$은 $\dfrac{8}{100}$로 변형했다.

물론 이렇게 바꾼 값들이 원래의 값과 완전히 같지는 않았지만, 약간의 차이를 감수해도 될 만큼 계산이 효율성이 높아졌다. 그는 이 내용을 정리하여 1582년에 자신의 첫 번째 저서인 『이자율표(Tafelen van interest)』를 출간했다.

원래 이자율	변환 후 이자율	오차
$\dfrac{1}{11}$	$\dfrac{9}{100}$	$\dfrac{1}{1000}$
$\dfrac{1}{12}$	$\dfrac{8}{100}$	$\dfrac{4}{1200}$

만일 1000원에 대한 이자를 구해야 할 때 원래 이자율을 사용하면 $1000 \times \dfrac{1}{11}$이나 $1000 \times \dfrac{1}{12}$을 계산해야 하지만, 변환 후의 이자율을 사용하면 다음과 같이 별도의 계산 없이 이자가 90원 또는 80원이라는 것을 바로 알 수 있다.

$$1000 \times \frac{9}{100} = 90(원) \qquad 1000 \times \frac{8}{100} = 80(원)$$

스테빈은 이 작업을 통해서 분모가 10의 거듭제곱 꼴이 아닌 모든 분수의 분모를 10의 거듭제곱 꼴로 바꿀 수 있다는 것을 깨달았다. 이렇게 할 수만 있다면, 모든 분수를 10진소수로 나타내는 것도 가능할 것이었다. 그렇다면 어떻게 10의 거듭제곱 꼴이 아닌 분모를 어떻게 10의 거듭제곱 꼴로 변형할 수 있을까?

분수의 분모를 10의 거듭제곱 꼴로 바꾸는 법

임의의 분수의 분모를 10의 거듭제곱 꼴로 바꾸기 위해서는 그 수가 10의 거듭제곱 꼴로 된 분모를 갖는 분수들의 합이라고 생각하면 된다. 예를 들어 $\frac{1}{3}$의 분모를 10의 거듭제곱 꼴로 바꿔 보자. 먼저 다음과 같이 $\frac{1}{3}$을 분모가 10의 거듭제곱 꼴인 분수의 합과 같다고 놓는다. 10진법을 사용하므로 $a_1, a_2, a_3, \cdots$ 등은 모두 0에서 9까지 숫자 중의 하나이다.

$$\frac{1}{3} = \frac{a_1}{10} + \frac{a_2}{100} + \frac{a_3}{1000} + \cdots$$

이 식에서 양변에 10을 곱하면 다음과 같이 a_1이 분수 꼴에서 벗어나 정수로 존재한다.

$$\frac{10}{3} = a_1 + \frac{a_2}{10} + \frac{a_3}{100} + \cdots$$

이때 $\frac{10}{3}$은 $3 + \frac{1}{3}$이므로 $a_1 = 3$이다. a_1자리에 3을 대입하면 다음과 같다.

$$\frac{10}{3} = 3 + \frac{a_2}{10} + \frac{a_3}{100} + \cdots$$

우변의 3을 좌변으로 이항해서 계산하면 다음과 같다.

$$\frac{10}{3} - 3 = \frac{a_2}{10} + \frac{a_3}{100} + \cdots$$

$$\rightarrow \frac{1}{3} = \frac{a_2}{10} + \frac{a_3}{100} + \cdots$$

위의 식에서 양변에 다시 10을 곱하면, 다음과 같이 a_2가 분수 꼴에서 벗어나 정수로 존재한다.

$$\frac{10}{3} = a_2 + \frac{a_3}{10} + \frac{a_4}{100} + \cdots$$

좌변의 $\frac{10}{3}$은 $3 + \frac{1}{3}$이므로 $a_2 = 3$이다. a_2자리에 3을 대입하면 다음과 같다.

$$\frac{10}{3} = 3 + \frac{a_3}{10} + \frac{a_4}{100} + \cdots$$

우변의 3을 좌변으로 이항하여 계산하면 다음과 같다.

$$\frac{10}{3} - 3 = \frac{a_3}{10} + \frac{a_4}{100} + \cdots$$
$$\rightarrow \frac{1}{3} = \frac{a_2}{10} + \frac{a_3}{100} + \cdots$$

위의 과정을 반복하면 $\frac{1}{3}$을 분모가 10의 거듭제곱 꼴인 분수의 합으로 나타낼 수 있다.

$$\frac{1}{3} = \frac{3}{10} + \frac{3}{100} + \frac{3}{1000} + \cdots$$

이를 10진소수로 나타내면 다음과 같다.

$$\frac{1}{3} = 0.333 \cdots$$

이렇게 해서 스테빈은 분모가 10의 거듭제곱 꼴이 아닌 분수도 10진소수로 나타낼 수 있게 되었다.

소수표기법

1585년, 스테빈은 분수를 10진소수로 바꾸는 아이디어를 담아 『십분의 일(De Thinde)』이라는 제목의 소책자를 벨기에에서 먼저 출간했다. 비록 29쪽밖에 안 되는 짧은 내용의 책이었지만, 획기적인 아이디어로 주목받았다. 그 해에 바로 『십진소수(La Disme)』라는 제목의 프랑스어 번역본이 인쇄되었을 정도다. 영어 번역본은 1608년에 『십진소수(Decimal)』라는 제목으로 출간되었다. 스테빈은 이 책에서 다음의 방식으로 소수를 표기하였다.[1]

$$1 + \frac{5}{10} \rightarrow 1⓪5①$$

$$12 + \frac{9}{10} + \frac{7}{100} \rightarrow 12⓪9①7②$$

$$326 + \frac{2}{10} + \frac{8}{1000} \rightarrow 326⓪2①8③$$

스테빈은 먼저 정수 부분과 소수 부분을 ⓪으로 구분했다. 즉, ⓪의 왼쪽은 정수 부분이고 오른쪽은 소수 부분이다. 지금의 소수점의 역할이다. 그는 '십분의 일'의 자리의 숫자 뒤에 ①을 쓰고 '백분의 일'의 자리의 숫자 뒤에 ②를 썼다.

이렇게 숫자 옆에 자릿수를 쓰는 스테빈의 표기법이 사칙연산에는 도움이 될지 몰라도 단순한 것을 좋아하는 수학자들의 기호에 맞지는 않았다.

대표적으로 프랑수아 비에트가 있다. 그는 미지수뿐만 아니라 기지수까지 문자로 표기함으로써 '공식'이라는 개념을 만들어 낸 수학자로, 여러 가지 소수표기법을 선보였다. 그는 『수학요람(Canon Mathmaticus)』이라는 책에서 밑줄을 긋거나 굵은 글씨로 쓰거나 세로 막대를 이용해서 소수를 표기했다.

$$12 + \frac{3}{10} + \frac{4}{10^2} + \frac{4}{10^3}$$
$$= 12\underline{345}$$
$$= 12\mathbf{345}$$
$$= 12|345$$

1593년 로마 교황청 천문대장인 크리스토퍼 클라비우스(Christopher Clavius, 1538~1612)가 지금의 표기법과 같은 소수점을 처음으로 찍었다. 그리고 1614년 네이피어가 수학 역사상 가장 중요한 책 중의 하나인 『로그의 놀라운 규칙 서술(Miricifi Logarithm Canonis Descriptio)』에서 클라우비스의 소수점을 사용하면서 소수표기법에 종지부를 찍게 되었다. 다음의 표는 소수 표기의 변천사이다.

만든 사람	연도	표기법
크리스토프 루돌프 Christoph Rudolff	1530	12,345
프랑수아 비에트 FranÇois Vièitè	1579	12<u>345</u> **12**345 12|345
시몬 스테빈 Simon Stevin	1585	12⓪3①4②5③
크리스토퍼 클라비우스 Christopher Clavius	1593	12.345
요한네스 케플러 Johnness Kepler	1616	12(345
존 네이피어 John Napier	1617	12.345
요스트 뷔르기 Yost Bürgi	1620	12.3.4.5
헨리 브리그스 Henry Briggs	1624	12^{345}
자크 오자남 Jacques Ozanam	1691	12. 345

유한소수와 무한소수, 그리고 무리수

분모가 10의 거듭제곱 꼴이 아닌 분수를 10진소수로 변형하면 소수점 아래 한두 자리에서 끝이 나는 경우도 있고 숫자의 행렬이 끝없이 이어지는 경우도 있다.

예를 들어 $\frac{1}{4}$은 0.25가 되어 소수점 아래 두 번째 자리에서 끝이 나지만, $\frac{1}{3}$은 소수점 아래에 3이 끝없이 이어진다. $\frac{1}{4}$과 같이 끝이 있는 소수를 유한소수, $\frac{1}{3}$과 같이 끝이 없는 소수를 무한소수라고 한다.

$$\frac{1}{3} = 0.333 \cdots$$

문제는 $\frac{1}{3}$과 같은 유리수를 10진소수로 전개하면 무한소수가 되어 마치 무리수처럼 그 값을 특정할 수 없다는 데 있다. $\frac{1}{3}$을 10진소수로 변환하기 전까지는 그 수가 당연히 자연수나 정수처럼 특정 값을 가진다고 믿었기 때문이다. 하지만 이전 장에서 언급한 것처럼, 유리수 중에서도 무한소수가 존재한다는 것이 밝혀지면서 오히려 무리수에 대한 재해석이 요구되었다. 무리수는 애당초 그 값을 특정하지 못해서 '수'라는 자격을 박탈당했던 것인데 값을 특정하지 못하는 유리수가 등장한 이상 무리수의 자격이 복원되어야만 했던 것이다.

이렇듯 10진소수는 원래의 발명 목적과 다르게 무리수를 다시 수의 세계에 편입시키는 데 큰 기여를 하게 된 셈이다.

그렇다면 어떤 유리수가 유한소수가 되고 어떤 유리수가 무한소수가 될까?

예를 들어 $\frac{1}{2}, \frac{1}{4}, \frac{1}{5}, \frac{1}{8}$ 등의 유리수는 다음과 같이 유한소수가 된다.

$$\frac{1}{2} = 0.5, \frac{1}{4} = 0.25, \frac{1}{5} = 0.5, \frac{1}{8} = 0.125$$

이것은 $\frac{1}{2}$, $\frac{1}{4}$, $\frac{1}{5}$, $\frac{1}{8}$의 분모인 2, 4, 5, 8의 소인수가 2 또는 5뿐이라서 가능한 것이다. 2와 5는 10의 거듭제곱 꼴을 만드는 유이한 재료이다. 2와 5를 1개씩 곱하면 10이 되고 2개씩 곱하면 100, 3개씩 곱하면 1000이 되는 식이다.

$$2 \times 5 = 10$$
$$2^2 \times 5^2 = 100$$
$$2^3 \times 5^3 = 1000$$

따라서 $\frac{1}{2}$, $\frac{1}{4}$, $\frac{1}{5}$, $\frac{1}{8}$의 분자, 분모에 적당한 개수의 2와 5를 곱해 주면 분모를 10의 거듭제곱 꼴로 만들 수 있다.

$$\frac{1}{2} = \frac{5}{2 \times 5} = \frac{5}{10} = 0.5$$
$$\frac{1}{4} = \frac{1}{2^2} = \frac{5^2}{2^2 \times 5^2} = \frac{25}{10^2} = \frac{25}{100} = 0.25$$
$$\frac{1}{5} = \frac{2}{5 \times 2} = \frac{2}{10} = 0.2$$
$$\frac{1}{8} = \frac{1}{2^3} = \frac{5^3}{2^3 \times 5^3} = \frac{125}{10^3} = \frac{125}{1000} = 0.125$$

반면 $\frac{1}{6}$의 분모인 6을 소인수분해하면 2×3이 되어 3이라는 소인수가 들어 있다. 3 때문에 분자와 분모에 어떤 수를 곱해도 분모를 10의 거듭제곱 꼴로 나타낼 수 없다. 이처럼 기약분수의 분모에 2와 5의 이외의 다른 소인수가 들어 있으면 어떤 수를 곱해도 10의 거듭제곱 꼴로 만들 수 없고, 그 분수는 무한소수가 된다.

$$\frac{1}{6}=0.166\cdots, \quad \frac{1}{7}=0.142857142857\cdots, \quad \frac{1}{9}=0.111\cdots$$

다만 앞에서 보듯이 유리수를 변환해서 만들어지는 무한소수는 숫자들이 일정한 규칙을 가진다. $\frac{1}{6}$은 6이 반복되고 $\frac{1}{7}$은 142857이 반복되고 $\frac{1}{9}$은 1이 반복된다.

이런 반복은 단순한 우연일까, 아니면 필연일까?

$\frac{1}{3}$을 예로 들어 분석해 보자. 다음의 나눗셈에서 3이 계속 반복되는 이유는 10을 3으로 나누는 상황이 계속되기 때문이다. 즉, 10을 3으로 나누면 나머지가 1인데, 1 뒤에 0을 내려서 붙여 주면 또다시 10을 3으로 나누는 상황이 된다. 즉, 나머지가 같으면 몫도 같아진다는 것을 관찰할 수 있다.

$$
\begin{array}{r}
3.333 \\
3\overline{\smash)10.000} \\
\underline{9} \\
10 \quad \leftarrow \text{나머지가 } 1 \\
\underline{9} \\
10 \quad \leftarrow \text{나머지가 } 1 \\
\underline{9} \\
1 \quad \leftarrow \text{나머지가 } 1
\end{array}
$$

$\frac{1}{7}$을 소수로 변환하기 위해서는 1을 7로 나눠야 한다. 그런데 어떤 수를 7로 나눈 나머지는 0, 1, 2, 3, 4, 5, 6밖에 없다. 나머지가 0이 되면 유한소수가 되므로 사실상 7로 나눈 나머지는 1부터 6까지 6개만 가능하다. 즉, 가능한 나머지가 6개이므로 나눗셈을 여섯 번 할 때까지는 서로 다른 나머지가 나올 수 있다. 하지만 일곱 번째 나누는 순간 앞에서 나온 나머지 중의 하나와 같은 나머지가 나올 수밖에 없다. 바로 그 순간 반복이 시

작된다.

1을 7로 직접 나누어 보자. 다음과 같이 여섯 번 나눌 때까지 모두 다른 나머지가 나오다 일곱 번째 나눗셈에서야 비로소 앞에서 나왔던 나머지가 다시 나오는 것을 확인할 수 있다. 즉, 나머지는 1, 3, 2, 6, 4, 5의 순서로 반복되며, 몫도 1, 4, 2, 8, 5, 7이 반복된다.

$$
\begin{array}{r}
0.1428571\cdots \\
7\overline{)1.000000} \\
7 \\
\hline
30 \quad \leftarrow \text{나머지가 } 3 \\
28 \\
\hline
20 \quad \leftarrow \text{나머지가 } 2 \\
14 \\
\hline
60 \quad \leftarrow \text{나머지가 } 6 \\
56 \\
\hline
40 \quad \leftarrow \text{나머지가 } 4 \\
35 \\
\hline
50 \quad \leftarrow \text{나머지가 } 5 \\
49 \\
\hline
10 \quad \leftarrow \text{나머지가 } 1 \\
7 \\
\hline
3 \quad \leftarrow \text{나머지가 } 3 : \text{반복시작}
\end{array}
$$

정확히 같은 논리로 $\dfrac{113}{757}$과 같은 유리수를 소수로 바꿀 때, 소수 전개는 아무리 많아야 분모보다 1이 적은 756단계 이전에 반복이 시작된다. 사실 훨씬 전에 반복된다. 일반적으로 기약분수 $\dfrac{a}{b}$가 무한소수일 때, 'b−1'단계 이전에는 반드시 반복이 시작된다고 할 수 있다.[2]

한편, 분수를 소수로 나타내면서 생긴 문제가 있었다. 소수점 아래로 9가 무한히 늘어서는 소수, 바로 0.99999…가 1과 같아지는 것이었다.

1=0.999···

'무한'은 수학사에서 많은 역설과 착각을 불러일으켰다. 대표적인 것이 바로 '1=0.999···'가 성립하는가이다. 직관적으로는 틀린 것처럼 보이지만, '1=0.999···'는 참이다. 아래 등식의 양변에 3을 곱해서 간단히 증명할 수 있다.

$$\frac{1}{3} = 0.333 \cdots$$
$$\rightarrow 3 \times \frac{1}{3} = 3 \times 0.333 \cdots$$
$$\rightarrow 1 = 0.999 \cdots$$

그럼에도 불구하고 1이 0.999···보다 조금이라도 더 크지 않을까하는 생각을 떨쳐 버리기 어렵다. 아마도 0.999···가 하나의 고정된 수로 보이지 않고 1에 점점 가까이 다가가는 수로 보이기 때문일 것이다. 하지만 '···'은 무한의 의미이지 움직인다는 뜻이 아니다.

예를 들어 무리수 π는 3.14···로 표시하지만, π 역시 변하는 수가 아니라 원의 둘레를 지름으로 나눈 단 하나의 값을 의미한다.

$1 = \frac{9}{9} = 9 \div 9$를 다음과 같은 방식으로 나누면 1=0.999···라는 것을 증명할 수 있지만, 여전히 직관적으로 납득하기는 어렵다.[3]

$$\begin{array}{r} 0.999\cdots \\ 9\overline{)9000000} \\ \underline{81} \\ 90 \\ \underline{81} \\ 90 \\ \underline{81} \\ 90 \\ \vdots \end{array}$$

결론적으로 0.999⋯ 가 1과 거의 같은 수가 아니라 완전히 똑같은 수라는 것은 유리수를 10진소수로 표시하는 과정에서 발생하는 부작용이라고 생각하면 좋을 듯하다.

10진소수의 연산

스테빈의 소수표기법은 지금의 표기법보다 쓰기에는 불편하지만, 연산에는 분명히 효과적이다. 소수의 자릿수를 모두 표시하기 때문에 자릿수가 같은 수끼리 더하거나 빼면 된다. 다음의 10진소수의 합을 구해 보자.

12⓪5①3②＋3⓪1①15②

먼저 ⓪의 왼쪽에 쓰여 있는 수끼리 더한다. 이것은 정수 부분이다.

12＋3＝15

①의 왼쪽에 쓰여 있는 수끼리 더한다. 이것은 소수점 아래 첫 번째 자리의

수가 된다.

$$5+1=6$$

②의 왼쪽에 쓰여 있는 수끼리 더한다. 이것은 소수점 아래 두 번째 자리의 수가 된다.

$$3+5=8$$

위의 계산을 정리하면 다음과 같다.

12⓪5①3②＋3⓪1①5②＝15⓪6①8②

지금의 방식으로는 다음과 같다.

$$
\begin{array}{r}
12.53 \\
+\ \ 3.15 \\
\hline
15.68
\end{array}
$$

스테빈의 표기법은 곱셈에 더 효과적이다. 예를 들어 두 소수 3④7⑤8⑥과 5①4②의 곱을 구해 보자. 3④7⑤8⑥은 0.000378이고 5①4②은 0.54이다. 스테빈의 곱셈 방식은 다음과 같이 자연수의 곱셈처럼 보인다. 곱하는 두 소수의 가장 작은 자릿수인 ⑥과 ②를 더한 ⑧이 곱셈 결과의 가장 작은 자릿수가 된다. 즉, 소수점 아래 여섯 자리의 수와 소수점 아래 두 번째 수를 곱하면 소수점 아래 여덟 자리의 수가 된다는 뜻이다.

$$
\begin{array}{r}
④⑤⑥ \\
3\ 7\ 8 \\
①② \\
\times\quad\ \ 5\ 4 \\
\hline
1\ 5\ 1\ 2 \\
1\ 8\ 9\ 0\quad \\
\hline
2\ 0\ 4\ 1\ 2 \\
④⑤⑥⑦⑧
\end{array}
$$

지금의 방식으로는 다음과 같다. 역시 376×54를 계산하고 곱하는 두 수의
소수점 아래 자릿수끼리 더해서 소수점을 찍어 주면 된다.

$$
\begin{array}{r}
0.000376 \\
\times\quad\quad 0.54 \\
\hline
1512 \\
1890\quad \\
\hline
0.00020412
\end{array}
$$

소수를 다음과 같이 분수로 바꾸고 분모를 10의 거듭제곱 꼴로 바꿔 보면,
스테빈의 곱셈 원리를 이해할 수 있다.

$$
0.000376 = \frac{376}{6^2}
$$
$$
0.54 = \frac{54}{10^2}
$$

이와 같이 10진소수를 다시 분수로 바꿔서 곱하면 스테빈이 소수점 아래의
자릿수에 해당하는 6과 2를 왜 더했는지 알 수 있다.

$$
\frac{376}{6^2} \times \frac{54}{10^2} = \frac{376 \times 54}{10^{6+2}} = \frac{20412}{10^8} = 0.00020412
$$

소수의 가치

시몬 스테빈이 수학자들에게 선물한 10진소수는 유한과 무한, 유리수와 무리수를 하나의 세계로 묶어 주었다. 유리수와 무리수는 수직선을 빈 틈없이 메워 주었고 마침내 수학자들은 '연속'이라는 개념을 마주 보게 되었다. 연속은 현대수학의 디딤돌과 다름없는 극한과 미분을 엄밀하게 정의하기 위해서 반드시 필요한 개념이다. 이처럼 10진소수가 현대수학에 미친 영향력은 대단히 크다.

놀라운 것은 지금의 실생활에서도 10진소수를 사용하는 분야가 많다는 것이다. 무한을 다루는 난해함에서 벗어난 소수는 크기 비교가 용이하다는 특징으로 인해 분수의 자리를 대체하고 있다. 예를 들어 $\frac{7}{5}$과 $\frac{10}{7}$처럼 분모가 다른 분수의 크기는 다음과 같이 통분해서 분자의 크기를 따져 봐야 한다.

$$\frac{7}{5} = \frac{7 \times 7}{5 \times 7} = \frac{49}{35}$$
$$\frac{10}{7} = \frac{10 \times 5}{7 \times 5} = \frac{50}{35}$$
$$\rightarrow \frac{49}{35} < \frac{50}{35}$$

하지만 분수를 다음과 같이 10진소수로 변환하면, 계산 없이 직관적으로 크기를 비교할 수 있다.

$$\frac{7}{5} = 1.4$$

$$\frac{10}{7} \fallingdotseq 1.42$$

$$\rightarrow 1.4 < 1.42$$

그래서 길이나 무게, 시간, 비율 등 크기 비교가 중요한 지표는 다음과 같이 분수보다 소수를 주로 사용한다.

금 한 돈의 무게＝3.75g

어떤 음료수의 양＝1.5L

어떤 야구선수의 타율＝0.314(3할 1푼 4리라고 읽음)

어떤 육상선수의 100m 달리기 기록＝9.99초

어떤 체조 선수의 기록＝9.95점

어떤 사람의 키＝174.1cm

어떤 은행의 연 이자율＝2.3%

2021년 5월 6일 코스피 주가지수＝3,178.74

수학자들에게 소수는 무한의 문을 여는 열쇠이지만, 무한의 꼬리가 잘린 소수는 현대 사회에서 분수의 대체재로 유용하게 사용된다. 어쩌면 이것이 실용적인 목적으로 소수를 만들었던 시몬 스테빈의 뜻을 제대로 반영한 것이 아닐까?

Chapter 15

수를
만들다

높은 곳에 올라가면 기온이 낮아지고, 낮이 길수록 밤이 짧아지고, 날씨가 더울수록 태양의 고도가 높고, 밀물과 썰물은 달의 위치와 관계가 있다.

이렇듯 얼핏 보면 서로 관계없이 보이는 것들이 사실은 밀접한 관계를 맺고 있을 때가 많다. 우리가 알지 못할 뿐 세상 거의 모든 것들은 서로 연결되어 있다. 이처럼 둘 사이에 어떠한 관계가 있으면 상관관계가 있다고 한다. 여기에 더해서 둘 중에서 무엇이 원인이고 무엇이 결과인지 밝혀지면 인과관계가 있다고 한다.

문명 초기에는 이런 관계를 일일이 구해서 표를 만들었다. 데카르트가 숫자 대신 문자를, 표 대신 좌표축을 사용하면서 둘 사이의 관계는 수식과 그래프로 나타낼 수 있게 되었다. 이로써 태양 주위를 도는 행성의 궤도부터 원자핵 주변을 돌아다니는 전자의 움직임도 하나의 수식으로 나타낼 수 있게 되었다. 이제 표가 없어도 주어진 수식에 대입하여 필요할 때마다 원하는 값을 얻을 수 있게 되었다.

뉴턴과 비슷한 시기에 미적분을 창안한 라이프니츠

와 그 제자들은 이것을 함수라고 정의했다. 이들에게 함수는 수식에 의해서 만들어진 수를 의미했다. 이후 코시는 두 변수 사이의 관계식 지체를 함수라고 정의했다. 하지만 현대 수학에서는 관계식이 존재하지 않아도 미리 약속한 대응 규칙만 만족하면 함수로 인정한다. 이로써 함수의 정의는 엄격해졌지만 전혀 함수처럼 보이지 않는 관계도 함수가 되었고, 이전까지 당연히 함수였던 수식이 함수의 지위를 박탈당하기도 했다.

함수(函數)라는 말의 어원

라이프니츠의 'function'은 중국에서는 함수로, '함'이라는 글자가 없던 일본에서는 '관수'로 번역되었다. 함수라는 말은 19세기 중국 수학자인 이선란이 오일러가 쓴 『대수학』을 번역하면서 사용한 것이다. 그는 'function'을 다음과 같이 정의했다. 참고로 함수의 '함'은 '포함하다'라는 뜻이다.

凡 此變數 中 函 彼變數 者,

범 차변수 중 함 피변수 자,

이른바 이 변수 안에 저 변수를 포함하는 자가 있다면,

則 此 爲 彼之 函數.

즉 차 위 피지 함수.

이 변수를 저 변수의 함수라고 한다.

오일러는 함수를 $y=f(x)$라고 표기했다. 아마도 이선란은 (x) 모양에서 '포함하다'라는 단어를 떠올린 것으로 추측된다. 또한 용어의 본래 뜻

을 최대한 살리면서 발음도 원어와 비슷하게 번역하는 중국의 관습에도 함수라는 번역은 적합해 보인다. 함수는 중국어로 '한슈'로 발음되는데 function의 원어 발음인 '훵션'과 비슷하다. 만일 function의 본래 뜻에만 충실했다면 '제조수'라고 번역했을지도 모른다.

함수의 흔적

함수를 최초로 정의한 라이프니츠, 베르누이(Johann Bernoulli, 1667~1748), 오일러 등은 함수를 '어떤 수식에 의해서 새로 만들어진 수'라고 정의했다. 함수를 이렇게 정의하면, 그 시작은 바빌로니아 문명의 수표(number table)일 것이다.[1] 고대 문명에서는 정사각형의 면적과 정육면체의 면적, 삼각비 등 계산이 필요한 값을 미리 구해서 표로 만들어 놓았다. 즉, 한 변의 길이를 알면 다음의 표를 이용하여 정사각형의 면적과 정육면체의 부피를 바로 구할 수 있었을 것이다.

한 변의 길이	1	2	3	4	5
정사각형의 면적	1	4	9	16	25

한 모서리의 길이	1	2	3	4	5
정육면체의 부피	1	8	27	64	125

심지어 특정 수의 거듭제곱을 10제곱까지 미리 구해 놓은 표가 발견되기도 했다. 10제곱까지 구해서 사용한 바빌로니아 사람들의 수학적 능력은 대단하지만, 그 의미를 파악하고 사용한 것은 아니었다. 단지 실용적인 측면에서 그 수치를 구해 둔 것뿐이었다.

그리스 문명의 프톨레마이오스(Claudius Ptolemy, 100~170)는 반지름의 길이가 60인 원에서 각의 크기를 0도부터 180도까지 0.5도 간격으로 늘려가면서 현 $\overline{AB}$의 길이를 구하여 다음과 같이 표로 만들었다.[2] 프톨레마이오스 역시 각이 변함에 따라 현의 길이가 변하는 것을 구했을 뿐, 둘 사이의 관계를 명확하게 나타낸 것은 아니었다.

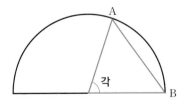

각(°)	현 AB의 길이
0.5	0.5239
1	1.0471
1.5	1.5706
⋮	⋮
180	120

함수의 수식화

바빌로니아 문명의 사람들과 프톨레마이오스처럼 어떤 것의 수치가 변함에 따라 다른 것의 수치가 같이 변하는 것을 발견한 사례는 수도 없이 많았다. 하지만 이들은 모두 그 관계를 수학적으로 표현하지 못했다. 관계의 수학적인 표현은 비에트와 데카르트에 의해서 미지수와 기지수가 모두 문자화되고 나서부터였다. 함수에 사용되는 문자를 특별히 '변수(변하는 수, variable)'라고 한다. 입력되는 변수로는 x, 출력되는 변수로는 y를 주로 사용한다. 다음과 같이 어떤 값을 주어진 수식의 x 자리에 대입하면, 다른 어떤 값이 출력된다.

예를 들어 한 변의 길이가 x인 정사각형의 넓이 y는 $y=x^2$이라는 수식으로 그 관계를 표현할 수 있다. 다음과 같이 x에 어떤 값을 입력하면, 다른 어떤 값이 y로 출력된다.

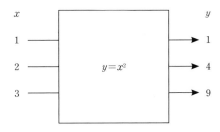

한 모서리의 길이가 x인 정육면체의 부피 y도 $y=x^3$이라는 수식으로 나타낼 수 있다. 역시 x에 어떤 값을 입력하면, 다른 어떤 값이 y로 출력된다.

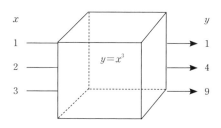

이때부터 함수는 두 변수 사이의 관계를 나타내는 '수식'이라는 이미지가 수학자와 과학자들에게 각인되었다.

함수의 시각화

비에트와 데카르트에 의해 문자화된 후 수식이라는 이미지로 함수가 각인되었지만, 엄밀히 말하면 두 사람 이전에도 두 수의 관계를 수학적으로 나타내기 위한 움직임은 있었다. 데카르트 이전의 수학자들은 두 변수의 관계를 시각적으로 보기 위해서 2개의 수직선을 평행하게 놓고 두 변수의 움직임을 연결했다. 다음은 이차함수 $y=x^2$을 그린 것이다.

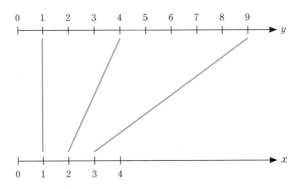

이차함수 $y=x^2$의 그래프. 데카르트의 직교좌표계 이전에는 2개의 변수를 각각 다른 수직선에 표시하고 둘의 관계를 파악했다.

데카르트는 평행한 수직선을 다음과 같이 교차시켰다. 그러자 평행한 수직선에서는 보이지 않았던 점이 보이기 시작했다. 즉, 이전에는 x와 y를 나타내기 위해서는 각각의 수직선 위에 2개의 점을 찍어야만 했지만, 수직선에 평행하게 점선을 그어서 교차하는 점 하나로 x와 y의 값을 모두 표시할 수 있게 된 것이다. 처음에는 비스듬하게 교차했던 두 수직선을 수직으로 교차시키면서 직교좌표계가 만들어졌다. 참고로 데카르트는 음수를 인정하지 않았기 때문에 'ㄴ' 모양의 좌표계를 사용했다. 지금 사용하는 십자(+) 모양의 직교좌표계는 뉴턴이 처음 사용한 것으로 알려져 있다. 뉴턴은 라틴어로 번역된 데카르트의 기하학을 읽었다고 알려져 있다. 하지만, 데카르트와 비슷한 시기에 좌표축을 만들고 미분 개념에 가까이 갔던 페르마의 영향을 받았을 수도 있다.

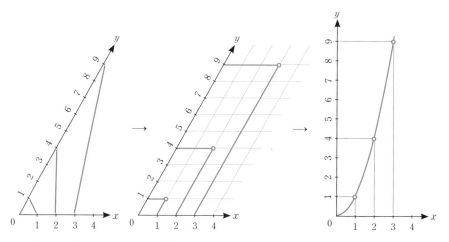

이차함수 $y = x^2$의 그래프 변천사. 평행하던 두 수직선이 만나면서 관계를 표기하던 방법이 달라졌다. 최종적으로 데카르트의 직교좌표계에 의해 마침내 두 변수의 관계를 분명하게 파악할 수 있게 되었다.

함수의 정의

데카르트의 좌표평면 덕분에 변수 사이의 관계를 표로, 수식으로, 그래프로 나타낼 수 있게 되면서 일부 수학자들은 이런 관계를 명확히 정의하고 이름을 지어 주려고 노력했다. 뉴턴과 비슷한 시기에 독자적으로 미적분을 만들었던 라이프니츠와 그의 제자들이 그 주인공이다.

라이프니츠는 function이란 용어를 최초로 사용하였다. 그는 function을 명사가 아니라 동사로 간주하였다. 그는 x가 수식에 입력되어서 y가 출력되는 과정 전체를 function이라고 정의한 것이다.

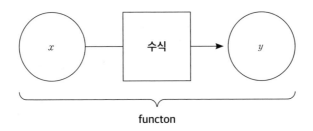

라이프니츠의 제자인 요한 베르누이는 스승과는 달리 출력되는 y만을 function으로 정의했다. 다음은 베르누이가 function을 정의한 것이다.

"함수란 미결정된 양이나 상수로부터 만들어지는 어떤 양이다."(1694년)

"함수란 변수와 상수로부터 만들어지는 변수이다."(1718년)

오일러도 function에 대해서 베르누이와 비슷한 관점을 가졌다. 다음은 오일러가 function을 정의한 것이다.

"변량 x가 변할 때 변량 y가 따라서 변한다면, y는 x의 함수라고 부를 수 있다." (1755년)

오일러는 x가 수식을 통과한 결과물인 y를 $f(x)$로 표기했다. 이 표기법은 지금도 유효하다.

반면 수식 자체를 함수로 본 수학자도 있다. 코시는 x와 y의 관계를 나타내는 '수식'을 함수라고 정의했다. 다음은 코시가 function을 정의한 것이다.

"함수는 변수들 사이의 관계식이다." (1821년)

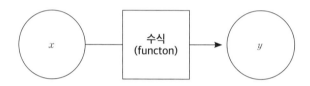

이렇듯 19세기 초까지도 function의 정의는 하나로 통일되지 않았다. 즉, function은 x가 입력되면 y가 출력되는 과정이기도 했고, 출력물인 y이기도 했으며, 두 변수의 관계식이기도 했다.

하지만 19세기에 들어와서 수학자들은 개념과 용어를 엄밀하게 정의하는 일이 중요하다고 생각했다. 무리수와 실수, 그리고 무한과 연속 등의 개념이 이 시기에 정의됐다. 특히 너무나 당연하게 여겨지던 자연수조차 페아노(Giuseppe Peano, 1858~1932)에 의해 엄밀한 규약으로 정의되면서 더 이상 자연스럽지 않게 되었다. 그 물결에 함수도 휩쓸리지 않을 수가 없었을 것이다.

한편, 디리클레(Johann P. Gustave Dirichlet, 1805~1859)는 함수를 두 변

수 사이의 대응으로 정의했다. 입력 변수와 출력 변수가 하나씩 대응되기만 하면 둘 사이에 어떤 관계가 있는지는 몰라도 함수가 된다. 다음은 디리클레가 함수를 정의한 것이다.

"y가 x의 함수라는 것은 범위가 정해진 구간에서의 임의의 x 값이 y의 유일한 값에 대응되는 것이며, x와 y의 관계가 어떤 법칙을 통해 결정되거나 수학 공식으로 표현될 필요는 없다."

다음은 함수인 대응과 함수가 아닌 대응의 예시이다. 입력한 값이 출력되지 않거나 2개 이상으로 출력되면 함수가 아니다.

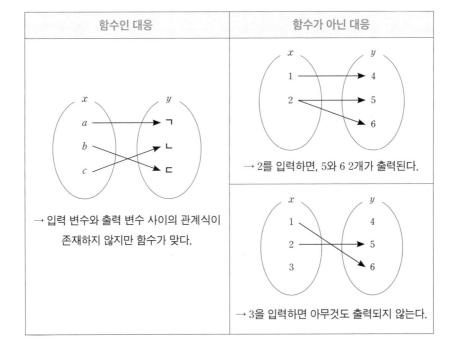

함수에 대한 디리클레의 정의는 현대수학에서도 그대로 사용하고 있다. 정의를 이렇게 하면 함수와 함수 아닌 것을 단 하나의 예외 없이 구분할 수 있다.

그래서 잃은 것

디리클레가 함수를 대응으로 정의하면서 과거에는 함수라고 여겨졌던 수많은 수식이 함수의 지위를 잃었다. 예를 들어 $x^2+y^2=1$과 같은 수식은 다음과 같이 반지름이 1인 원이 되지만, 더 이상 함수가 아니다. 하나를 입력하면 2개가 출력되는 경우가 있기 때문이다.

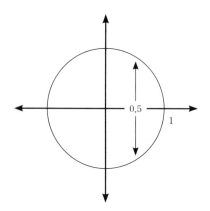

원 $x^2+y^2=1$의 그래프. 디리클레의 정의에 따르면 원과 같이 하나의 x값에서 2개의 y값을 가질 경우, 함수가 될 수 없다.

그렇다고 해서 $x^2+y^2=1$이 함수로서의 성질을 잃어버린 것은 아니다.

$x^2+y^2=1$은 오랫동안 함수였고 지금도 함수이다. 다만 함수의 지위를 잃었을 뿐이다. 마치 1이 소수에서 쫓겨났지만, 그 소수성은 여전히 살아 있는 것처럼 말이다.

사실 함수인지 아닌지 구분하는 것은 필요에 의한 것이지 본질적인 주제는 아니다. 시간이 지나면서 $x^2+y^2=1$은 숨겨진 함수라는 뜻의 음함수(implicit function)라는 이름이 붙으면서 자연스럽게 함수라고 불려 왔다. 수학자들은 오일러나 코시가 생각한 함수의 개념을 여전히 인정하고 있다는 뜻이다.

이렇게 개념과 용어를 지나치게 엄밀하게 정의하면, 그 생생함과 구체성이 사라지고 추상화된다. 라이프니츠의 제자들이나 코시의 함수 조건에는 입력 변수와 출력 변수를 이어 주는 수식이 반드시 필요했지만, 디리클레의 함수 조건에는 두 변수를 이어 주는 화살표만 남았다.

이렇듯 일단 추상화되면 누구나 그렇다고 인정할 수밖에 없는 뼈대만 남는다. 이는 마치 우리가 얼굴 엑스레이 사진을 보고 그 사람의 얼굴을 유추하는 것과 같다. 함수를 배우는 학생들이 함수를 어려워하는 이유이다.

그럼에도 불구하고 현대수학에서 함수는 둘째가라면 서러워할 지위를 가지고 있다. 인공위성은 우리와 우리의 차의 위치를 삼각함수를 이용하여 계산하고, 자율주행차는 앞차와 부딪히지 않기 위해서 초당 수억 번 이상의 속도와 거리 계산을 수행해야 한다. 인공지능은 개와 고양이를 가장 잘 구분하는 일차함수를 찾기 위해서 무수히 많은 계산을 해야 한다.

다양한 함수, 특이한 직선

다음의 개형에서 보듯이 일차함수를 제외한 모든 함수가 곡선이다. 가장 쉬운 모양은 직선이지만, 사실 직선은 함수에서 가장 특이한 것이다.

일차함수 : $y=ax+b$

이차함수 : $y=ax^2+bx+c$

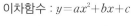

삼차함수 : $y=ax^3+bx^2+cx+d$

유리함수 : $y=\dfrac{ax+b}{cx+d}$

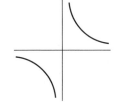

무리함수 : $y=a\sqrt{bx+c}+d$

삼각함수(sine) : $y=a\sin(bx+c)+d$

무리함수 그래프 아래 삼각함수 그래프

지수함수 : $y=a^{bx+c}+d$

로그함수 : $y=\log(ax+b)+c$

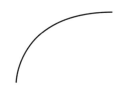

Chapter 16

지수를 보다

로마의 병사 100만 명을 표시하기 위해서는 1000을 의미하는 M을 1000번 써야 했다. 물론 나중에는 M 위에 막대기를 그어 100만을 표시하기는 했다. 그래도 900만을 표시하기 위해서는 여전히 $\overline{M}$를 9개 써야 했다.

$$\overline{M}=100만$$
$$\overline{M}\,\overline{M}\,\overline{M}\,\overline{M}\,\overline{M}\,\overline{M}\,\overline{M}\,\overline{M}\,\overline{M}=900만$$

10진법은 M 위에 막대기를 두는 대신 다른 방법을 떠올렸다. 지금은 백만을 1000000라고 쓰지만, 1000000이라는 숫자의 단위를 정확히 알기 위해서는 1 뒤의 0의 개수를 일일이 세야 한다. 이때 다음과 같이 0의 개수를 미리 써 놓으면 이런 불편함이 사라진다.

$$1000000=10^6$$

사실 10^6은 0의 개수가 아니라 10을 6번 곱한 수를 의미하며, 10의 오른쪽 위에 위치한 6을 지수라고 부른다. 10진법에서는 10을 한 번 곱할 때마다 0이 하나씩 늘어나므로 지수를 사용하는 것이 더욱 편리하다.

$$10 \times 10 = 10^2 = 100$$
$$10 \times 10 \times 10 = 10^3 = 1000$$
$$10 \times 10 \times 10 \times 10 = 10^4 = 10000$$
$$10 \times 10 \times 10 \times 10 \times 10 = 10^5 = 100000$$
$$10 \times 10 \times 10 \times 10 \times 10 \times 10 = 10^6 = 1000000$$

숫자뿐만 아니라 문자의 거듭제곱도 지수를 이용하여 나타낼 수 있다. $a \times a \times a$도 지수 표기법을 사용하면 a^3이 된다. 이처럼 처음에는 같은 숫자나 문자를 여러 번 곱하는 번거로움을 덜어 주기 위해서 사용했던 지수는 함수라는 개념과 연결되어 여러 사회현상과 자연현상의 원리를 설명하는 도구가 되었다. 현대 사회에서 지수함수는 뒤에서 다룰 로그함수와 함께 가장 중요한 함수 중의 하나다.

지수의 개념

곱셈은 사실 셈이 아니다. 곱셈은 같은 수를 여러 번 더하라는 '지시'에 불과하다. 곱셈의 기호는 '×'이며, 2×7은 다음과 같이 2를 7번 더하라는 뜻이다.

$$2 \times 7 = 2+2+2+2+2+2+2$$

하지만 곱셈의 결과를 이미 외우고 있는 사람들은 '×' 기호를 덧셈으로 바꾸지 않고도 2×7=14라는 것을 즉시 안다. 그래서 '×'를 기호가 아니라 덧셈과 같이 일종의 '셈'으로 간주하는 경향이 있다. 하지만 구구단을 외우지 못하면 2×7은 여전히 2를 7번 더하라는 명령어에 지나지 않으며 반드시 덧셈으로 풀어서 계산해야 한다.

'×' 기호가 덧셈의 횟수를 의미하는 것처럼 지수는 곱셈의 횟수를 지시한다. 예를 들어 2를 7번 곱하라는 지시를 내리기 위해서 2를 7번, '×' 기호를 6번 쓸 필요없이 다음과 같이 2의 오른쪽 어깨에 7을 작게 쓰는 것으로 같은 명령을 내릴 수 있다. 이때 2를 밑(base), 7을 지수(exponent),

2^7을 거듭제곱수라고 한다.

$$2 \times 2 \times 2 \times 2 \times 2 \times 2 \times 2 = 2^7$$

곱셈에서와는 달리 2^7을 보고 128이 바로 떠오르는 사람은 많지 않을 것이다. 2의 거듭제곱수를 구구단처럼 외우지 않았으면 말이다. 이렇듯 2^7은 2를 7번 곱하라는 말을 압축한 기호에 지나지 않는다. 기호란 원래 그런 것이다. 기호는 표현의 편리함을 도울 뿐이지 그 계산의 결과까지 알려 주지는 않는다. 우리가 곱셈 기호를 특이하게 잘 다룰 뿐이다.

지수의 어원

지수를 뜻하는 공식적인 영어 단어는 exponent이지만, power와 index 등 도 사용된다.

먼저 power라는 단어는 기원전의 학자인 유클리드가 처음 사용한 것 으로 알려져 있다. 그는 지수가 가진 힘에 초점을 맞춘 듯하다. 예를 들어 2를 여러 번 곱하면 2를 여러 번 더하는 것과는 비교할 수 없을 정도로 수 가 빠르게 증가하는 것을 볼 수 있다. second power는 2번 곱하라는 뜻이 고 third power는 3번 곱하라는 뜻이다. 그는 이런 특징을 이용해 넓이나 부피를 구하는 데에 지수를 사용했다.

한편, 아르키메데스(Archimedes, BC 287~BC 212)는 지수라는 개념을 유 클리드와 같은 목적으로 사용한 것이 아니라 매우 큰 수를 표현하기 위한 방법으로 사용했다. 그는 심지어 우주 전체를 모래알로 채운다고 해도 지수 개념을 이용하여 모래알의 개수를 표시할 수 있다고 주장했다. 그는 지수의 위력을 분명히 알고 있었던 것 같다.

유클리드 이후 지수라는 개념이 수학계에서 다시 관심의 대상이 된 것은 대수학의 시대가 열리면서부터일 것이다. 미지수를 이용하여 고차방정식을 풀기 위해서는 미지수 역할을 하는 문자를 두 번, 세 번 곱해야 하는데, 여러 가지 방법이 사용되다가 지금의 표기법으로 굳어졌다.

마이클 슈티펠(Michael Stifel, 1486~1567)은 어깨 위에 놓인 지수의 위치에 초점을 맞춰서 exponent라는 용어를 만들었다. 이는 밖을 뜻하는 'ex'와 자리를 뜻하는 'pon'의 합성어로 '숫자 밖에 놓여 있는 수'라는 뜻이다.

순수하게 지수 자리에 있는 숫자를 의미하는 용어는 index이다. index는 '지시하다'라는 뜻의 라틴어 indico의 명사형이다. 곱셈의 횟수를 '지시한다'는 의미에서 사용한 듯하다. 니콜라스 샌더슨(Nicholas Saunderson, 1682~1739)이 자신이 쓴 책에서 index라는 단어를 지수의 뜻으로 처음 사용한 것으로 알려져 있다.

한국어로 번역된 지수는 위의 세 단어 중에서 index를 직역한 것이다. 지수로 번역한 사람은 중국의 수학자인 이선란으로 알려져 있다. 아마도 이선란이 참고했던 오일러의 대수학 교재에 지수가 index로 쓰여 있었기 때문이라고 추측해 본다. 만일 이선란이 exponent를 번역했다면 '바깥수', power를 번역했다면 '힘수'가 되었을지도 모를 일이다.

당연히 처음부터 2^7이라는 지수 표기법을 사용한 것은 아니다. 처음에는 '2를 7번 곱한 수' 정도로 사용했을 것이다. 문명 초기, 실물 표식이 불편해서 그림 표식으로 넘어간 것처럼, 다음 단계는 말 줄임이다. '2를 7번 곱한 수'를 줄이면 '2의 7곱' 또는 '2의 7제곱'이 된다. 제곱은 여러 번 곱한다는 뜻이다. 아마도 '2의 7곱'은 2와 7을 곱하라는 뜻으로 오해할 수도 있기 때문에 '2의 7제곱'이라는 표현이 살아남았을 것으로 보인다.

유클리드가 처음 사용한 'power'는 그 자체로 제곱을 의미했다. 예를 들어 한 변의 길이가 x인 정사각형의 면적을 'x in power'라고 썼는데, 이는 'x 곱하기 x'를 의미한다.

$$x \text{ 곱하기 } x = x \text{ in power}$$

유클리드의 'power'는 지금도 다음과 같이 사용되고 있다.

$2 \times 2 = 2$ (raised) to the second power = 2의 제곱

$2 \times 2 \times 2 = 2$ (raised) to the third power = 2의 세제곱

$2 \times 2 \times 2 \times 2 \times 2 \times 2 \times 2 = 2$ (raised) to the power of 7 = 2의 7제곱

16세기에 들어와서 '등호(=)'의 창안자이기도 한 로버트 레코드는 자주 사용하는 제곱과 세제곱을 의미하는 'squared'와 'cubed'라는 용어를 사용했다. 지금도 통용되는 표현 방법이다.

$$x \times x = x \text{ squared}$$

$$x \times x \times x = x \text{ cubed}$$

다음은 말과 기호가 분리되는 단계이다. 17세기에 들어와서 수학자들은 다양한 지수 표기법을 선보였다.

피에르 헤리곤(Pierre Herigone, 1580~1643)은 a의 제곱을 $a2$, a의 세제곱을 $a3$이라고 썼다.

$$a \times a = a2$$

$$a \times a \times a = a3$$

좌표축을 고안한 데카르트는 헤리곤이 문자 뒤에 썼던 숫자를 약간 작게 해서 위로 올렸다. 마치 지구와 달처럼 말이다. 이 표기법은 살아남아 지금의 표준이 되었다. 데카르트는 특이하게 제곱만은 x^2이라고 하지 않고 $x \times x$이라고 썼다.

$$x \times x = x \times x$$

$$x \times x \times x = x^3$$

지수의 연산

지수를 단순히 같은 수를 여러 번 곱하는 표기법으로만 보지 않은 수학자도 있었다. 니콜라스 슈케는 곱하는 두 수를 거듭제곱 꼴로 만들었을 때, 밑이 같으면 일정한 법칙을 따른다는 것을 발견했다. 예를 들어 다음의 계산에서 곱하는 두 수와 그 결괏값을 모두 거듭제곱 꼴로 바꾸면, 곱하는 두 수의 지수의 합이 그 결괏값의 지수와 같다는 것을 알 수 있다.

$$8 \times 16 = 128 \rightarrow 2^3 \times 2^4 = 2^{3+4} = 2^7$$

지수만 보면 $3 + 4 = 7$

거듭제곱 꼴의 밑이 같은 두 수를 나눌 때는 나누는 두 수의 지수끼리 뺀 값이 그 결괏값의 지수와 같다는 것도 발견했다.

$$128 \div 16 = 8 \rightarrow 2^7 \div 2^4 = 2^{7-4} = 2^3$$

지수만 보면 $7 - 4 = 3$

밑과 지수에 문자를 사용하면, 다음과 같이 일반화된다.

$$a^m \times a^n = a^{m+n}$$
$$a^m \div a^n = a^{m-n}$$

이런 표기법은 데카르트가 만든 것이지만, 그 이전의 수학자들에게도 지수의 이런 연산 법칙은 알려져 있었다. 이들 수학자 중의 한 명인 네이피어가 지수의 이런 성질을 이용하여 뒤에서 다룰 로그를 만들었다. 누군가에게는 당연한 것이 다른 누군가에게는 역사를 바꿀 아이디어가 되기도 하는 것이 신기할 따름이다.

무리수나 허수에서 보았듯이 수식을 문자로 일반화하면, 숫자끼리의 계산에서는 전혀 문제가 되지 않던 것이 문제가 되기도 한다. 다음과 같은 거듭제곱수끼리의 나눗셈에 앞의 공식을 적용하면 지수 자리에 0이나 음수가 나타난다.

$$2^2 \div 2^2 = 2^{2-2} = 2^0$$
$$2^2 \div 2^3 = 2^{2-3} = 2^{-1}$$

그런데 2를 0번 곱하는 것과 1번 곱하는 것이 도대체 무엇을 의미한다는 말인가? 기존의 지식으로는 이것을 설명할 방법이 없다.

이때 기억해야 할 것은 0과 음수가 뺄셈에 의해서 만들어진 수라는 것이다. 즉, 0은 같은 수를 뺄 때 만들어지고 음수는 작은 수에서 큰 수를 뺄 때 만들어진다. 따라서 지수 자리의 0은 0번 제곱했다는 뜻이 아니라 지수 자리에서 같은 수를 뺀 결과로 이해해야 한다. 지수 자리의 뺄셈은 거듭제곱수의 나눗셈의 결과이므로 지수가 같은 거듭제곱수를 나누면 1이 된다. 따라서 2의 0제곱은 1이다.

$$2^0 = 2^{n-n} = 2^n \div 2^n = \frac{a^n}{a^n} = 1$$

지수 자리의 -1 역시 -1번 제곱했다는 뜻이 아니라 작은 수에서 큰 수를 뺐다는 뜻으로 이해해야 한다. 즉, -1을 '$1-2$'의 결과물쯤으로 이해하면, 다음과 같이 2^{-1}이 단위분수인 $\frac{1}{2}$과 같다는 것을 알 수 있다.

$$2^{-1}=2^{1-2}=2^1\div 2^2=\frac{2^1}{2^2}=\frac{1}{2^1}$$

지수에 음수가 오는 경우, 결괏값이 분수로 표현된 것을 이용해 다음과 같이 거듭제곱수의 음수 지수가 양수 지수로 바뀌어 분모에 위치하는 것을 알 수 있다. 즉, 2^{-n}은 $\frac{1}{2^n}$과 같다.

$$2^{-1}=2^{1-2}=2^1\div 2^2=\frac{2^1}{2^2}=\frac{1}{2^1} \Leftrightarrow 2^{-n}=\frac{1}{2^n}$$

거듭제곱수의 곱셈과 나눗셈에 대한 연산을 슈케가 정립한 뒤, 수학자들은 더 다양한 지수의 연산을 정리했다. 항이 여러 개인 경우 거듭제곱은 어떻게 표현될까? 분수의 거듭제곱은 어떻게 표현될까? 거듭제곱수에 또 거듭제곱을 하면 어떻게 될까? 이에 대해 수학자들은 거듭제곱수의 밑과 지수 모두 정수이므로 정수의 연산법칙을 이용해 간단하게 증명할 수 있었다.

항이 여러 개인 경우의 거듭제곱은 다음의 증명 과정을 거친다.

$$
\begin{aligned}
(2\times 3)^2 &= (2\times 3)\times(2\times 3) \\
&= 2\times(3\times 2)\times 3 \qquad - \text{결합법칙} \\
&= 2\times(2\times 3)\times 3 \qquad - \text{교환법칙}
\end{aligned}
$$

$$= (2 \times 2) \times (3 \times 3) \qquad - \text{결합법칙}$$
$$= 2^2 \times 3^2$$

분수의 경우는 다음과 같이 분자는 분자끼리 곱하고 분모는 분모끼리 곱하는 분수의 곱셈 원리에 따른 것이다.

$$\left(\frac{2}{3}\right)^2 = \frac{2}{3} \times \frac{2}{3} = \frac{2 \times 2}{3 \times 3} = \frac{2^2}{3^2}$$

거듭제곱수의 거듭제곱은 슈케의 정리에서 유도된 것이다.

$$(2^2)^3 = 2^2 \times 2^2 \times 2^2 = 2^{2+2+2} = 2^{2 \times 3} = 2^6$$

증명 과정을 보면서 확인할 수 있었겠지만, 가장 중요한 것은 지수가 의미하는 것과 곱하기가 의미하는 것이다. 지수가 '숫자만큼 곱하시오', 곱하기가 '숫자만큼 더하시오'임을 이해하면 지수법칙은 쉽게 증명할 수 있다.

정리하자면, $a^m \times a^n = a^{m+n}$과 $a^m \div a^n = a^{m-n}$ 이외의 지수의 연산 법칙은 다음과 같다.

$$(a \times b)^n = a^n \times b^n$$
$$\left(\frac{a}{b}\right)^m = \frac{a^m}{b^m}$$
$$(a^m)^n = a^{mn}$$

이쯤에서 수학자들은 한 가지 고민이 더 생겼다. 정수에 대해서는 슈케에 의해 정리되었고, 그 후 여러 가지 연산 법칙은 지수의 개념과 정수의 연산 법칙을 통해 정리할 수 있었다. 그렇다면 지수가 유리수일 경우에는 어떠할까? 과연 정수처럼 똑같이 지수의 연산 법칙을 적용할 수 있을까? 애초에 거듭제곱하라는 의미를 갖는 정수 지수 말고, 유리수 지수는 어떤 의미를 갖고 있는가?

유리수 지수

유리수 지수의 연산 법칙을 알기 전에, 유리수 지수의 의미를 먼저 살펴보자. $2^{\frac{1}{2}}$처럼 지수 자리에 분수는 무엇을 의미할까? 2를 $\frac{1}{2}$번 제곱한다는 것이 무엇을 의미한다는 뜻인가? 직관적인 이해가 어려울 때, 많은 수학자들은 연산 결과로 해석하는 방법을 택하기도 한다.

유리수 지수일 때도 지수법칙이 성립한다고 가정하자. 지수의 연산 법칙인 $(a^m)^n = a^{mn}$을 이용하면, $2^{\frac{1}{2}} = \sqrt{2}$라는 것을 증명할 수 있다. $\sqrt{2}$는 제곱해서 2가 되는 수를 의미하는 기호이므로 $(\sqrt{2})^2 = 2$가 성립한다. 그런데 $2^{\frac{1}{2}}$을 제곱해도 다음과 같이 2가 된다. 따라서 $2^{\frac{1}{2}} = \sqrt{2}$이다. 즉, 유리수 지수의 정체는 거듭제곱근이었던 것이다. 이것은 뉴턴이 발견한 것으로 알려져 있다.[1]

$$\left(2^{\frac{1}{2}}\right)^2 = 2^{\frac{1}{2} \times 2} = 2^1 = 2$$

또한, $\sqrt[3]{2}$은 세제곱해서 2가 되는 수이므로 $(\sqrt[3]{2})^3 = 2$가 성립한다. 그런데 $2^{\frac{1}{3}}$의 세제곱도 다음과 같이 2가 되므로 $2^{\frac{1}{3}} = \sqrt[3]{2}$이다.

$$\left(2^{\frac{1}{3}}\right)^3 = 2^{\frac{1}{3} \times 3} = 2^1 = 2$$

위의 규칙을 일반화하면 다음과 같다. 이때 a는 양수이고 n은 2 이상의 자연수이다.

$$a^{\frac{1}{n}} = \sqrt[n]{a}$$

남은 것은 지수가 무리수일 때인데, 무리수 지수는 뒤에서 다룰 로그로 나타낼 수 있다. 로그에서 자세히 다룰 것이다.

더 알아보기

지수가 유리수일 때도 지수법칙이 성립하는가?

지수가 유리수일 때, $a^m \times a^n = a^{m+n}$와 같은 지수법칙이 성립하는지 증명하는 교과서적인 방법은 다음과 같이 유리수 지수를 거듭제곱근 꼴(루트)로 바꾸는 것이다.

$$a^{\frac{1}{n}} = \sqrt[n]{a}$$

그런데 이런 변형이 가능하려면, 유리수 지수에서 $a^p \times a^q = a^{p+q}$가 성립해야 한다. 즉, $\sqrt{2}=2^{\frac{1}{2}}$이 성립하려면, $(2^{\frac{1}{2}})^2=2$가 먼저 성립해야 한다는 뜻이다. 그런데 다음과 같이 $(2^{\frac{1}{2}})^2=2$가 되는 과정 중에 지수법칙이 사용되고 있다.

$$\left(2^{\frac{1}{2}}\right)^2=2^{\frac{1}{2}}\times 2^{\frac{1}{2}}=2^{\frac{1}{2}+\frac{1}{2}}=2^{\frac{1}{2}\times 2}=2$$

다시 말해서 지수가 유리수일 때 $(a^m)^n=a^{mn}$과 같은 지수법칙이 성립한다고 가정한 것은 사실 $a^m\times a^n=a^{m+n}$이라는 지수법칙 또한 성립하는 것을 전제로 했다는 뜻이다.

수학 교과서에서는 $r,\ s$가 유리수일 때, $a^r\times a^s=a^{r+s}$이 성립하는 것을 다음과 같이 증명하고 있지만, 이것은 이미 성립한다고 전제한 것을 증명하는 것에 불과하기 때문에 순환논증의 오류이다.

$a^r\times a^s=a^{r+s}$라는 지수법칙이 성립하는 것을 증명하기 전에 먼저 다음과 같이 $a^{\frac{m}{n}}$을 n제곱하면 a^m이 된다는 것을 가정한다. 거듭 말하지만 다음의 등식이 성립하려면 $a^r\times a^s=a^{r+s}$이 먼저 성립해야 한다.

$$\left(a^{\frac{m}{n}}\right)^n=a^{\frac{m}{n}\times n}=a^m$$

그런데 $\sqrt[n]{a^m}$도 n제곱하면 a^m이므로 다음의 등식이 성립한다.

$$a^{\frac{m}{n}}=\sqrt[n]{a^m}$$

$r,\ s$가 유리수이므로 $r=\dfrac{m}{n}$, $s=\dfrac{p}{q}$를 $a^r\times a^s$ 식에 대입한 다음 $a^{\frac{m}{n}}=\sqrt[n]{a^m}$을 이용하여 변형한다. 이때 $m,\ n,\ p,\ q$는 정수이고 n과 q는 2 이상이다.

$$a^{\frac{m}{n}}\times a^{\frac{p}{q}}=a^{\frac{mq}{nq}}\times a^{\frac{np}{nq}}$$
$$=\sqrt[nq]{a^{mq}}\times\sqrt[nq]{a^{np}}$$
$$=\sqrt[nq]{a^{mq+np}}$$
$$=a^{\frac{mq+np}{nq}}$$

$$= a^{\frac{m}{n}+\frac{p}{q}}$$

이런 환원론적 증명보다는 정수 지수에서 성립하는 지수법칙이 유리수 지수에서도 모순 없이 성립한다고 가정하는 것이 합리적이다. 실수 지수에서도 지수법칙은 모순 없이 성립한다.

다만, 유리수 지수에서 지수법칙이 성립하려면 밑이 반드시 양수여야 한다. 밑이 음수일 때는 다음과 같이 모순이 발생한다.

$$(-1)^1 = (-1)^{\frac{2}{2}} = ((-1)^2)^{\frac{1}{2}} = 1^{\frac{1}{2}} = \sqrt{1} = 1$$

위의 계산에서 오류가 발생한 이유는 지수가 음수일 때, 지수법칙 $(a^m)^n = a^{mn}$ 을 적용했기 때문이다.

$$(-1)^{\frac{2}{2}} \neq ((-1)^2)^{\frac{1}{2}}$$

현재 수학계에서는 지수법칙의 성립에 대해 공리로 취급하고 있다. 따라서 밑이 음수만 아니라면 별도의 증명 없이 사용해도 무관하다.

지수함수의 개형

지수함수 $y = a^x$의 개형은 a가 1보다 큰 경우와 0과 1 사이에 있는 경우로 구분된다.

먼저 $a > 1$일 때 $y = a^x$의 그래프의 개형을 알아보기 위해서 $y = 2^x$의 그래프를 그려 보자. 정수 x값에 대응하는 y값을 구하여 표로 나타내면 다음과 같다.

x	$\cdots$	-3	-2	-1	0	1	2	3	$\cdots$
y	$\cdots$	$\dfrac{1}{8}$	$\dfrac{1}{4}$	$\dfrac{1}{2}$	1	2	4	8	$\cdots$

이 표에서 구한 순서쌍을 평면좌표 위에 나타내고 매끄럽게 연결하면 다음과 같은 개형이 그려진다.

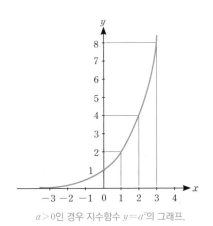

$a>0$인 경우 지수함수 $y=a^x$의 그래프.

$0<a<1$일 때, $y=a^x$의 그래프의 개형을 알아보기 위해서 $y=\left(\dfrac{1}{2}\right)^x$의 그래프를 그려 보자. 정수 x값에 대응하는 y값을 구하여 표로 나타내면 다음과 같다.

x	$\cdots$	-3	-2	-1	0	1	2	3	$\cdots$
y	$\cdots$	$\dfrac{1}{8}$	$\dfrac{1}{4}$	$\dfrac{1}{2}$	1	2	4	8	$\cdots$

이 표에서 구한 순서쌍을 평면좌표 위에 나타내고 매끄럽게 연결하면 다음과 같은 개형이 그려진다.

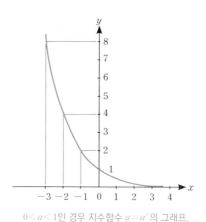

0<a<1인 경우 지수함수 $y=a^x$의 그래프.

지수함수의 쓸모

만일 대장균이 1시간마다 1마리가 2마리로 분열한다면, 2시간 후에는 4마리, 3시간 후에는 8마리가 되고 10시간이 지나면 1024마리가 된다. 24시간이 지나면, 16777216마리가 된다. 1마리의 대장균이 하루 만에 1600만 마리 이상으로 번식한다는 뜻이다.

우리 몸의 세포의 개수는 약 70조 개에 이른다. 그런데 이 모든 세포 역시 하나의 수정란이 지수함수적으로 분열해서 만들어진 것이다. 대장균의 번식과 수정란이 분열하여 엄청난 수가 되는 것은 지수를 이용해 다음과 같이 쉽게 표현할 수 있다.

$$24\text{시간 후 대장균의 수} \rightarrow 2^{24}$$
$$\text{수정란의 분열} \rightarrow 2^{\text{분열수}}$$

이 외에도 지수는 분자의 수, 천체 간의 거리, 별이 생성하는 에너지 등 매우 작은 수와 매우 큰 수를 다루는 학문에서 자주 사용되고 있다.

한편 지수는 함수와 결합되었을 때 더 큰 위력을 발휘하여 사회나 자연 현상의 미래를 예측하거나 과거를 추측할 때 도움을 준다. 콜로라도 대학의 앨버트 바틀릿(Albert Allen Bartlett, 1923~2013) 교수는 인류의 가장 큰 결함으로 지수함수를 이해할 능력이 없다는 것을 꼽았다.[2] 그는 많은 사람들이 자연현상이나 사회현상이 선형(linear)으로 변한다고 믿지만, 실제로는 지수함수적으로 변하는 경우가 많다는 사실을 지적한 것이다. 어떤 현상이 겉으로는 일정한 속도로 늘거나 줄어드는 것처럼 보이지만, 사실은 현재의 크기에 비례하여 늘거나 줄어든다는 뜻이다. 즉, 현재의 크기가 크면 그만큼 더 크게 늘거나 줄고 현재의 크기가 작으면 그만큼 더

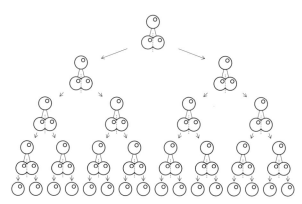

대장균의 분열을 표현한 그림. 1시간마다 두 마리로 분열되는 것은 밑이 2인 지수함수로 나타낼 수도 있다.

작게 늘거나 준다는 뜻이다.

예를 들어 뜨거운 물을 기온이 낮은 곳에 두면 처음에는 주변과 물의 온도 차이가 크기 때문에 물의 온도가 빠르게 떨어지지만, 주변 온도와의 차이가 작아질수록 물의 온도가 천천히 내려가는 것을 볼 수 있다. 또한, 지구의 인구 역시 인구가 적을 때는 서서히 증가하지만, 인구가 많아질수록 더 빠르게 증가하는 경향을 보인다. 그리고 이 특징을 이용해서 앞으로의 물의 온도 변화와 과거와 미래의 인구 변화 등을 추측할 수 있다.

선형함수적 변화	지수함수적 변화

Chapter 17

로그를
보다

16세기와 17세기 초반에는 거의 모든 분야에서 과학적 지식이 엄청나게 팽창했다. 코페르니쿠스(Nicolaus Copernicus, 1473~1543)는 태양 중심의 지동설을 주장하였고 마젤란(Ferdinand Magellan, 1480~1521)은 필리핀에서 목숨을 잃었으나 살아남은 선원이 세계일주를 마무리했다. 뒤이어 메르카토르(Gerardus Mercator, 1512~1594)가 항해에 적합한 세계지도를 책으로 출판함으로써 이른바 대항해 시대의 서막을 열었다.

당시 항해에서 위도는 태양의 고도로 알 수 있었지만 경도는 정밀한 시계를 필요로 했다. 당시 배에서 사용할 수 있는 시계를 제작하는 사람에게 상금을 주었을 정도다. 시계가 만들어지기 전에는 달의 위치로 경도를 계산했고 지구의 경도별로 달의 위치를 계산해서 표로 만들기도 했다. 이 과정에서 숫자만 바꾼 똑같은 계산을 무수히 반복해야 했다. 지금의 계산기 역할을 할 도구가 절실하게 필요한 상황이었다.

1614년, 마침내 천문학자들을 고통에서 구원해 주는 수학의 빛이 내려왔다. 네이피어가 '로그'라는 도구를 만들어 낸 것이다. 네이피어의 로그표는 단순하지만 자리수가 길어서 시간이 많이 걸리는 곱셈과 나눗셈을 덧셈과 뺄셈으로 간단히 풀 수 있도록 해 주었다. 라플라스(Pierre-Simon, marquis de Laplace, 1749~1827)가 "로그는 천문학자의 수명을 2배로 늘렸다."라고 말했을 정도로 로그는 복잡한 수에 대한 계산의 효율성을 높였다. 이후 로그는 로그자로 만들어져서 과학자들의 필수품이 되었다. 1970년대 전자계산기가 발명되면서 계산기로서의 로그는 역할을 빠르게 상실했다. 하지만 로그는 로그함수로 살아남아 수학과 과학, 심지어 예술 분야에 이르기까지 영향력을 유지하고 있다.

로그의 뜻과 어원

현대수학에서 로그는 지수와 동전의 앞뒷면을 이룬다. 사실 지수와 로그는 한 몸이라는 뜻이다.

예를 들어 $2^3 = 8$ 에서 2는 밑, 3은 지수, 8은 2의 세제곱수이다. 그런데 이것을 로그를 이용하여 $3 = \log_2 8$로 변형할 수 있다. 지수를 로그로 바꾸는 과정에서 3과 2와 8의 위치가 어떻게 달라지는지에 초점을 맞추면 된다. 즉, 로그는 역설적으로 지수를 중심으로 등식을 표현한 것이다.

로그는 네이피어가 만든 로가리즘(logarithm)의 약자로 logos와 arithmos의 합성어이다. logos는 '비율', arithmos는 '수'라는 뜻으로 합치면 비율수가 된다. '비율'이라는 뜻은 곱하거나 나누는 것을 의미하므로 네이피어는 로가리즘을 거듭제곱수라는 뜻으로 사용했을 것이다. 만일 그렇다면 지수의 뜻과 별 차이 없게 된다.

하지만 로그를 만들어 낸 네이피어는 로그를 지수의 또 다른 표현 방식 쯤으로 사용하지는 않았다. 그는 로가리즘라는 이름을 만들기 전에 로그를 '인공수(artificial number)'라고 불렀다. 인공수라는 이름은 "어떤 수라도 또 다른 수의 거듭제곱 꼴로 나타낼 수 있다"는 그의 생각을 반영한다.

예를 들어 4는 2의 제곱이면서 4의 1제곱이며, 8의 $\frac{2}{3}$제곱이기도 하다. 즉, 4는 다음과 같이 어떤 수의 거듭제곱 꼴로도 나타낼 수 있다. 지수 자리에 정수나 분수가 아닌 무리수까지 나오기 때문에 이상하게 보일 뿐이다. 다만, 4를 2가 아닌 수의 거듭제곱 꼴로 나타내는 것이 자연스럽지 않았기 때문에 네이피어는 이런 조작을 인공적이라고 생각했을 것이다. 하지만 바로 이 아이디어가 로그의 본질이다.

$$4 = \begin{cases} 2^2 \\ 3^{1.26\cdots} \\ 4^1 \\ 5^{0.86\cdots} \\ 6^{0.77\cdots} \\ 7^{0.71\cdots} \\ 8^{\frac{2}{3}} \end{cases}$$

그런데 네이피어는 왜 어떤 수를 다른 수의 거듭제곱 꼴로 나타내려고 했을까? 이렇게 하면 지수의 성질에 의해서 곱셈과 나눗셈을 덧셈과 뺄셈으로 바꿔 풀 수 있기 때문이다.

16장에서 살펴봤듯, 네이피어 이전에도 거듭제곱수를 이용하여 곱셈을 덧셈으로, 나눗셈을 뺄셈으로 바꿔 푸는 방법을 알고 있었다. 예를 들어 4×8이라는 곱셈을 덧셈으로 풀어 보자. 4는 2의 2제곱이고 8은 2의 3제곱이다. 2제곱의 2와 3제곱의 3을 더하면 5가 되는데 2의 5제곱에 해당하는 32가 바로 4×8의 값이다.

분명히 4×8이라는 곱셈을 2+3=5라는 덧셈으로 풀어냈다. 물론 이렇게 계산하려면, 다음과 같이 2의 거듭제곱수를 미리 구해 놓아야 한다.

거듭제곱수	2	4	8	16	32	64	128
2^N 꼴	2^1	2^2	2^3	2^4	2^5	2^6	2^7
N	1	2	3	4	5	6	7

이 과정을 정리하면 다음과 같다.

$$수 : 4 \times 8 = 32$$
$$\downarrow \quad \downarrow \quad \uparrow$$
$$지수 : 2 + 3 = 5$$

나눗셈은 뺄셈으로 바꿔 풀 수 있다. 예를 들어 $64 \div 16$에서 64는 2의 6제곱이고 16은 2의 4제곱이므로 6에서 4를 빼면 2가 되는데 2의 2제곱인 4가 $64 \div 16$의 값이다. 역시 앞의 표가 필요하다는 것을 눈치챘을 것이다. 위 과정을 정리하면 다음과 같다.

$$수 : 64 \div 16 = 4$$
$$\downarrow \quad \downarrow \quad \uparrow$$
$$지수 : 6 - 4 = 2$$

하지만 위의 계산은 4×8와 2×16와 같이 2의 거듭제곱 꼴의 곱셈과 나눗셈에서만 사용할 수 있다는 한계가 있다.

폭풍우가 맺어 준 인연

1590년 당대 최고의 천문학자인 티코 브라헤(Tycho Brahe, 1546~1601, 지구는 우주의 중심으로 태양이 지구 주위를 돌지만, 나머지 행성은 태양 주위를 돌고 있다고 주장했다. 요절한 탓에 연구를 완성하지 못하고 방대한 자료를 제자이자 동료인 케플러에게 남겼다)는 덴마크로 가다가 날씨 때문에 자신의 천문대를 우연히 방문한 왕자(훗날 영국의 왕 제임스 1세)에게 삼각함수표를 이용하여 곱셈과 나눗셈을 덧셈과 뺄셈으로 바꿔 푸는 '프로스타페레시스(prosthapheiresis)'의 사용법을 가르쳐 주었다. 당시 주치의로 왕자와 동행했던 존 크레이그(John Craig, ???~1620)가 이 방법을 친구인 네이피어에게 알려 주었다.[1]

네이피어는 이미 거듭제곱수를 이용하여 곱셈과 나눗셈을 덧셈과 뺄셈으로 바꿔 푸는 방법을 알고 있었다. 그는 삼각함수표를 이용하는 프로스타페레시스처럼 거듭제곱수를 표로 만들 수만 있다면, 프로스타페레시스보다 더 효율적인 도구가 될 것이라고 생각했다.

이후 그는 거듭제곱수 표를 만들기 위해서 20년 이상의 시간을 투자했다. 아마도 상상을 넘어서는 고단한 작업이었을 것이다. 그는 이 책을 출간하고 3년 뒤에 숨을 거두었다. 다행히 네이피어의 작업은 헛되지 않아서 천문학자뿐만 아니라 다른 분야의 과학자와 수학자들의 열렬한 호응을 받았다.

로그를 가장 효율적으로 사용한 천문학자는 케플러(Johannes Kepler, 1571~1630)였을 것이다. 티코 브라헤의 방대한 자료를 물려받아 분석하던 케플러를 가장 고통스럽게 한 것이 바로 삼각비의 계산이었기 때문이다.

케플러의 스승인 티코 브라헤로부터 크레이그를 거쳐 네이피어에게 전해진 프로스타페레시스에 의해서 영감을 받아 만들어진 로그가 다시 티코 브라헤의 제자인 케플러의 연구를 도왔으니, 폭풍우치던 날의 우연한 만남이 역사의 방향을 크게 바꾸었다고도 할 수 있지 않을까?

프로스타페레시스

당시 지루한 계산에 시달렸던 천문학자들은 삼각비의 곱셈을 덧셈으로 바꾸는 방법을 알고 있었다. 프로스타페레시스라고 불리는 이 방법은 비에트가 유도한 등식이다.

$$\sin\frac{x+y}{2}\times\cos\frac{x-y}{2}=\frac{\sin x+\sin y}{2}$$

비에트의 프로스타페레시스는 다음과 같이 변형되어 지금도 사용되고 있다.

$$\sin A\times\cos B=\frac{1}{2}\{\sin(A+B)+\sin(A-B)\}$$
$$\sin A\times\sin B=-\frac{1}{2}\{\cos(A+B)-\cos(A-B)\}$$
$$\cos A\times\cos B=\frac{1}{2}\{\cos(A+B)+\cos(A-B)\}$$

예를 들어 $\sin 34.56°\times\sin 8.289°$의 값을 프로스타페레시스를 이용하여 계산해보자.

먼저 $\sin A\times\sin B=-\frac{1}{2}\{\cos(A+B)-\cos(A-B)\}$ 공식에 $A=34.56°$와 $B=8.289°$을 대입한다.

$$\sin 34.56° \times \sin 8.289° = -\frac{1}{2}(\cos 42.849° - \cos 26.271°)$$

삼각함수표에서 $\cos 42.849°$과 $\cos 26.271°$의 값을 찾아서 앞의 식에 대입한다. 역시 뺄셈만 할 수 있으면 된다.

각도	cosine값
26.271	0.89671
$\vdots$	$\vdots$
42.849	0.73315

$$-\frac{1}{2}(\cos 42.849° - \cos 26.271°)$$
$$= -\frac{1}{2}(0.73315 - 0.89671)$$
$$= 0.08178$$

이 과정은 다음과 같이 정리할 수 있다. 화살표를 따라가면 정답에 이른다.

$$\sin 34.56° \times \sin 8.289° \quad \rightarrow \quad -\frac{1}{2}(\cos 42.849° - \cos 26.271°)$$
$$\| \qquad\qquad\qquad\qquad\qquad \downarrow$$
$$0.08178 \quad \leftarrow \quad -\frac{1}{2}(0.73315 - 0.89671)$$

브리그스의 상용로그

네이피어는 1614년 『놀라운 로그 법칙 설명』이라는 책을 라틴어로 출간하였다. 이듬해 이 책을 읽은 헨리 브리그스(Henry Briggs, 1561~1630. 런던의 그레샴 대학의 초대 기하학 교수였고 나중에는 옥스퍼드 대학의 천문학 교수가 된다) 교수가 네이피어를 찾아와서 한 달 가까이 머물며 로그에 대해 함께 연구하였다. 그 이듬해에도 브리그스는 네이피어를 찾아왔지만, 그것이 마지막이었다. 1617년에 네이피어가 죽자 로그의 연구는 브리그스의 몫이 되었다.

두 사람은 로그가 천문학자들에게만 필요한 도구가 아니라는 데 동의했다. 천문학자들이 사용하는 삼각비에 대응하기 위해서 거듭제곱수의 밑을 0.9999999로 한 네이피어의 로그표는 다른 분야의 사람들에게는 거의 쓸모가 없었기 때문이다.

네이피어가 밑을 0.9999999로 한 것은 당시 삼각함수표에서 1보다 작거나 같은 사인값과 코사인값이 소수점 아래 7자리까지 구해져 있었기 때문이다.

$\sin\theta$	$\cos\theta$	$\tan\theta$	θ
0.017452	0.999848	0.017455	1
0.034899	0.999391	0.034921	2
0.052336	0.998630	0.052408	3
0.069756	0.997564	0.069927	4
0.087156	0.996195	0.087489	5

그런데 사인값과 코사인값을 곱하거나 나누는 데 도움이 되려면 밑이 1보다 작아야 했다. 나아가 거의 모든 사인값과 코사인값을 계산하려면 밑이 0.9999999일 수밖에 없었다. 그래야 다음과 같이 거듭제곱수의 간격이 아주 촘촘해진다.

$$0.9999999^2 = 0.9999998$$
$$0.9999999^3 = 0.9999997$$
$$0.9999999^4 = 0.9999996$$
$$\vdots$$

하지만 천문학자 이외의 과학자나 회계 전문가들은 사인값이 아니라 자연수의 곱셈과 나눗셈을 쉽게 할 수 있기를 원했다. 브리그스는 밑을 10으로 하는 로그를 제안했고 네이피어가 수락했다. 그래서 밑을 10으로 하는 로그를 '브리그스 로그(Briggs log)'라고 한다. 물론 지금은 '상용로그 (common log)'라는 이름이 더 많이 사용된다.

브리그스는 1부터 20000까지와 90001부터 100000까지의 모든 자연수에 대한 상용로그값을 소수점 아래 14자리까지 계산한 표를 『로그 산술 (Arithmetica Logarithmica)』이라는 책을 통해 발표하였다. 네이피어의 책이 출간된 지 꼭 10년이 지난 1624년이었다. 브리그스의 상용로그표는 거듭제곱수에 해당하는 N이 자연수였기 때문에 상용로그표를 마치 구구단처럼 사용할 수 있었다. 1628년 아드리안 블락(Adriaan Vlacq, 1600~1667)이 브리그스의 로그표에 20001부터 90000까지의 로그값을 채워 넣어 『로그 산술』증보판을 출간했다. 이로써 1부터 100000까지의 곱셈과 나늦셈을 상용로그표를 이용하여 덧셈과 뺄셈으로 풀 수 있게 되었다.

자연수	10의 거듭제곱수(=10^N)	상용로그값(=N)
1	10^0	0
2	$10^{0.3010\cdots}$	0.3010
3	$10^{0.4771\cdots}$	0.4771
⋮	⋮	⋮
20000	$10^{3.3010\cdots}$	3.3010
20001~90000	아드리안 블락이 채움	
90001	$10^{4.9542\cdots}$	4.9542
⋮	⋮	⋮
100000	10^5	5.0000

더
알아보기

상용로그값은 어떻게 알아냈을까?

상용로그표에서 자연수 2의 상용로그값은 0.3010인데, 이것은 다음과 같이 10을 0.3010제곱하면 2가 된다는 뜻이다. 물론 0.3010은 참값이 아니라 근 삿값이다.

$$10^{0.3010} \fallingdotseq 2$$

그런데 10을 0.3010번 제곱하면 2가 된다는 것을 어떻게 구했을까? 지금은 계산기로 간단하게 구할 수 있지만, 계산기 없이는 복잡한 계산이다. 2의 상용로그값을 구하는 과정의 일부를 소개하면 다음과 같다.

2^3은 8이고 2^4은 16이므로 10은 반드시 2^3과 2^4 사이에 있다.

$$2^3 < 10 < 2^4$$

$2^3 < 10$의 양변에 $\frac{1}{3}$제곱을 하면 2가 $10^{\frac{1}{3}}$ 보다 작다는 것을 알 수 있다.

$$(2^3)^{\frac{1}{3}} < 10^{\frac{1}{3}} \rightarrow 2 < 10^{\frac{1}{3}}$$

$2^4 > 10$의 양변에 $\frac{1}{4}$제곱을 하면 2가 $10^{\frac{1}{4}}$ 보다 크다는 것을 알 수 있다.

$$(2^4)^{\frac{1}{4}} > 10^{\frac{1}{4}} \rightarrow 2 > 10^{\frac{1}{4}}$$

위의 두 식을 결합하면 2는 $10^{\frac{1}{4}}$ 보다는 크고 $10^{\frac{1}{3}}$ 보다는 작다.

$$10^{\frac{1}{4}} < 2 < 10^{\frac{1}{3}}$$

이때, $\frac{1}{4} = 0.25$ 이고 $\frac{1}{3} = 0.3333 \cdots$이므로 2는 10의 0.25제곱보다는 크고 0.3333제곱보다는 작다. 이런 계산을 계속하면 2가 $10^{0.3010}$이라는 값을 얻을 수 있다.

$$10^{0.25} < 2 < 10^{0.3333\cdots}$$

상용로그표를 이용한 곱셈과 나눗셈 계산법

다음의 표는 상용로그표의 일부이다. 이 표를 이용하여 곱셈과 나눗셈을 어떻게 하는지 알아보자.

자연수	상용로그값
1	0
2	0.3010
3	0.4771
4	0.6020
5	0.6990
6	0.7781
7	0.8452
8	0.9030
9	0.9542
10	1
⋮	⋮

이 표에서 상용로그값은 10의 거듭제곱수의 지수값이다.

$$자연수 = 10^{상용로그값}$$

먼저 간단한 곱셈인 2×3의 값을 상용로그표를 이용하여 구해 보자. 우리는 2×3=6이라는 것을 이미 알고 있기 때문에 다음의 계산법이 성립한다는 것

을 확인할 수 있다. 2의 상용로그값과 3의 상용로그값을 더한 값에 대응하는
자연수를 찾으면 계산이 마무리된다.

$$
\begin{array}{ccc}
2 & \rightarrow & 0.3010 \\
\times & & + \\
3 & \rightarrow & 0.4771 \\
\parallel & & \downarrow \\
6 & \leftarrow & 0.7781
\end{array}
$$

$8 \div 4$와 같은 나눗셈도 상용로그표를 이용하여 뺄셈으로 계산할 수 있다. 8의
상용로그값에서 4의 상용로그값을 뺀 값에 대응하는 자연수를 찾으면 된다.

$$
\begin{array}{ccc}
8 & \rightarrow & 0.9030 \\
\div & & - \\
4 & \rightarrow & 0.6030 \\
\parallel & & \downarrow \\
2 & \leftarrow & 0.3010
\end{array}
$$

상용로그표를 이용해 거듭제곱값 구하기

상용로그표는 10이 아닌 수의 거듭제곱값을 구하는 데 유용하다.

먼저 3×3의 값을 구해 보자. 3의 상용로그값을 찾아서 2번 더한 값에 대응하는 자연수가 답이다.

자연수	상용로그값
⋮	⋮
3	0.4771
⋮	⋮
9	0.9542

$$3 \;\rightarrow\; 0.4771$$
$$\times \qquad +$$
$$3 \;\rightarrow\; 0.4771$$
$$\| \qquad \downarrow$$
$$9 \;\leftarrow\; 0.9542$$

또한 3^{10}은 3의 상용로그값을 찾아서 10번 더한 값에 대응하는 자연수가 답이다. 10번 더하는 것은 '$\times 10$'과 같다.

자연수	상용로그값
⋮	⋮
3	0.4771

⋮	⋮
59020	4.7710

$$3^{10} \rightarrow 0.4771 \times 10$$

$$\| \qquad \qquad \downarrow$$

$$59020 \leftarrow 4.7710$$

상용로그표를 이용해 거듭제곱근 구하기

거듭제곱값을 구하는 것보다 거듭제곱근을 구하는 것은 훨씬 어려운 계산이
다. 하지만 상용로그를 이용하면 빠르게 근삿값을 구할 수 있다.

먼저 2의 제곱근을 구해 보자. 2의 제곱근이란 다음과 같이 제곱해서 2가 되
는 값을 의미한다.

$$x^2 = 2 \rightarrow 2 = x \times x$$

2의 상용로그값을 찾아서 반으로 나눈 값에 대응하는 진수가 답이다. 거듭제
곱근은 자연수가 아닐 수도 있기 때문에 자연수 대신 '진수'라는 용어를 사용
하기로 하자.

진수	상용로그값
⋮	⋮

1.4	0.1505
$\vdots$	$\vdots$
2	0.3010

$$2 \;\to\; 0.3010$$
$$\parallel \qquad \downarrow \text{반으로 나눈다}$$
$$x \;\leftarrow\; 0.1505$$
$$\times \qquad +$$
$$x \;\leftarrow\; 0.1505$$

상용로그표에서 의해서 $x=1.4$이다. 즉, 1.4를 제곱하면 2가 된다는 뜻이다. 물론 근삿값이다. 사실 -1.4도 제곱하면 2가 되지만, 여기서는 양수만 구하는 것으로 하자.

2의 3제곱근도 구해 보자. 2의 3제곱근은 다음과 같이 3제곱해서 2가 되는 수를 의미한다.

$$x^3=2 \to 2=x \times x \times x$$

2의 상용로그값을 찾아서 3으로 나눈 값에 대응하는 진수가 답이다.

진수	상용로그값
$\vdots$	$\vdots$
1.26	0.1003
$\vdots$	$\vdots$
2	0.3010

$$2 \rightarrow 0.3010$$

$$\| \qquad \downarrow 3\text{으로 나눈다.}$$

$$x \leftarrow 0.1003$$

$$\times \qquad +$$

$$x \leftarrow 0.1003$$

$$\times \qquad +$$

$$x \leftarrow 0.1003$$

상용로그표에서 의해서 $x=1.26$이다. 즉, 1.26을 3제곱하면 2가 된다는 뜻이다. 물론 근삿값이다.

로그자

네이피어와 브리그스의 로그는 계산자로 만들어져서 전자계산기가 대중화되기 전까지 거의 350년 동안 실용적으로 사용되었다. 로그자는 계속 업그레이드되어서 따로 사용법을 배우지 않으면 사용하기도 어려울 정도로 복잡해졌다. 곱셈과 나눗셈은 물론이고 제곱과 제곱근, 3제곱과 3제곱근을 구할 수도 있다. 심지어 원주율 π를 3.14라고 가정할 때의 원의 둘레와 넓이도 구할 수 있다. 하지만 여기서는 초기 로그자의 간단한 원리만 살펴볼 것이다.

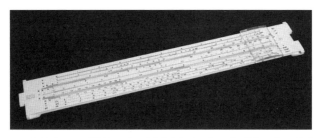

로그자. 상용로그를 활용하여 거듭제곱값이나 거듭제곱근을 쉽게 구할 수 있게 만들었다.

실제 로그자는 상용로그를 기반으로 하고 있으나 여기서는 로그자의 원리를 쉽게 설명하기 위해서 밑이 2인 거듭제곱수를 눈금으로 만들었다. 로그자를 만들 때 주의해야 할 것은 2의 거듭제곱수가 같은 간격이어야 한다는 것이다. 왜 같은 간격이어야 하는지는 다음의 문제를 풀어 보면 이해될 것이다. 예를 들어 2×4의 값을 로그자를 이용하여 구해 보자.

먼저 로그자 2개를 준비해서 눈금이 서로 마주 보도록 한다.

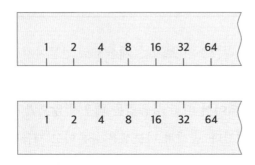

그 다음 위쪽 로그자의 2와 아래쪽 로그자의 1의 눈금을 맞춰 준다.

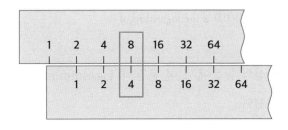

아래쪽 로그자의 4의 눈금과 대응되는 위쪽 로그자의 눈금인 8이 2×4의 값이다.

로그의 기호화

로그가 수학자들의 관심을 끌게 되면서 로그의 기호화와 추상화, 일반화가 자연스럽게 진행되었다. 당대 수학의 전 분야에 능통했던 레온하르트 오일러가 그 역할을 맡았다.

진수	상용로그값
2	0.3010

오일러는 이 표를 다음과 같이 읽었다. 오일러에게 로그는 지수와 똑같은 개념이었기 때문에 다음의 표현은 0.3010은 밑이 10일 때 2를 만드는 지수값이라는 뜻이다. 이 표현에는 0.3010이 지수 자리에 있다는 의미가 명백히 들어 있다.

'밑이 10일 때, 0.3010 is the logarithm of 2.'

오일러는 자신의 논문에서 이 문장의 'logarithm of 2'를 줄여서 log 2 라고 쓰기 시작했다.

'밑이 10일 때, 0.3010 is the log 2.'

위의 문장은 자연스럽게 다음의 등식으로 나타낼 수 있다. 아직까지도 0.3010이 지수 자리의 값이라는 것을 충분히 알 수 있다.

'밑이 10일 때, 0.3010＝log 2.'

하지만 밑인 10을 log의 오른쪽 아래에 작은 글자로 표기하면서 문제가 발생했다. 표기하기에는 편리했지만, 오밀조밀하게 쓰여 있는 숫자 중에 누가 밑이고 누가 지수인지 말해 주지 않으면 알 수 없게 되었다. 이처럼 개념이 완전하게 기호화되면 전문가들에게는 말보다 훨씬 편리한 도구로 자리매김하지만, 대중의 눈높이에서 멀어지는 경향이 있다.

$$\log_{10} 2 = 0.3010$$

로그 표기법을 일반화하면 다음과 같다. 이때, a는 '밑', b는 '진수'라고 한다.

$$\log_a b = x \ \longrightarrow \ a^x = b$$

이것을 이용하여 로그를 지수 꼴로 바꿔 보자.

$$\log_2 1 = 0 \longrightarrow 2^0 = 1$$

$$\log_2 2 = 1 \longrightarrow 2^1 = 2$$

$$\log_2 4 = 2 \longrightarrow 2^2 = 4$$

$$\log_2 8 = 3 \longrightarrow 2^3 = 8$$

이제 $\log_2 16$, $\log_2 32$, $\log_2 64$와 같은 로그값을 다음과 같이 지수로 변형하여 구할 수 있다.

$$\log_2 16 = x \longrightarrow 2^x = 16 \longrightarrow x = 4$$

$$\log_2 32 = x \longrightarrow 2^x = 32 \longrightarrow x = 5$$

$$\log_2 64 = x \longrightarrow 2^x = 64 \longrightarrow x = 6$$

로그값이 반드시 존재하기 위한 조건

로그가 오일러에 의해서 기호화되면서 로그의 밑과 진수에 모든 실수가 들어가도 되는 것이 아니라는 것을 알게 되었다. 예를 들어 $\log_1 2$의 값은 존재하지 않았기 때문이다. $\log_1 2 = x$라고 하면, $1^x = 2$가 되는데 x 자리에 어떤 값을 대입해도 등식이 성립하지 않는다. 즉, 밑의 자리에 1이

들어가면 진수에 쓸 수 있는 수가 제약된다. 따라서 로그의 밑에는 1이 들어가서는 안 된다.

또한 $\log_{-2} 2$와 같이 밑이 음수인 경우에도 문제가 발생한다. $\log_{-2} 2 = x$라고 하면, 로그의 정의에 의해서 $(-2)^x = 2$가 되는데 2를 아무리 제곱해도 2가 될 수 없다. 즉, 밑의 자리에 음수가 들어가도 진수에 쓸 수 있는 수가 제약된다는 뜻이다. 따라서 로그의 밑에는 음수가 들어가서도 안 된다.

마지막으로 로그의 밑이 1이 아닌 양수라도 진수 자리에 음수가 오면 그 값이 존재하지 않는 경우가 있다. 예를 들어 $\log_2 (-2) = x$라고 하면 $2^x = -2$가 되는데, 이 등식을 만족하는 x값은 존재하지 않는다.

결론적으로 밑은 1이 아니면서 양수이고 진수는 양수이기만 하면 로그값은 반드시 1개 존재한다. 로그를 이렇게까지 엄밀하게 정의한 것은 로그함수를 만들기 위해서이다. 로그로 이루어진 $y = \log_a x$와 같은 식이 있을 때, a를 1이 아닌 양수, x를 양수라고 정의하면 모든 양수 x에 대해서 하나의 y값이 반드시 존재하기 때문에 $y = \log_a x$는 함수의 정의에 부합한다.

로그함수의 가치

전자계산기가 발명된 이후 네이피어와 브리그스가 의도한 로그는 그 생명이 다했다. 로그를 배운 학생들도 로그가 왜, 어떤 이유로 만들어졌는지 알지 못한다. 하지만 매우 큰 수를 작게 만들기도 하고 아주 작은 수를 크게 만들기도 하는 로그의 성질만은 살아남았다. 예를 들어 소리가

10배, 100배, 1000배 등으로 커져도 실제 우리의 청각은 다음과 같이 1, 2, 3과 같이 커지는 것으로 지각한다. 그런데 이런 현상을 로그로 표현할 수 있게 된 것이다.

$$\log 10 = 1$$
$$\log 100 = 2$$
$$\log 1000 = 3$$

소음의 기준이 되는 데시벨을 구하는 수식인 '$10 \times \log \dfrac{P}{P_0}$'에 로그가 들어 있는 이유이기도 하다. P는 소리의 크기이고 P_0는 우리가 들을 수 있는 가장 작은 소리의 크기이다. 따라서 $\dfrac{P}{P_0}$는 P가 P_0의 몇 배인지를 의미한다. 만일 '$\dfrac{P}{P_0} = 100$'이면 '$\log 100 = 2$'가 되어 데시벨은 20이 된다. 즉, 지금 들리는 소리가 우리가 들을 수 있는 가장 작은 소리의 100배이면 데시벨은 20이 증가한다는 뜻이다. 역으로 데시벨은 30이라는 뜻은 지금 들리는 소리가 우리가 들을 수 있는 가장 작은 소리의 1000배라는 뜻이다. 다음의 표는 데시벨의 크기를 실생활에서 들을 수 있는 소리에 대응시킨 것이다.

데시벨	실생활 경우
20	속삭이는 소리
40	냉장고 소리
60	세탁기 소리
80	진공청소기 소리
110	자동차의 경적 소리

이밖에 로그함수는 산성과 염기성을 나타내는 수치인 pH(수소 이온 농도)에도 관여한다.

$[H^+]$는 용액에 들어 있는 수소 이온(H^+)의 양을 의미하는데 그 값이 매우 작기 때문에 로그를 취하고 '$-$'를 곱해 주면 그 값을 자연수로 바꿀 수 있다. 이것을 pH라고 한다.

$$pH = -\log [H^+]$$

예를 들어 pH가 7인 용액을 중성이라고 한다. 로그를 배우기 전에도 pH를 이미 알고 있었겠지만, 7이라는 수가 실제로 의미하는 것은 로그를 배워야 알 수 있다. 즉, pH 7은 용액 10000000g 안에 수소 이온이 1g 들어 있다는 것을 뜻한다. 즉, $[H^+]$가 $\frac{1}{10^7} = 10^{-7}$이며, 다음의 과정을 거쳐 pH 7이 된다.

$$pH = -\log [H^+] = -\log 10^{-7} = -(-7) = 7$$

로그는 지진의 규모와 에너지의 관계식에도 등장한다. 지진의 규모가 1만큼 증가해도 에너지는 대략 32배만큼 굉장히 크게 증가하기 때문에 다음과 같이 에너지를 로그라는 기호에 가두었다.

$$\log E = 11.8 + 1.5M$$

소리의 크기, 수소 이온 농도, 지진의 에너지의 크기와 같이 엄청나게 큰 수나 작은 수라도 로그를 이용하면 자연수로 만들 수 있다. 이렇듯 로그는 지수함수적으로 증가하거나 감소하는 사회현상이나 자연현상을 선형으로 증가하거나 감소하게 만들어서 직관적인 이해를 돕기도 한다.

고대 중국에서 수학 공부를 하려면 왕의 허락을 받아야만 했다. 왕의 허락 없이 수학을 공부하면 사형에 처하기도 했다. 그렇다고 해서 시민들이 '수' 자체를 몰랐던 것은 아니다.

고대 이집트 문명의 시민들은 자신의 땅이 얼마나 넓은지, 해마다 왕에게 바쳐야 할 세금이 얼마인지 명확한 수치로 알았다. 이집트의 나일강이 해마다 범람하여 농지의 경계를 지워 버려도, 농부들은 관리들이 다시 구획한 농지가 범람 이전의 농지보다 작은지 큰지 정도는 비교할 수 있었다.

이른바 국가가 만들어진 이후에 시민들은 아마도 글을 몰라도, 더 나아가 말까지 몰라도 살 수 있었겠지만, 수를 모르면 살기 어려웠을 것이다. 지금도 산업화되지 않은 아프리카 국가들의 문맹률은 상당히 높지만, 문맹 시민 대부분이 생존과 생활에 필요한 '수'만은 명확히 알고 있다. 국가는 필연적으로 화폐를 만들어서 경제를 통제하기 때문이다. 화폐 자체가 '수'를 표시한 금속이나 종이에 불과하기 때문에 화폐에 사용되는 '수'를 모르고 어찌 살 수 있을까?

수학을 가르치면서 학생에게나 심지어 학부모에게서도 가장 많이 듣는 질문이 수학은 배워서 뭐에 쓰냐는 것이다. 그리스 문명의 대수학자인 유클리드는 수학의 쓸모를 묻는 제자에게 동전을 던져 주며 내쫓았다는 일화가 전해오지만, 현대 사회에서 무엇인가를 배우면서 쓸모를 찾는 것이 그렇게 잘못된 일처럼 느껴지지는 않는다.

하지만 수학의 쓸모를 묻는 사람들조차 '수' 자체가 쓸모없다고 생각하는 사람은 아무도 없을 것이다. 단지 미적분학이나 통계학을 일반 시민이 왜 배워야만 하는지 알지 못할 뿐이다.

맞는 말이다. 사실 시민에게 필요한 것은 '수'이지 '수학'이 아니다. 그리고 생존과 생활에 필요한 정도의 '수' 지식은 부모에게 배우는 것만으로도 충분하다. 굳이 제도권 교육을 받아야만 하는 수준은 아니다. 백번 양보해서 세상이 많이 복잡해져서 알아야 할 '수' 개념이 많아졌다고 해도 초등교육 6년이면 차고 넘친다.

하워드 가드너의 다중지능이론에 따르면 수학적 능력은 운동 능력만큼이 타고나는 측면이 강하다. 따라서 고난도 수학 문제를 모두가 동등한 조건으로 풀어야 하는 것은 공평하지도 않고 필요하지도 않다. 중등교육에서는 수의 기원과 그 역사적 배경을 가르치는 것이 바람직하다고 본다.

고등교육에서는 학생이 전공하고 싶은 분야에 필요한 수학적 지식을 집중적으로 가르치면 된다. 물리학을 제대로 공부하려면 미적분이라는 도구가 반드시 필요하다. 미적분을 몰라도 물리학을 공부할 수 있지만, 공식을 외우는 수준을 넘어서지는 못할 것이다. 역사상 가장 위대한 물리학자인 아인슈타인도 수학 공부를 더 열심히 하지 않은 것을 나중에 후회했다는 일화도 전해져 온다. 사회학을 전공하려는 학생은 반드시 통계학을 깊이 있게 배워야 한다. 통계학을 배우지 않아도 사회학을 공부할 수 있지만, 통계학을 알지 못하면 강력한 설득 논리와 통찰은 얻지 못할 가능성이 크다.

수학의 쓸모가 아니라 수학 자체에 매력을 느낀다면 대학에서 수학을 전공하면 된다. 수학자들은 과거에도 지금도 미래에도 씨를 뿌리는 사람들이다. 이들은 누구도 발을 디딘 적 없는 지적 영토에 씨를 뿌리고 그 씨앗이 어엿한 나무로 성장하도록 거름을 주고 벌레를 잡으며 보살핀다. 하지만 그 열매는 대부분 당대가 아니라 수십 년, 아니 수백 년 후에 열린다. 역설적으로 인류는 당장의 쓸모를 생각하지 않는 이런 사람들 덕분에 앞으로 나아가는 것이다. 모든 수학자들에게 경의를 표한다.

Notes

1장

1) 『나우, 시간의 물리학』 p.8.
2) 1973년 노벨 생리·의학상(https://www.nobelprize.org/prizes/medicine/1973/frisch/facts/.)
3) 『개미제국의 발견』 pp.119~121.
4) 『사피엔스』 p.43.
5) 『Encyclopaedia of the History of Science, Technology, and Medicine in Non-Western Cultures』 중 Ishango Bone.
6) 『단위 이야기 : 단위를 알면 세상이 보인다』 p.13.

2장

1) 『사피엔스』 p.53.

3장

1) 위키피디아, Narmer(https://en.wikipedia.org/wiki/Narmer).
2) 위키피디아, 로마숫자(https://ko.wikipedia.org/wiki/로마_숫자).

4장

1) Erez Lieberman 등, 「Quantifying the evolutionary dynamics of language」, Nature, 2007.10, pp.713~716.
2) Li Weiwei 등, 「한국어와 중국어의 수(數) 표현에 대한 대조 연구」, 한민족어문학 80, 2018, pp.129~157.
3) 홍혜경, 「한국유아의 수단어 획득에 관한 연구」, 아동학회지, 1990.12, pp.5~23.
4) 송혜영, 「진법에 대한 역사적 고찰과 활용」, 영남대학교 석사학위 논문, 2012.

5장

1) '역사속 수학이야기-뺄셈 이야기'(https://www.khan.co.kr/article/200705081409572).

2) 『생활 속 수학의 기적』 pp. 120~121.

3) 바스카라의 저서인 『릴라바티』에 소개되어 있다. 바스카라는 방정식의 해법이 들어 있는 『비자가니타』와 삼각비가 들어 있는 『시단타 슈로마니』도 저술했다.

6장

1) 서동엽, 「분수의 역사발생적 지도 방안」, 수학교육연구지, 2005. pp. 233~249.

2) 위키피디아, 호루스의 눈 (https://ko.wikipedia.org/wiki/호루스의_눈).

3) 위키피디아, Roman numerals (https://en.wikipedia.org/wiki/Roman_numerals).

7장

1) 임경화, 「한국과 싱가포르의 수학교과서 비교연구 : 비와 비례 단원을 중심으로」, 이화여자대학교 석사학위 논문, 2007.

2) 이광준, 「제 6-단계 수학교과서와 유클리드 『원론』에서 취급한 비와 비례식에 관한 고찰」, 단국대학교 석사학위 논문, 2007.

3) 김형자, 교육부 웹진 꿈나래21 중, 음악과 수학은 '단짝친구'.

4) fluorF's Laboratory, 피타고라스 음률 (http://fluorf.net/lectures/lectures3_5.htm).

5) 안이랑, 「피타고라스의 음악론에 대한 연구」, 성신여자대학교 석사학위 논문, 2006.

8장

1) 『Euclide's Eliments』 pp. 186~187.

2) 『Newton Highlight 125』 pp. 18~20.

9장

1) 위키피디아, 콰리즈미 (https://ko.wikipedia.org/wiki/콰리즈미).

2) 김진희, 「고등학생의 0에 관한 인식과 오류」, 한양대학교 석사학위 논문, 2010.

3) Mathnasium, The history of Zero (https://www.mathnasium.com/history-of-zero).

10장

1) NRICH, The History of Negative Numbers (https://nrich.maths.org/5961).

2) 이은미, 「음의 정수에 대한 고찰」, 영남대학교 석사학위 논문, 2011.

3) 김유진, 「효과적인 음수 지도를 위한 중학교 수학교과서 비교·분석」, 아주대학교 석사학위 논문, 2010.

11장

1) '역사 속 수학 이야기-방정식의 역사와 일화'.(https://www.khan.co.kr/article/200707101128502).

2) '요절한 천재 수학자, 아벨과 갈로아'(https://www.sciencetimes.co.kr/news/요절한-천재-수학자-아벨과-갈로아).

3) 이몽찬, 「고차 방정식의 해법에 대한 연구」, 울산대학교 석사학위 논문, 2012.

12장

1) 위키피디아, Square root of 2 (https://en.wikipedia.org/wiki/Square_root_of_2).

2) 유문숙, 「무리수 개념 지도를 위한 통약불가능성의 도입 방안 연구」, 이화여자대학교 석사학위 논문, 2007.

13장

1) Welch Labs, Imaginary Numbers Are Real [Part 1: Introduction](https://www.youtube.com/watch?v=T647CGsuOVU).

2) 『Newton Highlight 29』 pp. 44~45.

3) 앞의 책, p. 52.

14장

1) 변희현, 「소수 개념의 교수학적 분석」, 서울대학교 박사학위 논문, 2005.

2) 김주영, 「소수와 무리수의 수학사적 고찰」, 영남대학교 석사학위 논문, 2012.

3) 신보미, 「실수로의 수체계 확장을 위한 유리수의 재해석에 대하여」, 한국학교수학회, 2008, pp. 285~298.

15장

1) David C. Royster, Foundation of Real Analysis, University of Kenturchy, 2006 Fall

2) 위키피디아, History of trigonometry(https://en.wikipedia.org/wiki/History_of_trigonometry).

16장

1) Kim Hay, Hitory of Exponents,(https://www.sutori.com/story/history-of-exponents—wNbwYExX-dzFNYPh1zFUYhbDc)

2) 위키피디아, Albert Allen Bartlett (https://en.wikipedia.org/wiki/Albert_Allen_Bartlett).

17장

1) 정경훈, 상용로그, 네이버 캐스트 수학산책, 2010.05.10.

『0을 알면 수학이 보인다』, 찰스 사이프, 나노미디어

『10개의 특강으로 끝내는 수학의 기본 원리』, 제리 P. 킹, 동아엠앤비

『만화 EBS 수학사 1, 2』, 고윤곤, 가나출판사

『BIG QUESTIONS 수학』, 조엘 레비, Gbrain(지브레인)

『Enlightning Symbols』, Joseph Mazur, Princeton University Press

『How to Solve it』, Polya George, Princeton University Press

『Mathematics』, David Bergamini, TIMELIFE BOOKS

『X의 즐거움』, 스티븐 스트로가츠, 웅진지식하우스

『과학의 언어, 수』, 토비아스 단치히, 지식의숲

『교사를 위한 수학사』, 현종익, 교우사

『교실밖 수학여행』, 김선화, 여태경, 사계절

『교양인을 위한 수학사 강의』, 이언 스튜어트, 반니

『구장산술 주비산경』, 차종천(역), 범양사

『김용운의 수학사』, 김용운, 살림출판사

『내가 사랑한 수학자들』, 박형주, 들녘

『달콤한 수학사 1~5』, 마이클 J. 브래들리, Gbrain(지브레인)

『대수학 원론』, 레온하르트 오일러, 살림Math

『리만 가설』, 존 더비셔, 승산

『메타생각 META-THINKING』, 임영익, 리콘미디어

『무한을 넘어서』, 유지니아 쳉, 열린책들

『문명과 수학』, EBS 문명과 수학 제작팀, 민음인

『세상에서 가장 아름다운 수학 공식』, 리오넬 살렘, 궁리출판

『세상의 모든 공식』, 존 M. 헨쇼, 바니

『소수는 어떻게 사람을 매혹하는가?』, 다케우치 가오루, 사람과나무사이

『소수의 고독』, 파올로 조르다노, 문학동네

『손안의 수학』, 마크 프레리, Gbrain(지브레인)

『수, 과학의 언어』, 토비아스 단치히, 한승

『수의 세계』, 드니 게즈, 시공사

『수의 황홀한 역사』, 토비아스 단치히, 지식의숲

『수학 100』, 리처드 엘위스, 청아출판사

『수학 오디세이』, 앤 루니, 돋을새김

『수학 잡는 수학』, 크리스티안 헤세, Gbrain(지브레인)

『수학 좀 해보려고 합니다』, 조수남, 나무나무

『수학멘토』, 장우석, 통나무

『수학비타민』, 박경미, 랜덤하우스코리아

『수학비타민 플러스』, 박경미, 김영사

『수학사 가볍게 읽기』, 샌더슨 스미스, 청문각

『수학으로 생각한다』, 고지마 히로유키, 동아시아

『수학으로 이루어진 세상』, 키스 데블린, 에코리브르

『수학의 언어』, 케이스 데블린, 해나무

『수학의 역사』, 지즈강, 더숲

『수학의 역사 상, 하』, 칼 B. 보이어, 경문사

『수학의 역사 입문(상), (하)』, David M. Burton, 교우사

『수학의 탄생』, 피터 S. 루드만, 살림Math

『수학이 없는 세상?』, 임선주, 형설출판사

『수학자들』, 마이클 아디야 외 53명, 궁리

『아름다움은 왜 진리인가』, 이언 스튜어트, 승산

『앗, 이런 곳에도 수학이!』, 아키야마 진, 마쓰나가 기요코, 다산에듀

『어린이를 위한 수학의 역사 1~5』, 이광연, 살림어린이

『오일러가 사랑한 수e』엘리 마오, 경문사

『위대한 수학자의 수학의 즐거움』, 레이먼드 플러드, 베이직북스

『재밌어서 밤새 읽는 수학 이야기』, 사쿠라이 스스무, 더숲

『직관수학』, 하타무라 요타로, 서울문화사

『진짜수학』, 오다 도시히로, 플러스예감

『추상대수학의 역사』, 이스라엘 클라이너, 경문사

『틀리지 않는 법』, 조던 엘렌버그, 열린책들

『파이의 역사』페트르 베크만, 경문사

『피타고라스가 들려주는 피타고라스 정리 이야기』, 백석윤, 자음과모음

『피타고라스가 보여 주는 조화로운 세계』, 이광연, 프로네시스

『화이트 헤드의 수학이란 무엇인가』, A. N. 화이트 헤드, 궁리

수학을 배워서 어디에 쓰지?

© 이규영, 2021

초판 1쇄 발행일 2021년 7월 2일
초판 2쇄 발행일 2023년 11월 10일

지은이   이규영
펴낸이   강병철

펴낸곳   이지북
출판등록   1997년 11월 15일 제105-09-06199호
주소   (04047) 서울시 마포구 양화로6길 49
전화   편집부 (02)324-2347, 경영지원부 (02)325-6047
팩스   편집부 (02)324-2348, 경영지원부 (02)2648-1311
이메일   ezbook@jamobook.com

ISBN 978-89-5707-922-5 (04410)
     978-89-5707-921-8 (set)